21世纪经济管理规划教材

创业与数学素养

赵斌 编著

清华大学出版社

北京

内 容 简 介

本书作者在对创业与数学素养资料进行广泛收集、整理的基础上，精彩呈现了数学素养在创业过程中的智慧和案例，以及在创业过程中的经验和教训，便于未来的创业者通过科学的数学方法，建立有效的数学模型分析创业过程中的问题。全书重点突出，脉络分明，融理论性、资料性、工具性、可迁移性、可借鉴性和可操作性于一体，致力于引导创业者依托数学的逻辑性和科学性，高效而创造性地解决创业过程中遇见的复杂问题，进而从量化角度培养创业型人才的深层次能力，以及用数学的思维方式和方法提升其定量分析能力，从而更加科学地解决创业中的量化问题。

本书是促进高校教师引导学生将创业与数学素养相结合的极佳载体，对于提升高校教师讲授“创业与数学素养”课程的授课能力可起到独特的作用。不论是对大学生，还是从事创业培训工作的教师，该书都是一种鼓舞和一份礼物。

图书在版编目(CIP)数据

创业与数学素养/赵斌编著. —北京：清华大学出版社，2019
(21世纪经济管理规划教材)
ISBN 978-7-302-49431-7

Ⅰ. ①创…　Ⅱ. ①赵…　Ⅲ. ①高等数学－高等学校－教材　Ⅳ. ①O13

中国版本图书馆CIP数据核字(2018)第014940号

责任编辑：王如月
封面设计：傅瑞学
责任校对：王荣静
责任印制：丛怀宇

出版发行：清华大学出版社
　　网　　址：http://www.tup.com.cn，http://www.wqbook.com
　　地　　址：北京清华大学学研大厦A座　　**邮　　编**：100084
　　社 总 机：010-62770175　　**邮　　购**：010-62786544
　　投稿与读者服务：010-62776969，c-service@tup.tsinghua.edu.cn
　　质量反馈：010-62772015，zhiliang@tup.tsinghua.edu.cn
印 装 者：三河市少明印务有限公司
经　　销：全国新华书店
开　　本：185mm×235mm　　**印　张**：15.5　　**字　　数**：317千字
版　　次：2019年6月第1版　　**印　　次**：2019年6月第1次印刷
定　　价：58.00元

产品编号：076162-01

自序

因为喜欢数学的缘故，我总喜欢把创业中遇到的问题进行量化，然后做一个通用的数学模型出来。这样的数学模型做出来之后，再遇到类似的创业问题，只要套用数学模型，大概就能够想出比较科学的解决办法。这样的好处是，不需要花太多时间，就可以轻松解决各种创业过程中的类似难题。

大学生创业需要具备的创业能力的核心是创新思维，而数学素养恰恰有助于提升对已知信息进行多方向、多角度、多层次的思考与分析的创新思维能力。美国百森商学院的创业学课程体系中专门开设了微积分等数学课程，该课程体系被誉为美国高校创业教育课程化的基本范式，这从侧面反映了数学素养的基础作用。

大学生数学素养的提升对其创业能力的培养是深层次的、潜移默化的。对于任何创业的大学生来说，都必须具备一个基本的数学素养，那就是计算能力。无论是进行核算还是进行项目预算，都要用到计算能力，如果连这些基本的数学素养都不具备，那么大学生在自主创业的过程中就会遇到很大的困难。因为大学生自主创业，就是要通过自己的努力和对自身能力的运用，来达到自主经营、自主结算以及自主赢利，如果创业者自身就不具备一些基本的数学素养，那么在之后的创业发展过程中就会遇到更大的困难。所以在创业能力培育视阈下，大学生必须要培养自己的基本数学素养，否则连基本的财务运算都无法实现，就更不用说提高创业能力，进而灵活地运用基本数学思维来解决创业过程中的一些问题，以及抓住商机了。

大学生在创业过程中资源普遍相对匮乏，帮助他们在创业计划中增加理性认识是目前提升创业计划质量最有效的方法，如在创业计划中灵活运用数学方法进行市场预测、财务分析、决策分析和利润评估等，以创业过程中的各项任务为主线，把数学中的微积分、实变函数与泛函分析、概率论与数理统计、模糊数学、运筹学、数学建模预测等知识融入创业过程，有助于大学生以定量分析的方法解决创业中的管理、决策、规划、评价等问题，引导他们用创业的思维和行为准则开展工作，培养和强化以定量分析的方法分析和解决创业问题的能力，提高大学生创业素质和综合能力，并最终提高大学生创业成功的概率；另一方面，提高大学生在创业中的数学应用意识和应用能力，也能为创业教育形势下的数学教学改革探索出一条可行途径，进而通过创业教育理念整合数学方法，改变数学教育目前

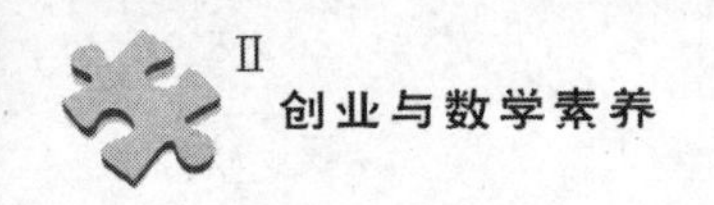

的低效益状况。

大学生在创业中经常会碰到一些困难，有时正面思考怎么也找不到解决办法，感觉钻进了死胡同，这时需要从反方向着手。而这样一种思维方式，在数学素养中是经常有体现的，如反证法、逆映射和逆否命题等，都包含着数学逆向思维素养。

经过一年多的时间不断磨稿，我终于完成了这部30万字的书稿，此刻心情非常复杂。一年多来，除了完成学校规定的必须完成的本科课程和自己的研究生培养计划，我几乎推掉了一切校外的教学活动和讲座报告，我的业余时间几乎都给了这部作品，虽然没有精卫填海那样艰苦，却也像愚公移山那样坚韧。本书的基础是笔者2007年在西北农林科技大学讲授“创业与数学素养”选修课的讲义，部分内容也曾在北京、湖北、陕西等省市的相关高校进行过试讲。书稿中的许多内容都无保留地在“创业与数学素养”选修课程上使用过，有些还作为研究生在确定学位论文的选题和写作的参考。师生之间教学相长，不仅促进了教学与科研，也使这部书稿发挥了一些实际的作用，这也让笔者感到欣慰。

2013年，我凭借“创业与数学素养”课程“三类未来创业中的数学模型之运用”一课，荣获全国高校创业指导课程教学大赛全国总决赛优秀奖，是陕西省高校唯一获此殊荣的选手。这使笔者更加确信，创业与数学素养在实践的过程中会糅合多种学科的精髓。

如果说创业是船，那么数学素养即为船帆，正确运用好它，就会助力创业者闯出自己的一片天地。我所在的西北农林科技大学作为中国的一所著名农林院校，有着大面积的蔬果实验田，以及高端的农业技术和优良的品种。因此，每年学生的很多创业项目都与农林学科有关。我可能无法成为走得最远的创业先行者，但愿意成为一名坚定的农夫，任人群熙攘，只埋首于这片土地，永远守在这片田野上。希望我的滴滴汗水有助于大家创业梦想的种子早日萌芽、拔节、怒放。

我意识到《创业与数学素养》有广泛的读者群体，因此试图寻找在内容、结构、篇幅以及叙述方式的平衡，以使本书在以高校师生为基本对象的同时，也能在不同程度上符合对“创业与数学素养”感兴趣的各类读者的需求。这样做难免会带来一些问题，特别是在材料取舍、论述详略深浅等方面。另一方面，“创业与数学素养”是一个如此广阔而又深刻的交叉领域，准确而生动地反映这门交叉学科的创造活动是十分困难的任务，本书在具体内容上也必定存在疏漏与不足，欢迎各界读者指正。

在本书出版之际，在此向所有关心、扶植、指正本书初稿的师长、同事和友人致以衷心的谢意。

数学大师吴文俊院士对本书屡加鼓励，很多章节内容的取舍，都吸取了他的意见，我借此机会向吴文俊院士致以崇高的敬意和深深的感激。

感谢我亲爱的学生们，尤其是西北农林科技大学的李瑗冰和梁礼春，湘潭大学的覃新华，英国格拉斯哥大学(University of Glasgow)的刘魏，感谢你们在繁重的学习任务之余为本书的资料收集与分类整理做了不少工作。你们的参与，使这本书以更加美丽的面容出场。

感谢清华大学出版社王如月编辑以及西北农林科技大学江霞，你们为本书的顺利出版付出了太多。

本书在编写过程中，参阅了大量国内外有关文献，引用了其中的一些资料，部分已在本书注明出处，限于篇幅，仍有部分文献未列出，在此对这些文献的作者表达由衷的感谢和歉意。

本书在写作过程中，受到教育部海外名师项目（项目批准号：MS2011XBNL057）、中央高校基本科研业务费专项资金项目（项目批准号：2014YB030）资助，谨此致谢。

最后，以一首诗来结束本序。

它似乎在叙述一些数学思想，但所流露的分明是一种生活的情绪。诗曰：

半岁能知六七八，一生只应钻数熵。
学算曾游四万里，专著新作九千行。
归来又变人之患，年过五乘二立方。
苦心八载完心愿，此后长年三倍忙。

赵　斌

2018 年于西北农林科技大学

CONTENTS
目录

第1章 绪论

从党的十七大提出促进创业以带动就业的发展战略以来，创业教育迅速且广泛地进入了我国各大高校的校园，成为高等教育近十年来的热点问题。从国内看，我国大学生创业教育起步较晚，大致经历了三个阶段，分别是2000年前后的在高校层面的自主探索、2008年前后政府引导下的以多样化发展为特征的萌芽阶段、2010年以后形成的以制度化为主要特征的创业教育及全面推进阶段。从2010年起，在政府引导下，全国小额担保贷款已成为个体成功自主创业的"助推器"和人才培养的"催化剂"。如近年来我国江浙地区依靠贷款帮扶和政策支持创立起的民营经济发展迅猛，不仅为地方经济做出了重要贡献，而且吸纳了当地75%以上的就业人口，极大地助推了国家对扩大就业市场和拓展就业渠道的需求。2014年9月10日，李克强总理在2014年夏季达沃斯论坛开幕式上首次对外提出了"大众创业、万众创新"的战略性想法。2015年3月15日上午，国务院总理李克强在人民大会堂三楼金色大厅会见第十二届全国人大三次会议的中外与会记者时，就国内外发展创新形势简要回答了记者提出的问题。在谈到大众创业时，李克强表示，大众创业、万众创新实际上是一个改革。国家繁荣的根源在于人民创造力的发挥，经济的活力也正是来自于创业和消费的多样性。

创业者(Entrepreneur)的概念最早由法国经济学家理查德·坎蒂隆(Cantillon,1755)提出，并将其定义为"风险承担者"。理查德·坎蒂隆的贡献在于将创业与风险联系在了一起，认为创业者的特质对创业者能否获利具有决定性的影响作用[①]。新古典学派创始人阿尔弗雷德·马歇尔(Marshall,1890)提出创业者对市场经济发展的重要作用进而应单独划分为一个阶层，新古典学派的某些研究模型对现在创业研究方法都有极大影响[②]。弗兰克·奈特(Knight,1921)

---

① Gray H, Sanzogni L. Technology leapfrogging in Thailand: Issues for the support of e-commerce infrastructure[J]. The Electronic Journal on Information Systems in Developing Countries, 2004, 16(3): 1-26.

② Durand D E. Effects of achievement motivation and skill training on the entrepreneurial behavior of black businessmen[J]. Organizational Behavior and Human Performance, 1975, 14(1): 76-90.

认为创业者承担不确定性，首次准确地将“风险”和“不确定性”区分开来，风险是可以计算的，而不确定性无法计算。此外，奈特还分析出了成为一名成功的创业者需要具备的动机和特质[①]。

在创业过程中，各因素间充斥着各种各样的数量关系，这不仅需要创业者在应对这些数量关系时拥有一定的定量分析能力，而且还需要运用所学数学方法，开动大脑，创造性地解决那些数量关系，这一切都是“创业与数学素养”要重点考虑的问题，不仅局限于“创业与数学素养”之间关系的简单理解，而且需要培养创业者提出新问题、探索新方法或发现多种解决方法的思维方式。这些大量存在的数量关系要求创业者具备多元化角度培养管理者的能力，按客户的需求对数据和信息进行数学建模，建立创业带动就业的数学模型，通过鼓励个体创办企业来最大限度发挥创业对就业的倍数拉动作用，进而增加创业成功的可能性。

数学素养对于创业者的重要性往往就在于培养创业者可以有效应用数学方法对生活中的事物进行逻辑分析和正误判断，最终得到最有效的解决方案以及重要的价值。这一点其实与创业者的创新、创业教育息息相关，既很好地强调了创业者实践应用的重要性，同时也给出了实践应用的数学方法，既指导了创业者的方向，又准确给出了目标[②]。

创业者的数学素养往往具备几个显著的特点，这些特点都或多或少地对他们的创业能力培养提供了基础。

首先，数学素养是一种将数学理论知识与实践行为有效联系在一起的能力。这种能力从培养角度上与创业教育培养的目的是一致的，所以整体而言，创业者的数学素养提升对于整个创业者的创业教育培训具有促进作用。这主要表现在以下几个方面。其一是从思想上促进。以前的大学教育没有涉及创业能力培训的教育，但是为什么依旧能培养出非常优秀的创业家、企业家？这与高等教育的辩证教育分不开。而数学教育作为一种最传统的辩证教育，在学生创业能力培养过程中起到非常重要的作用。经典数学理论的有效学习包括函数、概论、线性代数等知识的系统学习，让学生可以掌握丰富的数学理论知识，这对于学生思维上的改变是潜移默化的。随着高等数学学习的不断深入，学生自然会在学习中产生许多数学思想，如函数思想、分类讨论思想，这些思想会促进学生在现实生活中将逻辑思维巧妙应用起来，例如在创业中，学生会用数学思想和能力去分析企业成长的利润空间、企业的经营策略方向，这些方法其实并没有在课堂上学习，但是学生早已经在日积月累的数学学习中建立起良好的数学素养，只需要遇见问题，即可立即思考和实践应用，充分将数学素养展现出来。这就是数学素养对学生思维的改变，让学生有意识地利

---

① Ireland R D, Covin J G, Kuratko D F. Conceptualizing corporate entrepreneurship strategy [J]. Entrepreneurship Theory and Practice, 2009, 33(1): 19-46.

② Rockart J F. Chief executives define their own data needs[J]. Harvard Business Review, 1979, 57(2): 81-93.

用方法论去解决生活中实际的问题，这是创业能力中非常重要的一种能力，所以数学素养培养对学生的创业能力培训非常重要[①]。

其次，数学素养提升有助于学生在创业能力培养中增强实践、应用能力。大学时代是比较自由的时代，学生实践的机会更多，大学高等数学知识对生活、社会的影响可以在实践中感受和认知。在此基础上，学生的数学素养更容易在实践中发挥发现问题、分析问题、解决问题的作用。这与创业能力培养中的实践能力要求非常贴近，通过数学素养的实践，较好地体现出创业能力培养中对创新能力、动手应用能力的重视和提升[②]。

最后，数学素养培养可以与创业能力培养互补优势。二者的本质是提高创业者对知识的应用实践，并且在此过程中培养创业者的创新、创业思维，进一步促进实践转化成理论知识，再次指导新的实践[③]。

1.1　创业分析

创业作为人类的一种基本活动，其内涵十分广泛。不同的学者对创业的定义也各不相同。《牛津大辞典》对“创业”的定义是，创业是指从事一项不确定成功与否，并且是新的具有风险的事业活动；中国最大的综合性词典《辞海》将创业定义成为创立基业；20 世纪初，盖特纳认为创业的内涵主要体现在创业的行为结果和企业家个人特性两个方面[④]；杰夫里·提蒙斯提出：创业是一种思考、推理结合运气的行为方式，它为运气带来的机会所驱动，需要在方法上全盘考虑并拥有和谐的领导能力；罗伯特·融斯戴特认为，创业是一个创造增长财富的动态过程[⑤]。

鉴于以上从资源、社会文化、机会、社会资本、战略适应、认知、系统等多种视角对创业所发表的众多观点，作者认为，创业是指通过市场分析、风险评估等多种手段抓住机遇，运用自身能力和优势，进行企业创建并使其正常运作的过程，是一种具有风险性、挑战性和收益性的人类活动。其中，创业不只是一个新企业的建立，更多的是要创业者用自己的人格魅力和领导风格，领导和感染其他成员使企业在市场经济的大环境下生存下去，并带给

---

① Gerald E Hills. Variations in university entrepreneurship education: An empirical study of an evolving field [J]. Journal of Business Venturing, 1988, 3(2): 109-122.

② Zoltan J Acs. Entrepreneurship, Geography, and American Economic Growth[M]. New York: Cambridge University Press, 2006: 154-172.

③ Brigs Hynes. Entrepreneurship education and training-introducing entrepreneurship into non-business Disciplines[J]. Journal of European Industrial Training, 1996, 20(8): 10-17.

④ Gartner W B. What are we talking about entrepreneurship[J]. Journal of Business Venturing, 1990, 5(1): 15-28.

⑤ Kemelgor B H. A comparative analysis of corporate entrepreneurial orientation between selected firms in the Netherlands and the USA[J]. Entrepreneurship and Regional Development, 2002, 14(1): 67-87.

整个社会更多的经济效益和社会效益，为整个社会注入更多的创新和创业精神。

从狭义的角度来看，可以将创业视为从零开始创建企业；从广义的角度来看，可以认为创业是一种新价值的创造活动，能够在现有的组织内部进行，在此活动中实现价值增值。创业是一种由机会驱动的思考和行为方式，通过创业可以实现价值的产生和增加；创业是新企业、小企业和家族企业的开创和管理；创业是创建新企业并确保其健康成长的行为；创业是一个发现和捕捉机会并由此创造出新产品的过程①；创业是克服资源约束，是一种更新、维持以及强化组织惯性的行为；创业是组织人力、技术、资金等各种资源，并承担风险来产生新组织、新产品、新流程并创造利润的价值创造活动②。

创业是一种系统性的工作，创业者通过优化整合可获得资源，创造更大的经济或社会价值③。大学生正是具有较高专业文化素质、独特创新精神和相对年龄优势的特殊群体，较强自主性、个性化的群体特征使其更适合创业活动。在当前经济社会转型环境下，创业正逐步进入大学生视野，呈现出强大的生命力，已成为缓解大学生就业压力的重要途径④。

大学生创业可以从创业主体性质、创业起点、制度创新等角度进行划分。从创业主体的性质来看，主要包括个人独立创业、公司附属创业和公司内部创业；若按创业起点的不同分类，则包括创建新企业、公司再创业；而依企业创新层次的不同，可以分为产品创新企业、营销创新企业、组织创新企业等。除此之外，针对大学生这一特殊的群体，可以从创业时间、创业目的、资源投入等角度将创业分为在校创业、毕业后创业、机会型创业、技术转移型、人力资源转移型创业等。

基于不同视角，对创业类型的划分具有多样性，众多学者对于创业的理解和定义也不尽相同，国外学者多侧重于将创业定义为一种行为方式，一种建立新企业的过程，而国内学者则集中认为创业是发现机会、实现价值的过程。综观国内外研究，创业的定义都强调价值的实现过程，而大学生自主创业主体为大学生，因此，在借鉴已有研究的基础上，大学生自主创业内涵可以概括为：结合经济发展的需要和国家创业要求，大学生利用学习的理论和技能，开发市场，创造出新产品、服务和其潜在价值的过程。从另一个角度讲，大学生创业实际上是大学生自谋职业，将知识产品推向市场，开办企业、开创事业的活动⑤。

---

① 郁义鸿，李志能．创业学[M]．上海：复旦大学出版社，2000.

② Ronstadt Robert. Entrepreneurship[M]. New Hampshire：Lord Publishing Co.，1984.

③ Madhoushi M，Delavari H，Mehdivand M，Mihandost R. Entrepreneurial orientation and innovation performance：The mediating role of knowledge management[J]. Asian Journal of Business Management，2011，3(4)：310-316.

④ Bygrave W D. The entrepreneurship paradigm：A philo-sophical look at its research methodologies[J]. Entrepreneurship：Theory and Practice，1989，14(1)：7-26.

⑤ 周勇，贾苗苗．从创业计划竞赛管窥高校创业教育的发展趋势[J]．思想教育研究，2014，24(10)：81-84.

创业是一个多要素融合的综合过程，包括心理素质、项目创意、资金实力、知识技能以及社会关系、胸怀格局，每个要素都非常重要。但是学生创业群体普遍存在有想法无实践、眼高手低、准备不足等情况。他们的思维意识、创新能力都比较突出，有强烈的参与意识，相当一部分人在入校后不久便做好创业的准备，对创业的期待远远强于其他人。但是这种心态容易造成该群体比较浮躁，对现实的预想远高于实际，在与外界形成心理落差之后便会表现出迷茫的心态。该阶段创业群体还普遍存在着想得多而准备得少的特征，对创业没有形成完整而清晰的认识，缺少实践经历，探索过程比较曲折。

创业的框架是多维度的，包括 4 个最重要的变量因素，即个人、环境、组织和创业过程。个人因素，即创业者因素，主要是指创业者的个性特质，包括年龄、性别、受教育程度、冒险精神和创造性等；环境因素，即创业环境因素，主要包括创业机会和创业资源等；组织因素，是指创业组织因素，包括企业的战略模式、组织形式和发展架构等；过程因素，即创业过程因素，从发现创业机会，识别创业机会，获取创业资源，到创业组织构建等。如图 1.1 所示，该创业动态发展模型从本质上转变了研究创业的视角，即创业者及其企业不再被视为不变的、同质的群体，而使其充满了复杂性和多样性[①]。

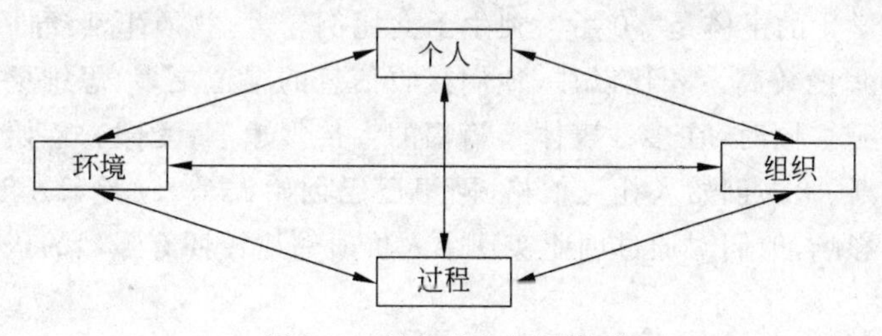

图 1.1 创业动态发展模型

创业者的资源禀赋是创业者在创业前拥有的各类资本条件的总和，包括经济资本、社会资本、人力资本三部分条件。其中，社会资本分别基于家庭关系和人际关系，经济资本是创业者可直接变现的资产总和。创业者拥有创业资源禀赋是创业的先决条件，在一定程度上影响企业的发展，而机遇则是创业过程的驱动力，创业即是创业资源禀赋和机遇的碰撞体[②]。

具备了创业意识的潜在创业者才能够真正地从事创业活动。创业意向是创业实施的前提，形成于创业过程的前期阶段，它是创业活动的重要组成部分和行为。创业是具有意向性的行为，支配着创业者对创业活动的态度。创业意向是一种理性的、因果性的思考结果：首先通过投入注意力、精力以及行动，然后才能引导创业者对某一目标的追求与行

① 朱仁宏. 创业研究前沿理论探讨——定义、概念框架与研究边界[J]. 管理科学，2004，17(4)：71-77.

② Stevenson H. The heart of entrepreneurship[J]. Harvard Business Review，1985，63(4)：85-94.

动；创业意向是一种目标明确的、有意识的心理状态，把创业者的注意力引向新企业的建立和现有企业的价值增值[①]。

有些学者认为创业意向是指创业主体建立企业的信念，这个信念可能会在未来某个合适的时间变成实际的行动；创业意向是个体打算创建新企业并且在未来某一时点会有意识地采取创业行动的自我承诺的信念；创业意向是指个体具有创建新企业的打算，它来源于个人需求、价值观、习惯、观念等方面，具有自主性、客观性、超前性的特点。

创业意向分为创业意念及创业准备两种。创业意念是指个体是否愿意为创业和维持企业成长而付出代价，创业准备则主要体现在物质和精神方面的准备。创业意向是创业行为的预测指标，影响创业意向的因素有很多，主要的因素有个人的背景、个人特质、外界环境等，如创业主体的专业背景、家庭环境、创业经历等，这些都决定着创业活动的选择与实施[②]。

大学生创业意向是一种个性心理活动，受到个体内外因素的影响，是指大学生未来选择创业的可能性。在同等环境下，创业意愿的强烈与否影响并决定着实际创业活动的开展。创业可能和创业准备是衡量创业意向的主要指标。

我国当前大学生的主体是“90后”，独生子女比例较大，物质生活条件普遍较为优越，受关注和关爱的程度较高。相比以往，他们接收信息的渠道更多、思维更加活跃、接受新鲜事物的能力更强。同时，在多种媒体大篇幅的宣传报道下，受微软创始人比尔·盖茨、苹果创始人乔布斯、脸书创始人扎克伯格、阿里巴巴创始人马云、新东方创始人俞敏洪等创业成功人士的影响，他们对通过创业实现个人价值的途径怀有强烈的认同感，抱有强烈的创业激情。

但是，我国实行改革开放的基本国策以来，我国综合国力日渐增强，政治、社会和生活环境都相对稳定。在这种良好的环境之下，大部分的家庭以及大学生本人更愿意选择传统的稳定就业方式，倾向于企业、事业单位，成为一名职员，而不愿意投入高风险、高回报、长周期的创业活动中。创业资金短缺、销售渠道狭窄、社会资源缺乏等现实问题直接影响了大学生将想法付诸实践的决心。在美国大学生中，投身创业的比率为25%，日本为15%，而我国大学生投身创业人数还十分有限[③]。

---

① 奥里森·马登. 成功的品质[M]. 罗海林，译. 北京：中国档案出版社，2001.

② Anders Lundstrom, Lois Stevenson. Entrepreneurship Policy: Theory and Practice[M]. New Mexico, Springer, 2005.

③ 徐磊. 我国大学生创业模式的构建[J]. 武汉纺织大学学报，2011，24(5)：67-70.

1.2 数学素养分析

数学素养是指能够将对数学知识的理解和应用结合在一起而形成的解决实际问题的综合能力。数学素养本身就是非常抽象的概念,对现实事物的认识也呈现出模块化的理解。所以那些有数学素养的人往往能够将现实中的问题建立数学模型,应用数学知识与方法处理问题,并认识许多存在的客观情况。

数学素养中蕴含着大量创业教育元素,当下已经成为在自然科学、工程技术、社会科学等学科领域进行创业不可缺少的基础部分。在创业能力培养下的学生数学素养提升主要有几个方面,如逻辑思维、发散思维以及逆向思维等。只有提升学生的思维能力,才能让学生在创业能力方面有所突破,同时也能进一步增强学生的数学素养,指导实践应用,提高实践能力[①]。

首先是学生逻辑思维能力的提升。可以说逻辑思维能力是学生日常生活中非常重要的一项能力,这项能力不仅可以让学生充分思考,辩证地看待问题,同时还能在错综复杂的信息中根据已有的条件,筛选出最有利于自己创业实现的信息。在创业能力培养下的大学数学素养培养应该将逻辑思维能力的提升作为首要的任务,让学生在有限的资源中发掘无限的可能。学生在高等数学的学习中不断通过对数学方法的理解和应用,最终在一次次分析与思考中提升逻辑思维能力。例如,在零点理论的教学中,学生可以通过教学掌握抽象思考,这些都会使学生在面对各种尖锐的挑战和激烈竞争时,对事物判断的逻辑思维能力得到提升,在遇见创业中的项目投资选择时,就可以运用逻辑思维来分析具体投资项目的情况,做出有针对性的投资,帮助他们做好创业决策,这对整个企业的发展和创业活动起着至关重要的作用[②]。

其次是发散思维能力的提升。能独具慧眼发现蕴含巨大发展潜力的创业空白点离不开发散思维能力。发散思维是创新思维的核心特点,它是指对已知的信息进行多方向、多角度、多层次的思考与分析,不仅局限于简单的理解,需要提出新问题、探索新知识或发现多种解答方法的思维方式[③]。运用数学的学科特点培养大学生发散思维,提高大学生创新思维能力,进而提升大学生的创业能力[④]。

在创业能力培养问题上,发散思维是一种非常宝贵的思维模式,初期创业的学生会遇到许多意想不到的问题,这些问题往往都是不重要但非常紧急的问题,如果这时能够灵机一动想出一个好的方法来解决问题,对项目的继续开展会起到非常重要的作用。而发散

---

① 毛琪莉. 高等数学发散思维培养新探[J]. 黄石理工学院学报, 2012, 28(2): 65-66.

② 郑刚, 颜宏亮, 王斌. 企业动态能力的构成维度及特征研究[J]. 科技进步与对策, 2007, 24(3): 90-93.

③ 杨文圣; 李振云. 试析发散思维是创新思维的核心[J]. 衡水师专学报, 2003, 5(4): 64-65.

④ 胡满场. 创新思维不等同于发散思维[J]. 河南师范大学学报, 2004, 31(5): 88-89.

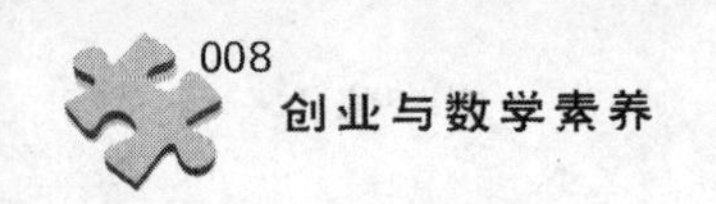

思维恰恰可以成为这样的“好帮手”，思维敏捷、反应迅速、思域广阔是发散思维最显著的特点，通过从不同角度去分析和解决同一问题，可以不断提升学生应对问题的处理速度，还有益于自身能力提升。所以在大学生数学素养提升中，发散思维的提升是非常有意义的。

最后，逆向思维提升可以说是大学创业能力提升的重中之重。逆向思维也是一种反思思维，就是对已有条件和问题进行反向思考，用逻辑证据来推敲事情是否成立，并指导学生通过正向思维来分析、解决问题。这种对同一事物从不同的切入点进入的思维，往往会使人在创业过程中迅速赢得商机，把握别人无法把握的重点，并不断创新，不断让思维保持在较高水平，最终脱颖而出，成为创业家。所以逆向思维是数学素养中非常重要的一项思维方式，也是最容易产生效果的思维方式①。

---

① Jean-Pierre Bechard, Denis Gregoire. Entrepreneurship education research revisited: The case of higer education[J]. Academy of Management Learning and Education, 2005, 4(1): 22-43.

第 2 章　自主创业中基于复杂适应系统的数学模型构建

1979 年，麻省理工学院 David Birch 教授的一份具有里程碑意义的研究报告《工作产生过程》，以翔实的数据揭示了自主创业对创造新的工作机会、推动经济发展的重大意义，得到业界的普遍认可，从而奠定了自主创业带动就业的社会基础①。在实践上，欧美国家自 20 世纪末便开始刮起自主创业旋风，以美国为例，当今美国社会 95％的财富是在 20 世纪 80 年代以后创造出来的②。

2015 年 5 月，国务院办公厅发布《关于深化高等学校创新创业教育改革的实施意见》，政策的颁布，为想创业的大学生提供了福音。政策中指出，允许在校大学生保留学籍休学创业。我国政府之所以为大学生提供创业孵化基地，全面扶持大学生创业，主要是为了通过鼓励大学生自主创办企业来最大效力发挥自主创业对就业的倍数拉动作用。大学生在并未完整地接触社会、融入社会的条件下，需要考虑诸多可能出现的问题。看起来很烦琐，但基于复杂适应系统，利用数学建模的方法对实地调研结果进行数据分析，可为大学生创业提供较为合理的选择。

因为个体在自主创业的过程中，开设新公司为社会提供了更多的就业岗位。这些被吸纳的劳动者经过一段时间的培训和成长，他们中的一部分人又成为新的自主创业者，进而通过自主创业吸纳第三层次的劳动者③。例如，国企改革中有的下岗职工通过相互之间的联合自主创业，不但不会成为国家的包袱，还帮助了自己和昔日的同事，实现了更好的就业，一举两得。自主创业行为之所以能够

---

① Klappera L, Laevena L, Rajan R. Entry regulation as a entrepreneurship[J]. Journal of Financial Economics, 2006, 82(3): 591-629.

② Foster J. From simplistic to complex systems in economics[J]. Cambridge Journal of Economics, 2005, 29(6): 873-892.

③ Buchanan J M, Yoon Y J. Symmetric tragedies: Commons and anticommons[J]. Social Science Electronic Publishing, 2000, 43(1): 1-13.

在带动就业方面起到巨大作用，主要原因有两方面：第一，它突破了传统的“一人一岗”的就业模式，形成“一人带动一群岗位”的就业模式。根据全球创业观察（Global Entrepreneurship Monitor）报告，每增加一个机会型自主创业者，当年带动的就业数量平均为2.77人，未来5年带动的就业数量为5.99人，这就是自主创业带动就业的雏形。第二，自主创业企业大多数设立门槛低、创业成本小，而且具有普适性，即适合社会上各类群体的劳动者。从规模大小来看，中小企业往往是自主创业型企业的起点，而且小规模企业的就业吸纳能力要比大规模的企业强得多。

一方面，个体在创办企业的过程中实现了自身的就业，由于业务发展需要聘请若干名员工开展日常营业，无形中给社会提供了更多的就业岗位，从而培养和造就了更多的潜在自主创业主体。最明显的例子是在20世纪末国有企业改制导致大量职工下岗时，很多人痛定思痛选择了勇敢地走出去，靠当初积攒下的劳动技能，自己当老板，到社会上开起包子铺、维修铺，开始了艰苦的自主创业之路。这样，不但解决了自己的就业问题，还随着业务的扩大不断向社会招聘新员工。从另一方面看，成功的自主创业虽然可以有效带动就业岗位的增加，其对就业率的影响基本上呈现出正的相关性，但深入研究后发现，自主创业与就业之间在各种因素作用下更多时候呈现出的是一种综合性和复杂性，这预示着它们之间绝对不是简单的线性关系。在复杂性科学视角下，创业过程无疑是一类复杂适应系统[①]。

以自主创业促进就业，这是从经济增长的本源和变化规律去研究社会问题，而经济增长理论问题必然存在内生变量和外生变量，而这种情况往往需要利用数学理论通过建立模型来处理。然而很多人在自主创业中没有数学应用意识，缺乏量化指标，过于依赖主观评判，这样就很容易失败。数学建模作为数学素养应用的主要途径，在各类创业实践中发挥了越来越重要的作用。

2.1 复杂适应系统简介

2.1.1 复杂适应系统的产生

复杂性科学兴起于20世纪80年代，标志着系统科学发展进入了新的阶段。复杂性科学在研究方法上实现了突破和创新，日益渗透到哲学、人文社会科学等领域，影响范围越来越广。物理学家霍金曾称“21世纪将是复杂性科学的世纪”。复杂性科学也逐渐成为当前系统科学的主要研究方向。

1984年，由乔治·考温、大卫·潘恩斯、斯特林·科尔盖塔、诺贝尔物理学奖获得者默里·盖尔曼以及理查德·斯兰斯基等人一同创办了世界知名的复杂性科学研究中心，

---

① Wickham P A. Strategic Entrepreneurship[M]. 罗海林，译. 北京：中国档案出版社，2001.

也就是圣塔菲研究所，专门从事复杂性系统科学的研究。圣塔菲研究所的霍兰德(John Henry Holland，1929—2015)教授作为遗传算法之父和复杂性科学的先驱者之一，一直置身于复杂适应系统这一新兴研究领域的核心①。

图 2.1　霍兰德

霍兰德教授经过几十年的系统研究，完成了《隐秩序：适应性造就复杂性》这部里程碑式的著作，展示了他的独特洞见。《隐秩序：适应性造就复杂性》强调寻找支配复杂适应系统行为的一般原理，注重扩展众多科学家的直觉，并提供了一个适用于全部复杂适应系统的计算机模型。霍兰德教授通过描述我们能够做什么，总结了如何增强对复杂适应系统的理论认识。他提出的若干理论方法，可以指导人们对付耗尽资源、置我们世界于危险境地的棘手的复杂适应系统问题。著作《隐秩序：适应性造就复杂性》的发表标志着复杂适应系统理论的诞生，虽然复杂系统在细节上表现出差异性，但鉴于圣塔菲研究所提出的“适应性造就复杂性”的系统核心思想②，每个系统均有一个不解之谜。

20 世纪 60 年代，霍兰德教授和他的学生们受到复杂系统本身与外部环境相互协调的模拟技术的启发，创造出一种基于遗传和进化机制的、适合于复杂系统优化计算的自适应概率优化技术——遗传算法(Genetic Algorithm)③。

图 2.2　德茸

1968 年，霍兰德教授又提出模式理论，该理论后来成为遗传算法的主要理论基础。

1975 年，霍兰德教授的专著《自然界和人工系统的适应性》正式出版。该书全面地介绍了遗传算法的特点，人们常常把这一事件视作遗传算法问世的标志。霍兰德教授因此被视作遗传算法的创始人。

1975 年，美国科学家德茸(Kenneth A De Jong)的博士论文《遗传自适应系统的行为分析》基于遗传算法的思想进行了大量的纯数值函数优化计算实验，极大地发展了霍兰德教授的工

① Holland J H. Adaptation in Natural and Artificial Systems[M]. Ann Arbor, MI: The University of Michigan Press, 1975: 1-79.

② Anders Lundstrom, Lois Stevenson. Entrepreneurship Policy for the Future[M]. Swedish Foundation for Small Business Research 2001.

③ Holland J H. Adaptation in Natural and Artificial Systems[M]. Ann Arbor, MI: The University of Michigan Press, 1975: 80-156.

作。[①] 霍兰德和德茸所做出的巨大贡献使复杂遗传自适应系统进入了快速发展阶段。

1985年，作为霍兰德教授的学生，D. E. Goldberg博士对前人的一系列研究工作进行归纳总结，形成了复杂遗传自适应系统的基本框架。

具有适应能力的主体是复杂适应系统的基本组成部分，从主体的内涵来看，系统中的主体具备"适应性、主动性"的特征。相比较于简单系统中的被动的部分或元素，这种主体有自身的目标和方向，能够有效地与环境进行互动，而且可以在互动的过程中主动地进行学习和积累，按照环境的变化来调整自己的行为，实现"成长"或"进化"，以便更好地生存和发展，这也正是系统发展和进化的基本动因。因此，复杂适应系统的提出是人们在系统运动和演化规律认识方面的一个巨大飞跃。

2.1.2 复杂适应系统的基本概念

复杂适应系统是由具有交互作用的大量主体组成的系统，适应性主体是这个系统最核心的概念。霍兰德教授提出了复杂适应系统数学模型的7个基本特征，分别是聚集、非线性、流、标识、多样性、内部模型和积木模型。[②]

1. 聚集

聚集是构建复杂适应系统的方法之一，同类的主体可以通过"黏合"，也就是主体的相互聚集作用，形成更高一级的主体，这些形成的新聚集体在系统中可以像一个单独的主体那样展开行动，进行再次聚集，形成更高层次的个体。在这个过程里不同主体之间的交互作用所产生的聚集会形成层级结构。在合适的条件之下，聚集体同样可以通过"黏合"效应形成一个更大的聚集体，从而导致层级的出现。在这一系列的过程中，原有的个体并没有消失，反而在新的环境中得到了发展。

2. 非线性

在复杂适应系统中个体之间以及个体与环境之间的交互是一种主动的适应关系，并非简单的、被动的、单向的线性关系。这种非线性的产生是系统内部原因造成的，也就是主体的主动性和自适应能力的体现。以往的"历史"会留下痕迹，以往的"经验"会影响将来的行为。正因为各种反馈作用的互相缠绕，才使得复杂系统的行为变得难以预测。

3. 流

个体与环境之间以及主体相互之间存在有物质流、能量流和信息流。在复杂系统中，由于流的存在产生了乘数效应和再循环效应，流的渠道是否畅通直接影响着系统的演化

---

① De Jong K A. An Analysis of the behavior of a class of genetic adaptive systems[D]. Ann Arbour: University of Michigan, 1975.

② 杰弗里，蒂蒙斯，小斯蒂芬·斯皮内利. 创业学[M]. 周伟民，吕长春，译. 北京：人民邮电出版社，2005: 1-3.

过程。越复杂的系统，各种交换越频繁。

4. 多样性

在复杂适应系统中，主体会根据自身的条件以及目的向不同的方向努力，在适应的过程中，个体之间的差异会扩大，从而增加主体类型的多样性。多样性的产生是不断适应的结果，每次的适应为新的生态位提供了可能性，也就形成了如今的等级划分和创业企业动态系统的不同层级。主体之间的差别会发展和扩大，与系统内部适应性、主体的非线性交互作用有着密切的联系。这种分化的结果是系统多样性的动态体现，正是复杂适应系统的另一个显著特点。

5. 标识

在复杂适应系统中，标识是客观存在的，能够促进相互识别和选择，实现信息的交流。良好的标识是筛选的基础，标识是聚集和边界生成而普遍存在的一个机制。

6. 内部模型

在主体适应外部环境的过程中，内部模型会做出一些预测和反应，并且会根据反馈的结果来调整、改变自身的结构。内部模型会响应大量涌入的输入，并最终形成具有特定功能的结构。其中，隐式模型侧重于依托对未来状态的预测来指明当前行为，例如，细菌向浓度高的地方游动。显式模型用于作为其他选择时进行明显的、内部的搜索。正因为内部模型机制的存在，主体才能通过对环境刺激做出反应，从而主动适应环境的变化。

7. 积木模型

霍兰德教授运用若干积木任意组合，不同的组合数将会出现积木数的几何增长的原理，并利用积木机制来反映个体如何对外部环境和未来行为进行预测。积木复杂系统是通过改变它们的组合方式而形成的，较高层次的规律大多是从低层次积木的规律中而推导出来。

2.2　自主创业支持体系的复杂适应系统特性分析

2.2.1　自主创业支持体系的复杂性

自主创业支持体系的自身属性导致其客观上存在复杂性。首先，自主创业支持体系所涉及的参与主体众多，各主体在自主创业支持体系中所处的“位置”、支持作用、方式不同，导致系统要素空间分布、范围等存在差异，形成立体的网络结构，从而使自主创业支持体系具有多层次性。第二，自主创业支持体系并不是封闭的，而是与外部环境不断进行交互，并调整策略以适应环境发展，具有开放性。第三，自主创业支持体系由多个子系统组成，这些子系统之间，并非简单的平行关系，而是相互影响、相互制约，子系统之间存在非线性作用。第四,受到诸如国家宏观政策、教育改革方向、经济发展水平等众多环境因素的影响,自主创业支持体系需要不断调整以适应环境变化,在此过程中,系统结构、功能和行为发生改变,系统具有动态性。第五,随机、模糊因素的客观存在,导致自主创业支持体系支持效果的不确定性[①],而且自主创业支持体系未来的发展也具有不可预见性。

自主创业支持体系的主观复杂性在于:第一,信息的不对称性导致自主创业支持体系中各支持主体的支持创业决策和控制呈现非线性和不确定性,空间网络管理具有复杂性;第二,系统内不同层次中的支持主体、创业主体存在不同的角色定位,主体行为的多样性和差异性导致难以达成一致性的目标,主体行为管理具有复杂性;第三,自主创业支持体系是开放式的系统,环境的改变导致系统结构、功能的改变,管理者需要调整策略以适应环境,这增添了管理的动态性和复杂性[②]。

2.2.2 自主创业支持体系的复杂适应系统特征

自主创业支持体系具有复杂性,无疑是一类复杂适应系统。对其复杂适应系统特征的分析,有助于进一步深化对复杂性问题的认识,具有重要的理论价值和现实意义。自主创业支持体系的复杂适应系统特征如下。

1. 主体具有主动性、适应性

在自主创业支持体系中,主体具有多层次性,主体与主体、主体与外部环境间的"适应性行为"最终形成创业支持体系的系统演变。首先,主体对环境存在适应性,环境并不是一成不变的,变化的环境对自主创业支持体系的每个主体产生作用,创业主体或支持主体出于保障自身利益的目的,会因此做出适应性的调整,直接导致创业主体对创业行为以及支持主体对支持政策的调整。其次,主体与主体的相互适应性,自主创业支持体系中的主体并非孤立地存在于系统中,主体间相互影响、相互制约,某一主体的变化,必然引起周围其他主体的变化,各主体通过竞争与合作,以调整、适应为手段,力求达到利益最优,从而实现协调目的[③]。最后,主体行为与系统演化,在自主创业支持体系中,各主体以"黏和""聚集"手段形成群体,群体的循环活动,引起系统的"涌现"。而主体间的利益协调,将形成群体效益最优,群体对环境的调整适应、群体与群体间的利益协调,形成整个系统的"涌现"。

---

① Donald R Kuratko, Denis Gregoire. The emergence of entrepreneurship education: Development, trends, and challenges[J]. Entrepreneurship Theory and Practice, 2005, 29(5): 577-598.

② Alain Fayolle, Benoit Gailly. Assessing the impact of entrepreneurship education programmes: A new methodology[J]. European Industrial Training, 2006, 30(9): 701-720.

③ Teresa V Menzies, Joseph C Paradi. Entrepreneurship education and engineering students—Career path and business performance[J]. The International Journal of Entrepreneurship and Innovation, 2003, 4(2): 121-133.

2. 流

政策流、信息流和资金流是自主创业支持体系中流的三大形态，支持体系呈现立体网络结构，各主体“位置”、支持作用、方式不同，政策流涉及所有有关创业的支持政策制定和颁布。信息流是沟通自主创业支持体系中各主体的纽带和媒介，通过信息的共享、转换、传输、识别和再生等特性，消除系统中的不确定因素，协调各主体行动并与自主创业支持体系整体目标保持一致[①]。资金流涉及国家支持大学生自主创业所投入的资金，是自主创业支持体系有效性的重要保障。自主创业支持体系中政策流、信息流和资金流的合理有序控制，将提高自主创业支持体系的支持效率。

3. 涌现性

在自主创业支持体系中，支持主体支持方式不尽相同，支持主体间相互影响，相互作用，在相互调整适应的过程中，涌现出更高层级群体——部门级创业支持的行为特征，而部门级创业支持及行为间的相互作用，涌现出更高层次——国家级创业支持的行为特征。

对高层次支持主体而言，通过制定和改变规则，对下一层次支持主体施加影响，但不直接控制其行为；而对低层次支持主体而言，调整自身的行为方式，以适应外部环境和规则的变化，并将这种变化信息反馈给高层次支持主体，自主创业支持体系将会随着各层级主体的互动变化，而涌现出新的结构、特征或行为，决定着系统演化的方向[②]。

4. 自组织性

自主创业支持体系对外部环境存在适应性，是开放式系统，且与外部环境保持密切联系，并不断进行物质和能量的交换，自主创业支持体系各主体因“位置”的不同，相互之间存在非线性的作用，各“序参量”主动吸收引入的“熵减”，并基于一致的利益基础，对“熵减”进行有效整合。虽然自主创业支持体系演化进程的方向暂时由主体“序参量”主宰，但是对于其他主体或者环境而言，也会通过耦合或反馈的方式对主体“序参量”进行牵制，在正反馈和协同作用下，自主创业支持体系以自适应、自组织的方式，由混沌无序而走向规则有序，从而不断进化[③]。

5. 非线性

自主创业支持体系具有多层次性，呈现立体的网络结构，因所处“位置”及自主创业支

---

① Gregory G Dess, Donald W Beard. Dimensions of Organizational Task Environments[J]. Administrative Science Quarterly, 1984, 29(1): 52-73.

② Hackler D, Mayer H. Diversity, Entrepreneurship, and the Urban Environment[J]. Journal of Urban Affairs, 2008, 30(1): 273-307.

③ Jeffrey G Covin, Dennis P Slevin. Strategic Management of Small Firms in Hostile and Benign Environments[J]. Strategic Management Journal, 1989, 10(1): 75-87.

持体系中角色定位的不同，自主创业支持体系中各主体表现形式各异，而且构成自主创业支持体系的各子系统也并非简单的平行关系，而是相互影响、相互制约的关系。因此，在自主创业支持体系的演化过程中，存在着较为丰富的非线性关系，而正是这样一种非线性关系，构成了系统演化的动力基础，并且推动自主创业支持体系各主体间的竞争与协同，促进自主创业支持体系不断向前发展。

2.2.3 自主创业支持体系的实地调研数据

本调研于2013年3月开始，至2013年10月结束，历时7个月。主要采取实地调研过程中现场发放问卷，以及先电子邮件后电话确认的方式获得问卷反馈，问卷发放对象集中在西安市内各高校在校学生、高校教师和陕西省教育厅工作人员这三类群体。

本次问卷调查分为两个阶段，第一阶段主要围绕自主创业支持体系各要素指标相对重要性开展调查。本阶段征询的专家共35人，采用专家群决策的方法，自主创业支持体系各要素指标相对重要性最终比较值取各位专家判定值的几何平均数。第一阶段问卷调查的目的在于通过专家反馈的信息，获得各级指标体系的判断矩阵，为使用层次分析法模型确定自主创业支持体系各要素指标的权重奠定基础。

第二阶段主要调查大学生对自主创业支持体系的认知程度。在这一阶段中，总共发放250份问卷，获得241份问卷反馈，整个阶段的问卷回收率为96.4%。问卷是否合格将直接影响本次调查的有效性，因此，需要制定判断问卷是否合格的标准：若在同一份问卷中，出现两项以上题项未作答、某题项勾选超过一个答案、所有题项勾选同一数字这三种情况中的一种，则判定此问卷为无效问卷。以此标准对问卷逐一核查，共发现13份无效问卷，而剩下的228份则为有效问卷，问卷有效率高达94.6%。问卷中大学生对自主创业支持体系认知程度的评分，采用Liken五级量表方式编制，在此量表中，所对应的5个等级分别是：非常清楚、比较清楚、了解、一般、不清楚。力求更真实地反映不同群体对于自主创业支持体系的认知差异，使本次研究更具有代表性和普适性，本阶段调查对象力求涵盖西安市内各层次高校、各年级、各专业学生，如表2.1所示。

表2.1 被试者基本情况

被试者背景	分类	人数	占总样本百分比/%
性别	男	119	52.2
	女	109	47.8
学历	专科	61	26.8
	本科	133	58.3
	研究生	34	14.9

续表

被试者背景	分　类	人　数	占总样本百分比/%
年级	一年级	57	25.0
	二年级	61	26.7
	三年级	55	24.1
	四年级	46	20.2
	五年级	9	4.0
专业类别	文史哲	11	4.8
	理工科	87	38.2
	经济管理	91	39.9
	医药	21	9.2
	农林	12	5.3
	其他	6	2.6
所在高校	部属高校	56	24.6
	省属高校	85	37.3
	市属高校	39	17.1
	民办高校	48	21.0
家庭住址	农村	73	32.0
	小城镇	75	32.9
	中等城市	57	25.0
	大城市	23	10.1
家庭年经济收入	1 万元以下	34	14.9
	1 万～3 万元	71	31.1
	3 万～6 万元	68	29.8
	6 万～10 万元	29	12.7
	10 万元以上	26	11.4
父母职业类别	工人	71	31.1
	农民	79	34.6
	商人	45	19.7
	公务员	33	14.5

2.3 TDM理论

2.3.1 TDM定义

TDM(Theory of Decision Making)往往决定着管理工作的成败,它既是管理中经常发生的一种活动,也是人们日常生活中普遍存在的一种行为。TDM问题涉及人类生活的各个方面,是任何有目的的活动发生之前必不可少的一步。美国管理学家和社会科学家赫伯特·西蒙(Herbert A . Simon)认为TDM是管理的"心脏"。进行TDM时,通常会从多种方案中选择一个合理的方案,也就是根据现有的条件对未来行动做出决定,TDM是实现预定目标的过程。对于TDM的定义,学者们从不同的角度进行了研究。美国TDM研究专家R. Hastie认为TDM的关键在于对备择方案的评估,选择的基础在于评估的结果①;TDM作为一种过程,是在众多相互竞争中的行动中进行选择;TDM包括风险,一个好的创业决策者能够有效地评估每个选择的风险;TDM是指为实现某一目标,根据客观的可能性,借助一定的技巧和方法,从若干可行方案中选择一个合理方案的分析判断过程。从这些定义中可以看到TDM的本质在于计算不同方案的损益并进行权衡,TDM的有效性和正确性决定了组织行为的成败,而影响TDM的因素很多,正确的TDM是组织沿着正确路线前进的重要保障,相反,错误的TDM会使组织的发展偏离正确的方向,其结果影响到组织的发展,甚至导致组织的失败与消亡。因此,TDM对组织的重要性不言而喻②。

2.3.2 TDM分类

TDM有多种分类,按TDM主体分为个人TDM和群体TDM。个人TDM是最高领导最终做出决定的一种TDM形式,充分发挥领导个人的主观能动性;群体TDM是两个或以上的TDM群体所做出的TDM,可以充分发挥集思广益的优势。TDM自然状态指行为经济学的一个基本概念,TDM活动根据TDM自然状态可以分为确定型TDM、不确定型和风险型TDM。确定型TDM的显著特点是创业决策者所面临的客观条件完全确定,可以通过计算备选方案的效用值来选择最满意的方案,在TDM的过程中,确定型TDM中的创业决策者始终有着明确的目标;不确定型TDM是指资料无法加以具体测

---

① Michael Frese, Anouk Brantjes, Rogier Hoorn. Psychological success factors of small scale business in namibia: The roles of strategy process, entrepreneurial orientation and the environment[J]. Journal of Developmental Entrepreneurship, 2002, 7(3): 259-282.

② Kreiser P M, Marino L D, Weaver K M. Reassessing the Environment-eo link: The impact of environmental hostility on the dimensions of entrepreneurial orientation[J]. Academy of Management Proceedings, 2002, 21(1): 135-172.

定，而客观形势又要求必须做出决定的 TDM；而在风险 TDM 中，条件则以概率的方式存在。TDM 过程中可以出现多种自然状态，在不同自然状态下，每一个行动方案有不同的结局。按 TDM 范围可以将 TDM 分为战略 TDM、战术 TDM 和业务 TDM，战略 TDM 涉及组织全局的、长远性的、方向性的 TDM，风险性较大。战术性 TDM 属于战略 TDM 过程的具体 TDM，会影响组织目标的实现。业务 TDM 涉及范围较小，是为提高工作效率所做出的 TDM。最优化 TDM 是一种理想化的 TDM，是指在给定的约束条件下选择一个最佳的行动方案。但是在现实的情况中，创业决策者几乎很少采用最优化 TDM 方式，因为事情的复杂性决定了很难一次性从根本上解决问题，所以创业决策者通常会选择满意化 TDM 方式，以"较优"来代替"最优"，只要求将既定目标实现到令人满意的程度即可。根据创业决策者对待风险的态度，可以将 TDM 分为保守 TDM 和冒险 TDM。一般而言，高收益和高风险是正相关的，在 TDM 的过程中，创业决策者不能单看收益性目标，更要考虑到客观问题的复杂性和潜在的风险①。

2.3.3　TDM 路径

传统的 TDM 路径分为确定 TDM 问题、判断自然状态及其概率、拟定多个可行方案、评价方案并做出选择 4 个步骤。问题是一切 TDM 的前提，没有问题就没有 TDM。首先，创业决策者要在全面调查研究、系统收集环境信息的基础上发现差距，确认问题，并抓住问题的要害，根据所要解决的问题来确定和制定 TDM 目标。然后确定各种 TDM 对应的结局并且设定其发生的概率，统筹考虑主观和客观发生的概率。在第三步中，通过分析目标实现的外部因素和内部条件，拟定出实现目标的方案，并且根据 TDM 目标对 TDM 方案进行对比分析，从中挑出多个可行的备选方案。备选方案通常应该包括两大方面内容：一是落实 TDM 总目标的各种次级目标及这些目标实现的途径；二是目标实现过程中的主要约束条件及其可控和不可控的程度②。对第一个方面来说，备选方案应该有自己的层次关系，这种关系实际上是一种"目的—手段"链关系。对第二个方面来说，备选方案应该考虑约束条件和可控性；三是通过经验判断法、数学分析法和实验法等方法对备选方案进行评价，按照有利于目标实现的标准得出最优的 TDM。

2.3.4　TDM 方法

科学 TDM 一般都采用定性与定量相结合的方法。定性 TDM 的方法即 TDM 的软技术，可以分为社会学法、心理学法、社会心理学法。定性 TDM 主要依靠创业决策者或

① Lumpkin G T, Dess G G. Clarifying the entrepreneurial orientation construct and linking it to performance [J]. Academy of Management Review, 1996, 21(1): 135-137.

② Pradip N, Khandwalla. Environment and its impact on the organization[J]. Environment and Organization, 2001, 2(3): 297-313.

有关专家对事物运动规律的把握来进行 TDM，在定性 TDM 的具体过程中充分发挥集体的智慧、能力和经验，较多地应用于综合抽象程度较高的问题 TDM。如常见的头脑风暴、名义小组技术、德尔菲法、电子会议等方法。头脑风暴法是一种群体 TDM 方法，通过有关专家之间的信息交流，引起思维共振，有利于创造性思维的产生。在 TDM 的过程中，专家们可以围绕 TDM 目标畅所欲言，禁止对方案的批判，鼓励新方案的提出。在 TDM 活动中，当面临的 TDM 信息不对称或者 TDM 问题十分复杂时，可以采用名义小组技术法。运用这种方法时，要求小组成员不能够相互通气，也不在一起讨论、协商，请他们根据 TDM 问题进行独立思考并陈述自己的意见。这种名义上的小组可以有效地激发个人的创造力和想象力。特尔菲法是一种用于预测和 TDM 的方法，又称专家函询调查法。德尔菲法是一种反馈匿名函询法，相对于其他的专家预测方法，具备匿名性、多次反馈的特点。在德尔菲法实施的过程中，组织者与专家都有各自不同的任务。具体实施过程有开放式的首轮调研、评价式的第二轮调研、重审式的第三轮调研、复核式的第四轮调研。几轮反复后，专家意见渐趋一致，最后供创业决策者进行决策①。

定量 TDM 方法是指利用数学模型进行优选 TDM 方案的 TDM 方法。定量 TDM 方法即 TDM 的硬技术，可以分为确定型 TDM、风险型 TDM 和不确定性 TDM 方法三种。确定型 TDM 方法的特点是只存在一个确定的自然状态，只要满足数学模型的前提条件，就可以计算每种行动方案的损失或利益值，风险程度比较低。常见的确定型 TDM 方法有量本利分析法、线性规划法、投资回收期法以及排队法等。风险型 TDM 是指在未来的风险型问题中，有几个相互排斥的可能状态，创业决策者无法控制自然状态，每一种状态都有一定的可能性，创业决策者只能根据各种可能结果的客观概率做出决策。期望值是一种方案的损益值与相应概率的乘积之和，风险型 TDM 的目的是使得收益期望值处在最大的状态，或者使损失期望值处在最小的状态。在风险型 TDM 方法中，计算期望值的前提是能够判断各种状况出现的概率。如果出现的概率不清楚，就需要用不确定型方法，而不确定型方法主要有三种，即冒险法、保守法和折中法，采用何种方法取决于创业决策者对待风险的态度②。

2.4 自主创业行为决策分析

2.4.1 行为决策在创业中的关键性

我国高等教育的大众化，给大学生就业带来了巨大的压力，自主创业已成为大学生继

① Thomas J B, Clark S M, Gioia D A. Strategic sense making and organizational performance: linkages among scanning, interpretation, action, and outcomes[J]. Academy of Management Journal, 1993, 36(2): 239-270.

② Sarath S, Kodithuwakku, Peter Rosa. The entrepreneurial process and economic success in a constrained environment[J]. Journal of Business Venturing, 2002, 17(5): 431-465.

求职、考研、留学之后的“第 4 条路”。而大学生作为自主创业行为决策的主体，其行为选择对破解大学生就业难题无疑具有非常重要的作用。

决策是大学生采纳实施创业行为的前提和关键，在经过反复综合评估之后，大学生决定是否采纳实施创业行为，正确的决策是创业成功的关键。对于大学生而言，自主创业不仅可以解决就业问题，缓解就业压力，还可以为个人、家庭、社会创造财富，锻炼自己的意志和品格，但自主创业需要勇气与胆略，而且创业过程中充满艰难险阻。因此，不可否认的是，大学生在判断与选择创业行为的过程中，其决策会受到诸如创业项目收益、社会制度支持、历史文化传统以及人与人之间关系等各种因素的干扰和影响。

Knight(1921)提出，创业者识别机会的能力就是成功预测未来的能力，成功预测未来即是承担了创业中的不确定性，这体现了创业者的预见性和识别判断能力。Kirzner(1973)认为，创业者对市场的正确预测和敏锐见地挖掘了市场中的套利机会，对套利机会的追逐，使市场从不均衡态势向均衡态势发展。Leibenstein(1978)表示，创业者只有比竞争对手更加勤奋、更加进取，才能识别并发现创业机会。Stevenson，Robes 和 Grousbeck(1985)强调，不是已获取的禀赋资源推动着创业，而是对创业机会的追逐和捕获驱动着创业活动，这一观点也多被国内学者引用。Conner(1991)认为创业者的远见和直觉即是识别创业机会的具体能力。

创业者、技术、人脉关系、资本、市场是创业的核心要素，其中，创业者的行为决策是创业问题的关键。通过主观认知，创业者对外界环境因素进行筛选、吸收，并将其凝聚成创业机会，最终输入系统，再经过一系列的评估，从而做出创业行为决策。在这一过程中，实现创业机会到创业实体(新创企业或服务)的转化。无论是“经济人”还是“理性人”的假设均认为，对于个体而言，常常会对所获取的信息，在分析市场趋势的基础之上，做出无偏估计，以获得最终目的——利益最大化[①]。

从规范的委托代理理论角度，即在存在不确定性和不完善监督的环境中，该理论研究如何设计委托人和代理人的合同关系(包括报酬激励)以向代理人提供适当的激励使其做出使委托人福利最大化的决策。这一理论的两个基本假设前提为：①委托人对随机的产出没有(直接的)贡献(即在一个参数化模型中，对产出的分布函数不起作用)；②代理人的行为不易直接地被委托人观察到(尽管有些间接的信号可以利用)。认为创业企业的效益 R 是经营者的经营管理能力 m，努力程度 e 和其他不可控制的干扰因素(或称白噪声)μ 的函数，即 $R=f(e,\mu|m)$，当 e 增加时，该函数的特征是 $f'(e,\mu)$ 且 $f''(e,\mu)<0$；同时，因为努力程度 e 会给自己带来成本即负效用，其函数形式为 $C(e)$，这一函数是 e 的增函数，且以递增的速度增加，即当 $e>0$，$C'(e)>0$，$C''(e)>0$。这样对于委托人来说，在聘用经营

① Georgine Fogel. An analysis of entrepreneurial environment and enterprise development in hungary[J]. Journal of small Management, 2001, 39(1): 103-109.

者之前，选择真正优秀的经理人员即较大的 m 是非常必要的，此时就要甄别候选的创业企业经营者，防止出现“柠檬市场”的各种逆向选择问题。在聘用经营者之后，就是如何保证经营者能够尽职尽责地工作，防止各种道德风险（或称败德行为），包括偷懒、盗窃和转移创业企业资产、滥用创业企业资产、过度的在职消费等，从而确保股东利益最大化，从函数的角度看，就是如何激励经营者选择其努力程度 e，随着 e 的上升，创业企业的效益 R 会上升，诚然是以递减的速度上升的。而对于经营者来讲，随着 e 的上升，其所承担的成本即负效用是以递增的速度递增的，这就使得作为代理人的经营者在创业企业的效益 R 和自己的效用之间做出权衡。另外，由于创业企业的效益还受到随机因素的影响，因而创业企业经营者的努力程度 e 就更加难以被直接观察到，这就需要激励，正如巴泽尔（Barzel，1989）所说的“不能被压榨，只能被激励”。通过设计一些特殊的激励合约安排（如奖金、股票期权、虚拟股票、股票增值计划等），在排除干扰性的随机因素的影响之后，使代理人选择尽可能大的努力程度 e，满足参与约束与激励约束，从而使委托人的利益最大化，即通过这些带有特定人格性特征的合约，处于信息劣势的委托人（所有者）就既可以实现与代理人之间的最佳风险分担，又可以最大限度地激励代理人付出努力。

马克思认为劳动是价值的唯一源泉，但劳动创造价值的过程离不开其他生产要素，尤其是非人力资本与土地。因而，全部生产要素包括劳动力、资本、土地都参与价值的形成与价值分配。劳动过程创造的价值即商品的价值 $W=C+V+M$，其中，C 为生产过程中所使用的生产资料转移的价值；V 为生产过程中消耗的劳动力价值，即劳动力价值的补偿；M 为剩余价值。所以剩余价值是商品的价值扣除维持简单再生产的生产资料转移价值与劳动力价值之后的余额，即剩余价值 $M=W-C-V$。剩余价值作为生产过程的结果，并不是全部被产业资本家占有，由于商品由商业资本家销售，所以产业资本家要让渡一部分剩余价值给商业资本家，作为商业资本家的商业利润。同时产业资本家作为使用资本与土地的代价，还要让渡利息与地租。即净剩余价值 $M'=W-C-V-\pi-r-d$，其中，π 为商业利润，r 为利息，d 为地租。最终归产业资本家的剩余价值是净剩余价值。可见，商品价值扣除 $C+V$ 之后的剩余，是由所有参与创业企业生产过程的要素所共同分割的剩余价值，而最终归于产业资本家的价值是净剩余价值。对于产业资本家具有意义的是净剩余价值。

按马克思的价值形成与分配过程，第一阶段商品价值扣除 C 与 V 两部分后为剩余价值；第二阶段剩余价值进一步扣除其他要素报酬，余额为最终剩余。于是价值 $W=C+V+M$；毛剩余 $=\mathit{II}+I+R+T+S$；净剩余 $S=W-(C+V)-(R+I+\mathit{II})=M-(I+R+\mathit{II})$，其中，$\mathit{II}$ 为商业利润，I 为利息，R 为地租，T 为税收。认为对创业企业而言，真正有意义的是净剩余而不是毛剩余，其他生产要素的报酬无论是地租还是利息都是创业企业的“成本”，只有当这些成本全部扣除之后剩下的余额价值即净剩余才是创业企业的真正增值。从这个意义上，创业企业的所有权只是对净剩余的所有权。具体而言，创业企业净剩余是剩余价值中扣除了维持简单再生产的必要耗费后，真正归于产业资本所有者的最终余额，即 $S=W-C-V-\mathrm{RD}-\mathrm{MS}-\mathrm{IR}$，其中，RD、MS、IR 分别为研发费用、销售费用、管理费用。

如果假定创业企业总收入为 R，股东的报酬为 S，债权人的报酬为利息收入 I，经营者的报酬为 M，工人的报酬为 W，创业企业外购原材料和劳务的固定合约支付额为 N，创业企业固定资产折旧费为 D，则：

$$R=S+I+M+W+N+D$$

由于创业企业外购原材料和劳务的固定合约支付额 N 和创业企业固定资产折旧额 D 一般为常量，则上式可以改为：

$$R_1=S+I+M+W=R-N-D$$

创业企业剩余 R_1 为 $R-N-D$。合约的不完备性决定了 R 是不确定的，所以，创业企业剩余($R-N-D$)是一个不确定的量。这就决定了 S、I、M、W 不可能同时为确定的常量。创业企业剩余存在以下几种情形。

(1) S、I、M、W 皆为变量，在 R_1 中享有的比例分别为 $\beta_1,\beta_2,\beta_3,\beta_4,\beta_1+\beta_2+\beta_3+\beta_4=1$，即：

$$R_1=S+I+M+W$$

股东、债权人、经营者和工人全部都参与创业企业剩余的分享，创业企业剩余为企业总收入减去折旧费和对外固定合约支付后的余额，即创业企业新创造的全部价值。

(2) S、M、W 为变量，I 为常量，则：

$$R_2=R_1-I=S+M+W$$

S、M、W 在 R_2 中享有的比例分别为 $\alpha_1,\alpha_2,\alpha_3,\alpha_1+\alpha_2+\alpha_3=1$。股东、经营者和工人三者共同分享创业企业剩余。

(3) S、M 为变量，I 和 W 为常量，则：

$$R_3=R_2-W=S+W$$

S、M 在 R_3 中享有的比例分别为 $\gamma_1,\gamma_2,\gamma_1+\gamma_2=1$。股东和经营者共同分享创业企业剩余。

(4) S 为变量，M、I、W 为常量，则：

$$R_4=R_3-M=S$$

股东独享创业企业剩余，创业企业经营者并不参与企业剩余的分享。

(5) M 为变量，S、I、W 为常量，则：

$$R_5=R_1-S-I-W=M$$

经营者独享创业企业剩余，企业股东、债权人与工人接受固定的合约报酬。

如果说创业企业总收入为 x，应付给工人的合约工资为 W，应支付给债权人的合约支付(本金加利息)为 R，股东预期最低收益即满意利润(是存在代理成本下的最大利润)为

II,设 x 在$[0,x]$之间分布,其中,X 为最大可能收入。在工人的索取权优先于债权人索取权的前提条件下,如果 $W+R<x<W+R+II$,则股东拥有创业企业所有权;如果 $W<x<W+R$,则债权人拥有创业企业所有权;如果 $X<W$,则工人拥有创业企业所有权;如果 $x\geqslant W+R+II$,则经理拥有创业企业所有权。如果 $x\geqslant W+R+II$,则企业的利益相关者的既得利益得到满足,即每个利益相关者的剩余索取权得到全部实现。

假定只有一种资产 a 和一位利用这种资产的经营者,建立资产的支出为 K,而经营者自己却没有财富,向富有的投资者筹措资金,称为创业企业家 E,拥有资产者称为资本家 C,资产即为项目,项目产生两种收益:一种是可证实的并可在合约中明确规定的货币收益 $y(a)$;另一种是不可证实、不可转移的创业企业家的私人收益 $b(a)$,其中,a 是有关项目的一个未来行动,以 $a\in A$ 来表示,行动十分复杂,无法在初始合约中明确规定,将由项目所有者(创业企业家或投资者)来选择。假定合约把所有的货币收益 $y(a)$分配给资本家 C,创业企业家和资本家的报酬分别为 $U_E=b(a)$,$U_c=y(a)$。在 E 拥有具有投票权的股份(voting equity),而 C 拥有没有投票权的股份(non-voting equity)(以及全部红利)。未经重新谈判,E 将解决问题 $\max_{a\in A}b(a)$,其解为 a_E,于是 C 的报酬为 $U_C^E=y(a_E)$。重新谈判将要发生,E 将选择最佳行动 a^*,以换取 C 的支付 $y(a^*)-y(a_E)$。因为 $y(a^*)+b(a^*)\geqslant b(a_E)+y(a_E)$且 $b(a^*)\geqslant b(a_E)$,所以,$b(a^*)-b(a_E)\geqslant 0$。双方的报酬分别为

$$U_C^E=y(a_E);\quad U_E^E=b(a^*)+y(a^*)-y(a_E)\geqslant b(a_E)$$

可见,如果 $y(a_E)\geqslant K$,则 E 拥有所有权将达到最佳,因为 C 收支平衡,而且选择的是有效率的行动(给定 E 具有全部的讨价还价能力),如果 $y(a_E)\geqslant K$,那么 C 将会对 E 做出初始的一次性总支付,即 $y(a_E)-K$。在 C 拥有全部具有投票权股份的情况下,未经重新谈判,C 将解决问题 $\max_{a\in A}b(a)$,其解用 a_C 表示,这样 C 的报酬为 $U_C^C=y(a_C)$;正的报酬为 $U_E^C=b(a_C)$。在 C 拥有所有权的情况下,各方报酬的总和比 E 拥有所有权的情况要小,但 $y(a_C)>y(a_E)$。在 $y(a_C)\geqslant K$ 的条件下,按正概率分别给予风险中性的 E 和 C,E 按概率 σ 拥有项目,C 按概率 $1-\sigma$ 拥有项目,其中,σ 的选择将使 C 按平均计算收支平衡:

$$\sigma_y(a_E)+(1-\sigma)y(a_C)$$

假定项目的收入 y 取决于一种可证实的状态 θ,这个 θ 是在合约签订之后,和在 a 选择之前实现的(私人收益 b 将独立于 θ)。假定 $y(a,\theta)=\alpha(\theta)z(a)+\beta(\theta)$,其中,$\alpha>0$,$a<0$,$z>0$。这样最佳合约具有一个舍弃点 $\theta^{*\prime}$,使得 E 在 $\theta^*<\theta'$时拥有控制权,这个舍弃点的选择使得 C 按平均计算收支平衡。给定 $a'<0$,高 θ 状态是那些行动选择对收入 y 影响相对很小的,从而 E 拥有所有权的状态。结论:如果对于所有的 $a\in A$,$\alpha'(\theta)z'(a)+\beta'(\theta)>0$,那么,高 θ 状态就是高利润状态,E 拥有所有权;如果对于所有的 $a\in A$,$\alpha'(\theta)z'(a)+\beta'(\theta)\leqslant 0$,那么高 θ 状态就是低利润状态,C 拥有所有权。

作为一类特殊的创业群体,大学生不仅具有丰富的知识基础,还满怀理想和激情,因此,激发大学生的创业活力,挖掘其创业潜能,发挥其专业知识优势,均有助于提高大学生

自主创业行为的决策能力。尤其是创业政策支持体系的建设，将有助于形成认同创业和支持创业的良好环境和氛围，不仅可以消除大学生对自主创业的顾虑和偏见，还可以通过获得自主创业支持体系的支持以降低创业风险。周济院士曾经说过，教育部门需要努力，充分发挥好教育培训的作用，以培养创业意识和创业能力为着力点，对受教育者进行个性化培养，以实现培养更多不同行业创业者的目标。而政府政策支持体系的建立则是促进大学生自主创业行为决策的重要途径，大学生在进行自主创业行为决策时，也往往依赖于政策支持的力度。

大学生将创业决策中的要素数学化，用抽象的数学模型来分析与表述决策机理有助于创业成功[①]。设 $X\in\lambda$ 表示不同风险投入的实际发生结果；V 是期望，为常量(实际发生结果和期望都不仅指经济收益)。对于未知的 x，我们定义 η 为超出期望的部分，即 $\eta=X-V$。若函数 $\rho:\lambda\to[0,\bar{\rho}]$，其中，$\bar{\rho}\in(1,\infty)$，若对任意 $X,Y\in\lambda$，满足：

(1) 满足性：如果 $X-V\geqslant 0$，那么 $\rho(X)=\bar{\rho}$。

(2) 不满足性：如果 $X-V<0$，那么 $\rho(X)=0$。

(3) 单调性：如果 $X\geqslant Y$，那么 $\rho(X)\geqslant\rho(Y)$。

(4) 连续性：$\lim\limits_{a\to 0}\rho(X+a)=\rho(X)$，那么 $\rho:\lambda\to[0,\bar{\rho}]$，$\bar{\rho}\in(1,\infty)$。

那么这个函数就是符合要求的测量方法。

$$\rho(X)=\sup_{\alpha\in[0,1)}\{\alpha:\min_{V\in\lambda}\{-|E(X-V)|+\sqrt{\frac{\alpha}{1-\alpha}}\sigma(X-Y):V\geqslant 0\}\leqslant 0\}\quad(2.1)$$

其中，α 代表实际结果与期望的一致性系数，不失一般性地设当 $0.5\leqslant\alpha\leqslant 1$ 时，结果与期望具有一致性；V 为期望收益；X 为实际总收益。下面检验式(2.1)满足上面的条件。

满足性：$\omega_\alpha(X)=\min\limits_{V\in\lambda}\{-|E(X-V)|+\sqrt{\frac{\alpha}{1-\alpha}}\sigma(X-Y):V\geqslant 0\}$，可知 $\rho(X)=1$，则式(2.1)符合满足性。

连续性：设 $0\leqslant c$

$$\omega_\alpha(X+c)=\min_{V\in\lambda}\{-|E(X-V+c)|+\sqrt{\frac{\alpha}{1-\alpha}}\sigma(X-V+c):V\geqslant 0\}$$

$$\lim_{c\to 0}\omega_\alpha(X+c)=\lim_{c\to 0}\{\min_{V\in\lambda}\{-|E(X-V)|+\sqrt{\frac{\alpha}{1-\alpha}}\sigma(X-V):V\geqslant 0\}-c\}=\omega_\alpha(X)$$

于是，式(2.1)满足连续性。

单调性：设 $X\geqslant Y$，

$\omega_\alpha(X)=\{\min\limits_{V\in\lambda}\{-|E(X-V)|+\sqrt{\frac{\alpha}{1-\alpha}}\sigma(X-V):V\geqslant 0\}=\omega_\alpha(Y)$，可得 $\omega_\alpha(X)\leqslant\omega_\alpha$

---

① Schindehutte M, Morris M H. Understanding strategic adaptation in small firms[J]. International Journal of Entrepreneurial Behavior & Research, 2001, 7(3): 84-107.

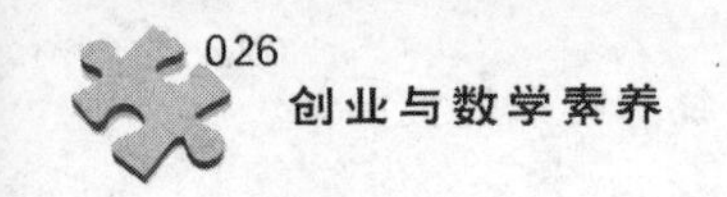

(Y)，于是式(2.1)满足单调性。

根据符合要求测量方法的定义，可知式(2.1)是基于符合要求的测量方法。根据前面的论述可知，在可接受风险的控制下，对于一个独立的创业决策，实际发生结果与期望具有一致性，即对于多阶段的创业决策问题，设完成一项任务需要进行 m 次创业决策；每个创业决策阶段的一致性系数都满足将以上数据带入 $\omega_\alpha(X)$ 的表达式中，由此可得不等式：

$$\sqrt{\frac{\alpha}{1-\alpha}} \leqslant \frac{\sum_{i=1}^{m} |E(X_i - V_i)|}{\sum_{i=1}^{m} \sigma(X_i - V_i)}$$

则可解出一致性系数 α 的范围：$0.5 \leqslant \alpha \leqslant 1$，所以可得整个创业决策过程的实际发生结果与期望具有内在一致性。

设某项创业决策有三个决策过程，其中第一步决策根据现有资源有 5 个备选方案、3 个属性，即 $N=5, K=3$，且 $x_n^1 \sim U(0,1), x_n^2 \sim U(0,2), x_n^3 \sim U(1,4), \rho=0, \psi(x_n)=x_n^1+x_n^2+2x_n^3$，其中，属性 1 是负向属性，即其属性值小于零；第二步决策有 3 个备选方案、3 个属性，$x_n^1 \sim U(0,2), x_n^2 \sim U(0,1), x_n^3 \sim U(1,1), \rho=0, \psi(x_n)=x_n^1+2x_n^2+x_n^3$，其中，属性 3 是负向属性；第三步决策有 4 个备选方案、3 个属性，且 $x_n^1 \sim U(1,1), x_n^2 \sim U(1,2), x_n^3 \sim U(2,3), \rho=0, \psi(x_n)=x_n^1+2x_n^2+4x_n^3$，其中，属性 2 是负向属性。

创业决策者根据实际情况给 5 个备选方案的各个属性赋值，要求对风险这种属性值要赋予负数值，且三个属性值相加等于 1①。

2.4.2 创业行为决策动机

创业是社会发展过程中形成的一种活跃而有效的经济形式。大学生通过创业活动可以解决目前的就业困难，同时，在创业的过程中抓住机遇也可以实现人生的价值，因此，开展自主创业活动得到了政府和社会各界人士的高度肯定和一致鼓励，也得到了很多大学生的积极响应。一切创业活动皆由一定的动机驱使，动机是鼓励和引导大学生为实现创业成功而行动的内在力量。行为理论认为，主体在多重行为动机的支配下，其行为意向逐渐生成，而行为意向正是引致主体行为实施的最直接因素。同时，由于环境的不确定性，大学生自主创业行为决策不仅受到潜在创业者的预期需求的影响，还受到心理及其他多层动机源的支配。

作者在文献梳理的基础上，结合实地调研中对受访者访谈笔记的整理，归纳总结出相

① Sarasvathy S D, Dew N. Entrepreneurial logics for a technology of foolishness[J]. Scandinavian Journal of Management, 2005, 21(4): 385-406.

关关键词，进而提炼出以下 6 类创业行为决策动机[①]。

1. 生存需要

生存需求是维持个人和家庭成员生存的基本生活需要，刚刚从学校毕业走向社会的大学生，渴望主动承担家庭责任，作为可以增加家庭收入的手段，创业一直备受大学生关注，而且多数大学生创业愿望强烈，正是因为有了生存需求动机的存在，才能最大程度地刺激大学生的创业欲望，推动大学生潜在创业者创业行为决策的形成。

2. 积累需要

随着年龄的增长，大学生的知识和阅历在不断积累和丰富，其不仅对主体间的相互关系，而且对自身成长的需要也会逐渐强烈。对部分大学生而言，创业不仅是增加自己实践经验的手段，而且可以在丰富人生阅历的同时，获得经济上的收益，为今后的发展和实现自我目标奠定物质基础。部分大学生充分利用课余时间进行创业，此类创业的一个显著特点是失败和半途而废比例较高，因为对这部分创业者而言，创业的目的更多的在于锻炼自己，为后续的创业活动开展积累经验。

3. 自我价值实现

价值源于自然界，它包括任意的物质形态，同时，价值又是人类对于自我发展的要素本体，包括本质发现、创造与创新。马斯洛需求理论认为，实现自我价值是人的最高需求层次，它以发现自我、自我定位为目的，而且在这一过程中，往往伴随着众多的惊喜、挑战与收获，因此，可以认为自我价值的实现过程，其实就是一个不断发现自我、挑战自我、超越自我的过程。

通过选择自主创业这一途径，大学生可以证明自己的能力和价值，同时，若大学生进入就业单位，必然要受到所在单位的制度约束，很多情况下，自己的想法无法实现，而自主创业则可以避开这类约束，享有自由发挥的空间，在实现自我价值的同时得到社会的认可。

4. 就业需要

自主创业是大学生就业的积极方式，具有非常重要的现实意义，不仅是大学生参与经济社会发展的重要途径，更是大学生职业生涯发展的飞跃。另一方面，创业能够带动就业，政府鼓励更多的大学生自主创业，才能源源不断地提供就业岗位。在当前及今后一段时间，虽然我国就业形势仍十分严峻，但中国经济巨大的成长空间，制度创新可能释放和激发的创业精神，通过大学生自主创业这一有效途径，将为解决就业问题提供广阔的前景。

---

① Gnyawali Devir, Fogel Daniel S. Environments for Entrepreneurship Developments: Key Dimensions and Research Implications[J]. Entrepreneurship Theory and Practice, 1994, 18(4): 43-62.

5. 资源利用

在资源利用动机的驱使下，潜在创业者对自身及周围可获得的各种资源，包括有形的物质资源以及无形的社会资源进行反复整合评估，以此作为创业行为决策的主要依据。而降低成本是资源利用考虑的主要指标，优势创业信息和资源的获得，有助于大学生自主创业顺利开展并最终取得成功，资源需要经过整合，而在不确定的创业环境下，大学生潜在创业者不断挖掘自身资源，并且与外部环境进行信息交换，从而实现资源的创新性利用，而这正是促成其创业决策行为的有力动机。

6. 从众心理

个人的知觉、判断和认识具有主观能动性，在相互的交流和接触中，个体受到与之相关的外界人群行为的影响，而产生与公众舆论、多数人保持一致或几乎雷同的心理行为方式，即为从众心理。实验表明，个体的从众心理普遍存在，在自主创业支持体系的激励和引导下，具备创业实力的大学生基于自己对创业行为的评估而做出创业决策，纷纷开始创业，但某些大学生，本身暂不具备创业条件，也没有对创业项目和自身资源进行评估，而是在从众心理的支配和驱使下，采取“跟风式”的创业方式，这样一种很草率的创业过程往往存在较大风险，创业质量显然不尽人意①。

2.4.3 创业行为决策环境的不确定性

通常情况下，对于某种创业决策的结果，经济行为者在事前往往并不能准确地知道，从而导致不确定性的存在。作为行为经济学的重要发现，在不确定条件下，创业决策者真正关心的是相对于某一参照水平的相对值，而并非收益的绝对值。环境不确定性的来源与其构成息息相关，环境因素的动态性和复杂性程度决定创业者创业环境的不确定性，在不确定性的状态下，创业者虽然不能预知事件发生最终结果的可能状态以及相应的可能性大小(即概率分布)，但是创业者往往可以通过凝聚信息，进而识别多种可能的潜在市场，并在尽可能降低可承担风险的前提下，与外部资源持有者保持双向式的互动，形成战略联盟，对各种稀缺资源进行优化与整合，并善于捕捉突发事件，以此为契机创造可能结果。因此，大学生自主创业行为决策是潜在大学生创业者在并不知道创业结果这一不确定环境下，通过对身处的创业环境进行自我感知，整合优势资源，在经过反复比较、综合评估之后，对是否进行创业而做出的综合决断行为。

随机性和不确定性是大学生创业行为决策所具有的两大特性。若从创业决策信息对称程度以及决策目标明晰程度的角度出发，则行为决策可分为以下三类：①风险环境下的行为决策；②不确定性环境下的行为决策；③确定环境下的行为决策。在以上三种创

① Wyckham R G, Wedley W C. Factors related to venture feasibility analysis and business plan preparation[J]. Journal of Small Business Management, 1990, 19(4): 48-59.

业行为决策中，若处于风险环境下时，那些创业资本较为薄弱但谨慎心理却又较强的大学生创业者，其面临的创业阻碍较大，行为决策很难最终达成。而不确定性条件下的行为决策因其存在多种行为决策结果反而较为普遍。在确定环境下，行为决策完全无须考虑风险条件，不仅创业决策目标而且决策效果都是固定和已知的。确定环境是一种理想化的环境，处于这样一种环境下的行为决策并不多见，在现实生活中，行为主体常常面对的是不确定性环境，因此，大学生自主创业行为决策是在不确定环境下所做出的行为决策。

不确定性被管理学家和商业实践者认定为创业决策风险的关键来源①。而能否有效应对环境的不确定性，则已经成为创业者决策成败的关键。环境的不确定导致大学生对外部环境无法控制，只有适应环境变化，大学生的创业行为才能生存和发展，因此，适应环境应成为大学生自主创业行为决策的出发点；其次，大学生创业的战略目标是为了满足市场需求，获得足够的市场占有率，促进创业企业的壮大和发展，而大学生创业的战略目标实质是对其环境的适应过程以及由此带来的个体认知变化的过程。

2.4.4　创业行为决策收益的不确定性

创业者首先通过对创业信息的搜索，获得有用信息并对其进行编辑、加工，在系统化梳理可用资源的基础上，拟选创业项目和融资渠道等，并逐步形成若干初步方案。然后，创业者以拟定的方案为依据，并设定决策损益的中性心理参照点，以此来判定行为决策的预期损失和收益，在经过一系列的反复评估和自我权衡利弊之后，创业者最终做出是否创业的决策。借鉴抉择心理过程前景理论中具有普适性的值函数模型，并参照其假设分析范式，可以分析大学生自主创业行为决策过程及其依据。

收益和获得收益的概率是创业决策需要参考的依据，创业决策者通常基于统计学原理对信息和数据进行分析处理，现假定在绝对理想化的条件下，创业收益和损失均能以货币形式衡量，且值函数 $V=\sum G(p)\cdot V(x)$，其中，$V(x)$是价值函数，$G(p)$是创业决策权重函数，并以自变量 w 表示创业决策过程中货币量化的损益值，若采纳实施行为 a（创业行为）导致不同损益值 w_i 最终得以实现的概率为 p_i，而采纳实施行为 b（非创业行为：就业或待业等）导致不同损益值 w_i 得以实现的概率为 q_i，则创业决策者选择创业行为 a 而不是非创业行为 b 主要是基于如下依据：

$$\sum_i G(p_i)\cdot V(\Delta w-\Delta c_q) > \sum_i G(p_i)\cdot V(\Delta w-\Delta c_p)$$

其中，$\Delta w=w_i-w_0$ 为行为实施导致的损益偏离值，w_0 为参考基准损益率。

值函数模型对应数值的比较决定创业者的创业决策选择，而决策权重函数 $G(p)$和

---

① Anders Hoffinann, Hesham M Gabr. A General Policy Framework for Entrepreneurship[M]. Dahlerups Pakhus: FORA, 2006.

$G(q)$的大小在一定程度上决定行为选择所带来的效果和收益，理论而言，对创业行为值函数的模拟有助于探索如何避开创业行为决策效果不确定性所带来的风险，但现实情况是，内外环境的复杂性以及信息的不完全对称，将导致创业决策权重函数 $G(p)$和 $G(q)$的大小不可控，因此，理论假设条件在现实中很难同时达到，大学生创业者囿于知识、认知的局限，不可能对创业决策行为的损益值做出精确量化的判断。

在大多数情况下，大学生的创业行为决策，其实是在一系列创业决策行为动机的驱使下，对创业机会进行直观推断之后的行为选择。

环境的复杂性和动态性导致大学生创业行为决策收益的不确定性，而正是这种不确定性增加了创业行为决策研究的难度，并形成研究的不确定性条件。由于任何研究的目的均在于更加接近真实地反映事物本质，所以在不确定性条件下对行为决策进行研究才能最大限度地反映和揭示大学生创业行为的实际情况①。

2.5 支持体系与创业行为决策的相互影响

2.5.1 支持体系对创业行为决策的导向

我国大学生创业政策经历了限制—管理—扶持的历史演变过程。在新中国成立初期特定的社会历史背景下，政府实行高度集中的毕业生分配计划管理体制，限制、禁止大学生创业，大学生在就业问题上并没有自主选择的权利，自主创业活动更是无从谈起。在1978 年改革开放以后，国家逐步对经济体制进行调整，由单一的计划经济体制到适度的引入市场经济体制，高校毕业生也由国家安排就业转向自主择业，大学毕业生成为“自由”的劳动力进入人才市场，但政府并未对大学生创业的支持与否定做出明确表态，对大学生创业处于管理阶段，大学生创业活动处于萌芽阶段。20 世纪 90 年代以来，我国才开始陆续出台一系列支持大学生创业的政策，创业支持体系逐步发展，大学生创业活动日渐增多。

伴随着经济的高速发展，全社会对创新创业人才的需求日益迫切，而大学生升学率的提高，又导致就业严峻局面的形成，并衍生出一系列经济、社会问题。在这一背景下，政府对大学生创业的态度由禁止开始转向支持。尤其是进入 21 世纪以来，高等教育的大众化和普及化导致就业竞争异常激烈，鼓励和支持大学生自主创业已成为高校毕业生就业工作的重要举措。

大学生自主创业过程中，往往受到认识不足、经验缺乏、资金短缺等内在因素的制约，同时，由于市场机制不完善，而且还往往存在若干隐形规则等阻碍因素，导致大学生创业

---

① Mcmullan W E, Long W A. Entrepreneurship education in the nineties[J]. Journal of Business Venturing, 1987, 5(3): 261-275.

过程异常艰难，而且即使初期创业成功，依然要面临营业、守业、成业的艰难历程。因此，对政府而言，迫切需要对大学生自主创业行为提供大力支持，对社会而言，除了需要营造良好的创业氛围，更应对大学生自主创业行为给予全方位的帮助。

自主创业支持体系的构建，其目的在于：着眼于创业者的创业动机、机会与技能，针对其创业过程的前期、中期和后期，提供经济、教育、政府服务等激励手段，引导和推动大学生开展创业活动，也为大学生的生存方式多样化选择搭建平台①。

政府通过支持政策，引导大学生形成强烈的创业需求，是将大学毕业生从自主创业的潜在主体转化为现实主体的重要途径。在自主创业支持体系的导向作用下，大学生做出创业行为的决策，在此过程中，政府的服务功能与大学生生存与发展的权利同时得以实现。

自 1998 年以来，随着政府对大学生创业问题认识与重视程度日益加深，政府支持大学生创业的政策工具与方式呈现多样化发展，所采取的解决策略也呈多样化与动态化发展趋势。对支持创业的优惠政策进行完善，形成政府主动激励创业、社会大力支持创业的新局面，从而构建大学生勇于创业的新机制，这是在党的十八届三中全会中明确提出的目标。这一目标的提出，反映了当前市场经济体制下，我国政府促进就业与大学生实现就业的现实需求，也从另一侧面表明，在解决大学生就业问题上，政府采取的应对措施日趋成熟，而大学生逐渐形成的自主创业趋势，正是支持体系对大学生自主创业行为决策巨大导向作用的真实体现。

2.5.2　创业行为决策对支持体系的依赖

作为解决大学生"就业难"的重要途径，自主创业已逐步成为社会和高校的共识，围绕"实施扩大就业的发展战略，促进以创业带动就业"这一破解就业难题的基本工作方针，地方政府和高校应形势发展需要，相继制定了不少支持政策以激励大学生自主创业。

创业者是创业的核心和原动力，而政府和社会则是大学生自主创业浪潮的积极推动者，在创业激情的推动下，当创业环境具备时，大学生善于捕捉机会、组织资源、勇于决策，自主创业方能如火如荼地开展。

近几年来，大学生的自主创业热情方兴未艾，但由于资金缺乏、经验不足、创业环境等障碍性因素的制约，实际参与自主创业的人数不多，且创业成功率低。为了摆脱这样一种困境，更好地激励和引导大学生成功创业，政府、社会、学校和家庭应共同营造良好的创业环境，解决大学生自主创业的后顾之忧。大学生是思维最活跃的群体，同时也是一类特殊的创业群体，他们缺乏社会经验，虽然具有创业意愿和创业能力，但其面对的是开放的信

① Simon H A A. Behavioral Model of Rational Choice[J]. Quarterly Journal of Economics, 1955, 69(2): 99-118.

息环境，需要依据信息环境与自身实际情况而做出创业行为决策，在创业行为决策、创业维持、创业发展过程中，看似微小的、考虑不周的问题，就有可能导致整个创业项目难以为继。而自主创业支持体系的完善，就在于政府提供各类服务支持，降低大学生的创业风险，提升大学生创业行为决策的科学性。

自主创业支持体系的构建是创业环境改善的重要一环，政府在项目服务、深化审改、政策优化、服务提升等方面着手研究为大学生提供更优质、高效的服务，能显著改善创业环境。因此，大学生的创业活动与支持体系密切相关，自主创业支持体系的完善与否直接影响大学生的创业实践活动。

大学生在做出是否实施某创业行为的决策时，项目的可行性及收益评估是其参考的两大指标。另外，政府政策的支持力度能够化解大学生对创业项目的疑虑与担忧，分担创业所带来的风险，从而激发大学生潜在的创业激情，尤其是在创业行为的决策阶段，支持体系的引导与激励，是大学生创业的动力源泉之一。可以说，大学生通过自主创业行为决策而形成创业行为广泛开展的大好局面，不仅依赖于大学生对创业的渴望与激情，依赖于大学生对项目全方位的评估，更依赖于政府支持体系的支持力度①。

2.6 自主创业支持体系关键要素甄别与分析

一个好的自主创业支持评价体系应该满足全面性原则、科学性原则、可比性原则和可操作性原则②。尽管创业教育质量评价体系的构建已获得很大进展，但就目前研究现状而言仍有许多问题有待解决。首先，从既有研究来看，全面性已得到不断提升。但随着内容的扩展与条目的增加，标准逐渐变得复杂而难以操作。其次，大部分的研究都是直接给出评价体系，并未通过科学的研究过程归纳，因而其科学性原则也存疑。最后，目前较多人参考的评价体系虽然全面，但有不少条目的评价为“评委根据实际情况综合评分”，较多的主观因素将影响评价结果的稳定性与可比性。

一种普遍的观点认为：大学生创业者之所以会选择创业行为，多半是受到关系亲密的人的创业行为示范以及就业观的影响。除了家庭因素、学校因素、社会因素、项目选择等外在因素之外，大学生的内在因素，尤其是兴趣、能力、态度、动机、经验等，对大学生自主创业行为决策具有非常重要的影响。而政府的政策支持，则引导和激励着更多的大学生进行创业。近年来，政府对大学生自主创业支持政策日益受到国内外学者的广泛关注。

首先，在已有研究中自主创业支持体系各要素对大学生自主创业行为决策影响的研

① 赵树基. 商场多种商品的进货决策模型[J]. 工业工程，2002，5(1)：17-20.

② 董晓红. 高校创业教育管理模式与质量评价研究[D]. 天津大学，2009.

究还不多；其次，多数文献对于自主创业支持体系要素构成的研究还不够深入，关键要素尚需辨识；最后，在对自主创业支持体系要素进行分析时，现有研究多数未能进一步横向比较分析同一支持体系要素对不同性质高校（重点高校和普通高校）大学生创业行为决策影响程度的差异，也未能进一步纵向比较分析同一支持体系要素对不同历史时期的高校大学生创业行为决策影响程度的差异。

大学生群体与一般群体相比，资金的缺乏程度则更为显著，资本约束或融资约束将导致许多有很好创意的大学生无法将其创业想法付诸实施，而大学生的社交圈子一般范围较小，其行为决策对家族成员、亲友的依赖程度更深，常常以父母、亲朋好友的支持而获得宝贵的创业资源，尤其是创业前期的经济投入，主要依赖于家庭资助①。而事实上，家族成员、亲友的支持，尤其是资金支持是创业行为赖以生存和发展的基础②。下面横向比较分析同一支持体系关键要素对不同性质高校的大学生创业行为决策影响程度的差异，纵向比较分析同一支持体系关键要素对不同历史时期的高校大学生创业行为决策影响程度的差异。

1. 数据来源及样本说明

2013 年 3 月上旬至 10 月中旬，创业行为研究小组多次深入西安市内各高校进行深度访谈和实地调研，发放问卷，问卷经过回收、整理，成为本节研究的数据来源。

陕西省西安市是典型的高教资源优势地区，市内“211”高校很多。因此，本研究选择西安市内高校大学生作为调研和访谈的对象，首先选择的是“211”高校的大学生，采取类似于朋友采样的方法来寻找访谈对象；以创业成功的大学生典型为起点，通过对其周围好友、班级同学、密切联系人的摸索，从而逐步获得在整个大学生群体中，具有不同背景特征的个体是如何进行创业行为决策的这一概念性认识。在进行访谈时，主要围绕三个方面来开展：①大学生实施创业行为的动力源以及障碍性因素；②在众多的支持体系要素中，相对而言，那些支持体系要素对大学生自主创业的支持作用更强；③家族成员、亲友、政府、学校、社会在支持大学生创业过程中所扮演的角色以及多方联动方式对大学生创业行为决策的影响。对访谈信息进行归纳总结，并在参考文献研究的基础上，提炼出包含 14 项要素的自主创业支持体系框架，并试图厘清这些要素对大学生进行创业行为决策时的影响程度。

在充分了解西安市大学生自主创业实际情况的基础之上，对量表进行设计并保证量表良好信度，然后对西安市的 15 所高校的大学生展开问卷调查，其中，“211”高校 7 所，省

① 王晓文，张玉利，李凯. 创业资源整合的战略选择和实现手段分析——基于租金创造机制视角[J]. 经济管理，2009，31(1)：461-466.

② Vesper K H，Gartner W B. Entrepreneurship education in the nineties[J]. Measuring Progress in Entrepreneurship Education，1997，12(4)：403-421.

属高校4所，民办高校4所，要求每所高校的大学生或者就业办老师各填一份问卷，在填写的过程中，为防止出现同一填写者填写所有题项的情况出现，而且为了避免出现同源偏差，还采用了包含答卷者信息隐匿法在内的多种事前预防措施。在本次调查中，实际发放问卷70份，共回收问卷65份，问卷回收比率为92.9%；在回收的65份问卷中，将明显填写错误以及填写不全的6份问卷除掉，则剩下的有效问卷为59份，有效问卷数占实际发放问卷总数的84.3%。在这份容量为59的样本中，来自于"211"高校的大学生所填写的问卷有10份，而来自其他高校的大学生所填写的问卷有49份。

此外，研究小组在了解支持体系要素对大学生创业行为决策影响程度的同时，还具体调查了大学生实施自主创业行为的真实情况。其中，73.6%的受访者认为自己有强烈的创业意识和创业愿望，64.8%的受访者明确表示并不排斥将创业作为未来就业的选项之一，并且有68.7%的受访者坦承自己在过去三年内有过创业实践的经历，更有高达85.9%的受访者表明在资金充足和政策支持的情况下会实施创业行为。由此可见，相较于前些年，现在的大学生就业观念已经开始转变，不少大学生已经开始以一种积极的心态将创业作为职业生涯的一种选择。

2. 评价准则熵权的计算

1）变量设置

对于已经提炼出的14项影响大学生自主创业行为决策的支持体系要素，我们可将其标记如下。

y_1：税费减免；y_2：注册登记程序简化；y_3：法律保护；y_4：家庭筹资；y_5：政府融资；y_6：财政补贴；y_7：银行贷款；y_8：高校创业基金；y_9：创业教育(高等院校)；y_{10}：创业培训(社会培训机构)；y_{11}：孵化培育；y_{12}：绿色通道；y_{13}：创业指导；y_{14}：创业信息交流平台。

而对于影响因素关键性的衡量，则选取如下评价准则：x_1：经济效益影响；x_2：社会效益影响；x_3：创业决策可操作性影响；x_4：创业决策效率影响；x_5：创业决策稳定性影响。

2）确定模糊评价矩阵

对于m个评价准则$x_i(i=1,2,\cdots,m)$，n个评价对象［影响因素$y_j(j=1,2,\cdots,n)$］，可以通过专家群决策的评定方法，确定如下的模糊评价矩阵：

$$\mathbf{A}=\begin{bmatrix} a_{11} & a_{12} & \cdots & a_{1n} \\ a_{21} & a_{22} & \cdots & a_{2n} \\ a_{31} & a_{32} & \cdots & a_{3n} \\ \vdots & \vdots & \vdots & \vdots \\ a_{m1} & a_{m2} & \cdots & a_{mn} \end{bmatrix} \tag{2.2}$$

其中，a_{ij}表示依据第i个评价准则，各专家对第j个评价对象进行评分所得的综合值。在本节中，对所有样本数据取平均值，并将其作为a_{ij}的最终赋值，则上述5个评价准

则 $x_i(i=1,2,\cdots,5)$，14 个评价对象：自主创业支持体系要素 $y_j(j=1,2,\cdots,14)$ 的模糊评价矩阵为：

$$\boldsymbol{A}=\begin{bmatrix} 0.4 & 0.3 & 0.1 & 0.2 & 0.7 & 0.4 & 0.3 & 0.3 & 0.2 & 0.3 & 0.5 & 0.1 & 0.2 & 0.4 \\ 0.5 & 0.4 & 0.2 & 0.7 & 0.5 & 0.5 & 0.3 & 0.5 & 0.1 & 0.7 & 0.6 & 0.2 & 0.3 & 0.3 \\ 0.4 & 0.3 & 0.4 & 0.6 & 0.6 & 0.3 & 0.2 & 0.1 & 0.6 & 0.3 & 0.5 & 0.2 & 0.5 & 0.2 \\ 0.5 & 0.4 & 0.2 & 0.5 & 0.5 & 0.2 & 0.7 & 0.3 & 0.7 & 0.2 & 0.4 & 0.4 & 0.1 & 0.1 \\ 0.3 & 0.2 & 0.3 & 0.3 & 0.4 & 0.6 & 0.3 & 0.5 & 0.3 & 0.1 & 0.4 & 0.4 & 0.4 & 0.3 \end{bmatrix} \tag{2.3}$$

3）标准化处理模糊评价矩阵

对通过专家群策法所确立的模糊评价矩阵 $\boldsymbol{A}$ 进行标准化处理可得：

$$\boldsymbol{R}=(r_{ij})_{5\times 12} \tag{2.4}$$

其中，$r_{ij}\in[0,1]$，$r_{ij}=\dfrac{a_{ij}-\min\limits_{j}\{a_{ij}\}}{\max\limits_{j}\{a_{ij}\}-\min\limits_{j}\{a_{ij}\}}$。

因此，标准化处理后的模糊评价矩阵为

$$\boldsymbol{R}=\begin{bmatrix} 0.5000 & 0.3333 & 0.0000 & 0.1667 & 1.0000 & 0.5000 & 0.3333 & 0.3333 & 0.1667 & 0.3333 & 0.6667 & 0.0000 & 0.1667 & 0.5000 \\ 0.6667 & 0.5000 & 0.1667 & 1.0000 & 0.6667 & 0.6667 & 0.3333 & 0.6667 & 0.0000 & 1.0000 & 0.8333 & 0.1667 & 0.3333 & 0.3333 \\ 0.6000 & 0.4000 & 0.6000 & 1.0000 & 1.0000 & 0.4000 & 0.2000 & 0.0000 & 1.0000 & 0.4000 & 0.8000 & 0.2000 & 0.8000 & 0.2000 \\ 0.6667 & 0.5000 & 0.1667 & 0.6667 & 0.6667 & 0.1667 & 1.0000 & 0.3333 & 1.0000 & 0.1667 & 0.5000 & 0.5000 & 0.0000 & 0.0000 \\ 0.4000 & 0.2000 & 0.4000 & 0.4000 & 0.6000 & 1.0000 & 0.4000 & 0.8000 & 0.4000 & 0.0000 & 0.6000 & 0.6000 & 0.6000 & 0.4000 \end{bmatrix} \tag{2.5}$$

4）计算模糊熵值

对于具有 m 个评价准则、n 个评价对象的模糊评价问题，可将 m 个评价准则中第 i 个评价准则的模糊熵定义为：

$$H_i=-k\sum_{j=1}^{n}[r_{ij}\ln r_{ij}+(1-r_{ij})\ln(1-r_{ij})],\quad i=1,2,\cdots,m \tag{2.6}$$

在上述式(2.6)中，当 $r_{ij}=0$ 时，显然有 $r_{ij}\ln r_{ij}=0$，而 $k=1/n\ln 2$ 则是常数，一般应满足如下条件：$0\leqslant H_i\leqslant 1$。因此，在本研究中，$m=5$，$n=14$，则可利用式(2.6)计算得到文中各评价准则的模糊熵值如下：

$$H_1=0.681\,5;\quad H_2=0.669\,9;\quad H_3=0.604\,6;\quad H_4=0.615\,9;\quad H_5=0.796\,7 \tag{2.7}$$

5）计算熵权

对第 i 个评价准则的熵权进行计算，所采用的公式如下：

$$w_i=\frac{1-H_i}{\sum\limits_{i=1}^{m}(1-H_i)}=\frac{1-H_i}{m-\sum\limits_{i=1}^{m}H_i} \tag{2.8}$$

则各评价准则的熵权分别为

$$w_1 = 0.195\,2;\quad w_2 = 0.202\,4;\quad w_3 = 0.242\,4;\quad w_4 = 0.235\,4;\quad w_5 = 0.124\,6 \tag{2.9}$$

3. 自主创业支持体系要素的熵权决策模型分析

1）对矩阵 R 加权处理

利用上述计算出来的评价准则的熵权 w_i 对矩阵 $\boldsymbol{R}$ 进行加权，可以得到规格化加权矩阵 $\boldsymbol{B}$：

$$\boldsymbol{B}=\begin{bmatrix} w_1 r_{11} & \cdots & w_1 r_{1n} \\ \vdots & \ddots & \vdots \\ w_m r_{m1} & \cdots & w_m r_{mn} \end{bmatrix}=\begin{bmatrix} b_{11} & \cdots & b_{1n} \\ \vdots & \ddots & \vdots \\ b_{m1} & \cdots & b_{mn} \end{bmatrix}$$

$$=\begin{bmatrix} 0.0976 & 0.0651 & 0.0000 & 0.0325 & 0.1952 & 0.0976 & 0.0651 & 0.0651 & 0.0325 & 0.0651 & 0.1301 & 0.0000 & 0.0325 & 0.0976 \\ 0.1349 & 0.1012 & 0.0337 & 0.2024 & 0.1349 & 0.1349 & 0.0675 & 0.1349 & 0.0000 & 0.2024 & 0.1686 & 0.0337 & 0.0676 & 0.0675 \\ 0.1454 & 0.0969 & 0.1454 & 0.2424 & 0.2424 & 0.0969 & 0.0485 & 0.0000 & 0.2424 & 0.0969 & 0.1939 & 0.0485 & 0.1939 & 0.0485 \\ 0.1569 & 0.1177 & 0.0392 & 0.1569 & 0.1569 & 0.0392 & 0.2354 & 0.0785 & 0.2354 & 0.0392 & 0.1177 & 0.1177 & 0.0000 & 0.0000 \\ 0.0499 & 0.0249 & 0.0499 & 0.0499 & 0.0748 & 0.1246 & 0.0499 & 0.0997 & 0.0499 & 0.0000 & 0.0748 & 0.0748 & 0.0748 & 0.0499 \end{bmatrix} \tag{2.10}$$

2）求解理想点和负理想点

运用双基点法，设 p^* 和 p^* 分别为对应矩阵的理想点和负理想点

$$p^* = (p_1^*, p_2^*, \cdots, p_m^*)^{\mathrm{T}},\quad p^* = (p_1^*, p_2^*, \cdots, p_m^*)^{\mathrm{T}} \tag{2.11}$$

其中

$$p_i^* = \max_j\{b_{ij} \mid j = 1,2,\cdots,n; i = 1,2,\cdots,m\} \tag{2.12}$$

$$p_i^* = \max_j\{b_{ij} \mid j = 1,2,\cdots,n; i = 1,2,\cdots,m\} \tag{2.13}$$

由于矩阵 $\boldsymbol{B}$ 是由已标准化矩阵 $\boldsymbol{R}$ 加权而得，因此负理想点 $p^* = (0,0,\cdots,0)^{\mathrm{T}}$，理想点

$$p^* = (0.195\,2, 0.202\,4, 0.242\,4, 0,235\,4, 0.124\,6)^{\mathrm{T}} \tag{2.14}$$

3）计算模糊贴近度

设 $\boldsymbol{B}_j = (b_{1j}, b_{2j}, \cdots, b_{mj})^{\mathrm{T}}, j = 1,2,\cdots,n$，那么评价对象 y_j 理想点的相对贴近度计算如下所示：

$$t_j = \frac{(p^* - B_j)^{\mathrm{T}}(p^* - p^*)}{\| p^* - p^* \|^2} = \frac{(p^* - B_j)^{\mathrm{T}} p^*}{\| p^* \|^2} = 1 - \frac{B_j^{\mathrm{T}} p^*}{\| p^* \|^2} \tag{2.15}$$

显然 $0 \leqslant t_j \leqslant 1, j = 1,2,\cdots,n$。在已有的相关文献中，一般以 t_j 的大小对评价方案进行排序，并认为 t_j 小者为优。接下来，将贴近度的计算进行简化：

$$d_j = B_j^{\mathrm{T}} p^*,\quad j = 1,2,\cdots,n \tag{2.16}$$

由式(2.16)易知 $0\leqslant d_j\leqslant \| p^* \|^2$，当对评价方案进行排序时，$d_j$ 大者为优。

因此，由式(2.16)计算贴近度得：

$$\begin{aligned}&d_1=0.1248,\quad d_2=0.0875,\quad d_3=0.0570,\\&d_4=0.1492,\quad d_5=0.1704,\quad d_6=0.0946,\\&d_7=0.0997,\quad d_8=0.0709,\quad d_9=0.1267,\\&d_{10}=0.0864,\quad d_{11}=0.1436,\quad d_{12}=0.0556,\\&d_{13}=0.0763,\quad d_{14}=0.0507\end{aligned}\tag{2.17}$$

4）构造隶属函数

贴近度 $d_j(d_j\geqslant 0)$ 是一个模糊量，其在双基点法中的意义及性质表明，可以利用贴近度来定义评价对象 y_j 的影响因素关键度，并构造常用的隶属度函数：

$$\mu(x)=\begin{cases}1 & x>a\\ \dfrac{1}{1+(x-a)} & x\leqslant a\end{cases}\tag{2.18}$$

其中，$a=\| p^* \|^2=0.2088$。

5）计算关键影响度

利用隶属度函数式(2.18)，对支持体系要素集 y_j 的关键度 $\mu(y_j)$ 进行计算，其结果分别为：

$$\begin{aligned}&\mu(y_1)=0.9930,\quad \mu(y_2)=0.9855,\quad \mu(y_3)=0.9776,\\&\mu(y_4)=0.9965,\quad \mu(y_5)=0.9985,\quad \mu(y_6)=0.9871,\\&\mu(y_7)=0.9883,\quad \mu(y_8)=0.9814,\quad \mu(y_9)=0.9933,\\&\mu(y_{10})=0.9852,\quad \mu(y_{11})=0.9958,\quad \mu(y_{12})=0.9771,\\&\mu(y_{13})=0.9828,\quad \mu(y_{14})=0.9756\end{aligned}\tag{2.19}$$

所对应的自主创业支持体系要素按关键度由大到小排序，则顺序排列如下：

$$y_5>y_4>y_{11}>y_9>y_1>y_7>y_6>y_2>y_{10}>y_{13}>y_8>y_3>y_{12}>y_{14}\tag{2.20}$$

6）获取支持体系关键要素集 Y_λ

引入变量 λ，并对支持体系关键要素集 Y_λ 进行如下定义：

$$Y_\lambda=\{y_j\mid \mu(d_j)\geqslant\lambda,\quad j=1,2,\cdots,n\}\tag{2.21}$$

在上述定义中，λ 的范围满足 $\lambda\in[0,1]$，且 λ 被称为关键阈值或置信水平。

现在，若给定置信水平 $\lambda=0.99$，则得到相应的支持体系关键要素集 $Y_{0.99}$

$$Y_{0.99}=\{y_5,y_4,y_{11},y_9,y_1\}\tag{2.22}$$

即在置信水平 $\lambda=0.99$ 下，影响大学生自主创业行为决策的支持体系关键要素分别为 y_5：政府融资；y_4：家庭筹资；y_{11}：孵化培育；y_9：创业教育(高等院校)；y_1：税费减免。

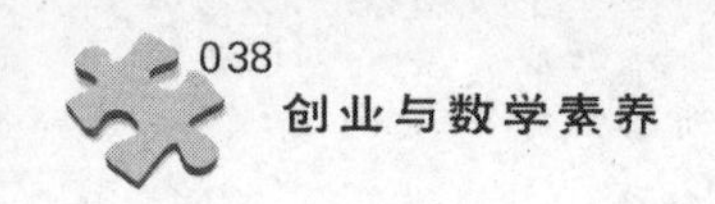

2.7 纳入关键要素的自主创业行为扩散

2.7.1 含时滞的自主创业行为扩散

这是一个以信息资源为战略核心的信息化时代，但诸多内外因素对信息传播的影响导致信息非对称性，以至于自主创业行为信息在大学生群体之间传播以及大多数新行为渗透过程中，存在滞后时间，即大学生中潜在采纳者在得到创业行为存在信息后可能并非立即采纳实施新行为，而是基于对创业项目的成本、收益以及自身所掌握的资源等因素的综合考虑之后，做出是否采纳实施创业行为的决策，大学生中的潜在采纳者可以选择当期采纳或者推迟至下一期采纳创业行为。

自主创业带动就业的本源来自想创业、能创业、创成业的群体，而在"互联网＋"时代掌握先进数学方法的大学生自然成为该群体的主力军。要改变以往依靠个人潜质、悟性、机遇去创业的状况，动用全社会资源尊重并造就高素质的创业者。通过数学素养的提升，激发大学生创业热情，提高创业能力，使更多的知识型青年参与到创业活动中来，继而提升创业者总体素质和创业成功率。

首先，大学生自主创业意味着新公司的诞生，这会带来正反两方面的影响：一方面，新公司的成立意味着吸纳新就业者的数量在增加，自主创业对就业起正面影响[①]；另一方面，这个新成立的公司在进入行业后必然会带来新的竞争，引发部分竞争力不强的创业企业破产而退出市场，导致失业人员增加，自主创业对就业就会起反面影响[②]。

其次，大学生自主创业对就业的影响不是即时的，它存在一个短时间的滞后。奥德里特施和弗里什于在德国的研究结果表明，自主创业带动就业过程中存在着一个创业对就业的短时期的时滞效应，这是因为在实际操作中一个公司从成立到有一定规模往往需要若干年时间，这段时期被称为时间上的滞后。因此，大学生自主创业行为的采纳过程存在时滞，在大学生自主创业行为扩散过程引入支持体系关键要素并考虑时滞的影响，可以揭示出大学生自主创业行为过程中许多有意义的特征，并丰富创业行为研究的理论成果[③]。

时滞是时间滞后的简称，它的特点不仅表现为行动与效果之间存在时间差距，而且表现为传导过程中初始效果与最终真实效果之间存在差异，其表现在：

(1) 无论从理论还是现实看，自主创业对就业的带动作用都不是即时的，它存在于创

---

① 陈建熹，郑枚安，龙腾飞，等. 大学生创业带动就业中的倍增效应研究——基于数学建模方法[J]. 河南科技，2014，5(4)：210.

② 李幼平. 创业带动就业的效应探析和现实研究[J]. 创新，2010，5(6)：111-114.

③ 沈超红，陈彪，陈洪帅. 创业教育"时滞效应"与创业教育效果评价分析[J]. 创新与创业教育，2010，1(2)：3-7.

业企业从建立到发展壮大，再到衰退不前的全过程，其所提供的就业岗位数量将随着其在行业的发展状况而不断变化。简单地说，就是一家公司从开创到成熟需要一段时间，在这段时间里它所能提供的就业岗位会随着其经营业绩和发展状况而不断变化，有可能增加，也有可能减少，甚至有可能为零。

(2) 在其所吸收的就业人员中，经过一段时间，他们中的一部分人也会开始自主创业，从而诞生新的创业企业，吸收新的就业人员。

(3) 从实践经验看，自主创业者的创业意向和创业思维可以通过各级政府和学校开设的创业教育迅速得到提高和完善，但要提高真正的创业技能，开始自主创业行为则需要一个较长时间的积累才能见到效果，所以在创业教育、创业开始以及创业成功之间，存在一个相当长的时间间隔，这个时间间隔受到多种外部因素和自主创业者自身素质的影响而显现出巨大差异。

假设每年的大学毕业生中创业的人数为 N_0，平均 1 000 个人中有 1 个人创业，则可以将每年大学毕业生人数设为 $N=1\ 000N_0$；设第 n 年由创业带动就业的总就业岗位为 X_n，第 n 年由创业带动就业的就业率为 Y_n；设 1 个人创业在当年可带动就业的人数为 p 人(其中 $p>1$)，创业带动就业的人中又开始创业的人数比例为 q(其中 $0<q<1$)人。

第 1 年，创业人数为 N_0 人，创业带动就业 pN_0，则第 1 年由创业带动就业的总人数为

$$X_1 = N_0 + pN_0$$

第 2 年，创业人数为 N_0 人，上年创业带动就业 pN_0 人里有 pqN_0 人创业，创业带动的就业人数为 $p(N_0+pqN_0)$，则第 2 年由创业带动就业的总人数为

$$X_2 = N_0 + p(N_0 + pqN_0) = N_0 + p[N_0 + q(X_1 - N_0)]$$

第 3 年，创业人数为 N_0 人，上年创业带动就业的 $p(N_0+pqN_0)$人里有 $pq(N_0+pqN_0)$人创业，则创业带动的就业人数为 $p[N_0+pq(N_0+pqN_0)]$，则第 3 年由创业带动就业的总人数为

$$X_3 = N_0 + p[N_0 + pq(N_0 + pqN_0)] = N_0 + p[N_0 + q(X_2 - N_0)]$$

于是得到每年总的就业人数之间的迭代数学模型为

$$X_{n+1} = N_0 + p[N_0 + q(X_n - N_0)]$$

考虑到创业带动就业中时滞效应的影响，可以假设当年创业的公司要经过一年才能带动就业，即时滞为一年。于是由上式可得每年总的就业人数之间的时滞数学模型为

$$X_{n+1} = N_0 + p[N_0 + q(X_{n-1} - N_0)]$$

由于平均 1 个人创业可以带动近 5 个人就业、创业率为 30%，于是可以取 $p=5$，$q=30\%$，即个人创业带动就业的 10 个人里，有 3 个人创业。再由第 n 年由创业带动就业的就业率 $Y_n=\dfrac{X_{n+1}}{N}$，可知经过 10 年的时间，由创业带动就业的就业率 Y_n 可以达到 50%以

上;同样,取 $p=5,q=30\%$ 可知,经过 10 年的时间,由创业带动就业的就业率 Y_n 可以达到 30%,低于无时滞情形下的就业率。

因此,自主创业和就业在传导过程中存在一个短时间的滞后效应,称为自主创业带动就业的时滞效应。

1. 建模基本思想和方法

自主创业带动就业是一项系统工程,涉及社会的方方面面,必须整体联动、齐抓共管。自主创业带动就业中时滞效应的揭示,让我们在看到其倍增效应的同时,也发现了另一个需要密切关注和深入研究的现象。实践证明,时滞效应不仅与自主创业主体的成长机制有关,还与自主创业企业所属行业及创业环境密切相关。研究如何缩短自主创业过程中的时滞期及其差异性,有利于政府把握变化规律,继而制定和实施相关政策,提升自主创业对就业的倍增效应。

创业行为信息在某一时刻扩散至大学生群体,但潜在大学生采纳者在得到创业行为信息后,需要对创业行为信息进行评估,对各种因素综合考虑之后才决定是否采纳实施这一创业行为。因此,大学生并非在获得创业行为信息的第一时间就马上采纳实施该创业行为,将这种介于相互作用发生(获得信息)和采纳创业行为的时间间隔称为时滞 τ(其中,τ 为创业行为采纳者和潜在采纳者发生的所有滞后时间的均值),则 t 时刻的潜在采纳者 $x(t)$ 与 $t-\tau$ 时刻的采纳者 $x(t-\tau)$ 发生相互作用[①]。

2. 模型及说明

假设在当前的社会中,存在着某种创业行为,而由于就业压力的存在,不少大学生已经开始实施这种创业行为。在 t 时刻,实施该创业行为的大学生累计者数量为 $x(t)$。由于筹措资金是大学生自主创业面临的首要任务,没有资金,创业就无从谈起,因此,大学生在自主创业的整个过程中,迫切需要政府的融资以及家庭的资助。因政府融资(Government Financing)和家庭筹资(Home Financing)而使创业行为获得的增长率,分别记为 G_f、H_f。

通过孵化培育,推动形成“孵化器+产业园”的创业模式,填补创业指导与服务的市场空白,可以促进大学生自主创业;而高等学校大力开展创新创业教育有助于大学生自主创业意识或者精神的培养,是扩展渠道、鼓励自主创业的重要途径;税费减免则可以降低创业成本和风险,增强大学生自主创业的动力。因此,可将孵化培育(Incubation)、创业教育(Entrepreneurship Education)(高等院校)以及税费减免(Tax Reduction)而使创业行为获得的增长率,分别记为 I_e、E_e、T_r。

设 σ_x 为 5 项支持体系的关键要素:政府融资、家庭筹资、孵化培育、创业教育(高等院

---

① 杨保华. 大学生创业带动就业的效应与对策[D]. 中南大学,2012.

校)以及税费减免的综合效应对采纳该创业行为的大学生累计者数量的影响系数，且 $\sigma_x = \sigma_{CE}(G_f, H_f, I_e, E_e, T_r)$，则 $\sigma_x x(1-\tau)$ 为 $t-\tau$ 时刻实际采纳实施该创业行为的大学生累计者数量；而该创业行为的最大采纳者潜量记为 N_x，则 $\frac{x(t-\tau)}{N_x}$ 为 $t-\tau$ 时刻大学生群体中的创业行为扩散密度。

根据前面的研究表明，在创业支持体系中，政府融资、家庭筹资、孵化培育、创业教育(高等院校)以及税费减免是影响大学生创业行为扩散的关键要素，则 G_f, H_f, I_e, E_e, T_r 以及 σ_x 必定与采纳实施该创业行为的大学生数量的增长率 $\frac{\mathrm{d}x(t)}{\mathrm{d}t}$ 以及创业行为的扩散过程密切相关。此外，信息非对称的存在导致时滞的存在使 t 时刻的潜在采纳者 $x(t)$ 与 $t-\tau$ 时刻的采纳者 $x(t-\tau)$ 发生相互作用。因此，大学生自主创业行为扩散过程可以利用修正后的 Logistic 时滞模型表示为

$$\frac{\mathrm{d}x(t)}{\mathrm{d}t} = x(t)\left[G_f + H_f + I_e + E_e + T_r - \sigma_x x(t-\tau) - \frac{x(t-\tau)}{N_x}\right] \tag{2.23}$$

3. 模型平衡解的稳定性分析

对于式(2.23)，可设其平衡解为 $x^* = 0, x^* = \frac{(G_f + H_f + I_e + E_e + T_r)N_x}{\sigma_x N_x + 1}$，显然 x^* 是与 t 无关的常数，则根据大学生自主创业行为扩散过程问题的实际意义，现只需讨论系统的正平衡解 $x^* = \frac{(G_f + H_f + I_e + E_e + T_r)N_x}{\sigma_x N_x + 1}$ 的稳定性。

现将式(2.23)在正的平衡解 $x^* = \frac{(G_f + H_f + I_e + E_e + T_r)N_x}{\sigma_x N_x + 1}$ 附近线性化，设 $y(t) = x(t) - x^*$ 并将其代入式(2.23)，然后利用泰勒公式展开式，则可得式(2.23)的线性近似系统：

$$\frac{\mathrm{d}y(t)}{\mathrm{d}t} = -\left(\sigma_x + \frac{1}{N_x}\right)x^* y(t-\tau)$$

即

$$\frac{\mathrm{d}y(t)}{\mathrm{d}t} = -(G_f + H_f + I_e + E_e + T_r)x^* y(t-\tau) \tag{2.24}$$

由微分方程定性理论可知，式(2.24)有形如 $y(t) = c\mathrm{e}^{\lambda t}$ 的解，将其代入，则可以得到时滞系统式(2.24)的特征方程如下

$$\lambda = -(G_f + H_f + I_e + E_e + T_r)\mathrm{e}^{-\lambda\tau} \tag{2.25}$$

引理 2.1：关于 λ 的方程：

$$\lambda = -c\mathrm{e}^{-\lambda\tau}, \quad c > 0 \tag{2.26}$$

当 $0 < c < \frac{\pi}{2\tau}$ 时，上述方程式(2.26)的所有根均具有负实部，而当 $c > \frac{\pi}{2\tau}$ 时，方程式

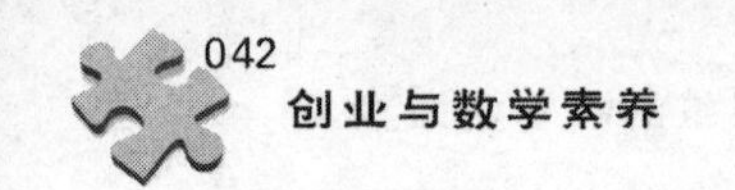

(2.26)至少有一个根具有正实部。

利用引理 2.1,对特征方程式(2.25)进行分析,则可以得到如下结论。

(1) 当 $0<G_f+H_f+I_e+E_e+T_r<\frac{\pi}{2\tau}$时,即 $0<\tau<\frac{\pi}{2(G_f+H_f+I_e+E_e+T_r)}$时,上述特征方程式(2.25)的所有根均具有负实部。

(2) 当 $G_f+H_f+I_e+E_e+T_r>\frac{\pi}{2\tau}$时,即 $\tau>\frac{\pi}{2(G_f+H_f+I_e+E_e+T_r)}$时,上述特征方程式(2.25)至少有一个根具有负实部。

因此,可以借助于判别稳定性的特征方程法对系统式(2.23)的平衡解

$$x^*=\frac{(G_f+H_f+I_e+E_e+T_r)N_x}{\sigma_x N_x+1}$$

进行分析。

时滞效应是影响创业带动就业有效性的重要因素,系统地研究创业与就业之间的时滞效应问题,掌握两者的变化规律,对政府部门在实践中做出决策有着重要的意义[①]。

当 $0<\tau<\frac{\pi}{2(G_f+H_f+I_e+E_e+T_r)}$时,时滞系统式(2.23)渐进稳定,而当 $\tau>\frac{\pi}{2(G_f+H_f+I_e+E_e+T_r)}$时,系统式(2.23)不稳定,说明系统的稳定性与时滞的大小有关。当时滞大到一定程度时,则会破坏系统式(2.23)的稳定性,也就是说,自主创业行为的潜在大学生采纳者从认识创业行为到决定采纳实施该行为的时间过长,超过$\frac{\pi}{2(G_f+H_f+I_e+E_e+T_r)}$会在一定程度上严重影响和制约自主创业行为在大学生群体中扩散的效果,进一步降低大学生的自主创业水平,对当前日趋严重的大学生就业问题形成巨大压力,并阻碍经济社会的进一步发展,更是对国家的稳定和长治久安构成不小的威胁。而对系统式(2.23)稳定的时滞临界点 $\tau=\frac{\pi}{2(G_f+H_f+I_e+E_e+T_r)}$进一步分析可以发现,其正好依赖于支持体系的关键要素——政府融资、家庭筹资、孵化培育、创业教育(高等院校)以及税费减免等外部性因素的影响,也就是说,支持体系关键要素对于系统式(2.23)稳定的时滞临界点具有调节大小的作用。同时,政府、市场、高校要发挥各自在资源配置、市场调节和创业教育方面的作用,与创业主体构建起四位一体的创业协作共同体,建立符合国情和当地实际的完善的创新创业支持体系,有效减少因内部协调不畅而带来的时滞效用,从而提高创业率和创业成功率。

---

① Judge W Q, Miller A. Antecedents and outcomes of decision speed in different environmental contexts[J]. Academy of Management Journal, 1991, 34(2): 449-463.

2.7.2　相互竞争的创业行为扩散

在创业企业动态系统中,两个或两个以上创业企业存在相互依存或者相互竞争的关系;而在一定的技术、经济系统中,不同种类的新技术、新产品也存在共生性、竞争性等,作为 Logistic 模型研究的继续,Lotka-Volterra 模型常用来研究两个创业企业的增长以及两个创业企业新技术的扩散。

设系统内存在两类高科技创业企业 x 和 y。两类高科技创业企业为了争夺有限的同一竞争要素(如资金、技术或生存空间)而进行生存竞争。以 $x(t)$,$y(t)$分别表示 t 时刻两类高科技创业企业占有的竞争要素的数量,竞争要素数量的演变均遵循 Logistic 规律,且都受到密度的制约,并假定 $x(t)$,$y(t)$都是 t 的连续可微函数。如果第一类创业企业的竞争力明显低于第二类创业企业,则在没有 $x(t)$时,$y(t)$的值将随着市场需求饱和而呈指数式地下降:

$$\frac{\mathrm{d}y}{\mathrm{d}t}=-my$$

其中,$m>0$ 是常数。

但有了 $x(t)$时,$y(t)$的上述变化关系要改为:

$$\frac{\mathrm{d}y}{\mathrm{d}t}=(nx-m)y$$

其中,$n>0$ 是常数。

由于 $x(t)$对应的第一类创业企业的竞争力明显低于代表第二类创业企业的 $y(t)$,所以它们的变化服从以下关系:

$$\frac{\mathrm{d}x}{\mathrm{d}t}=(a-by)x$$

其中,$a>0$,$b>0$ 是常数。

当 $x(t)>m/n$,$y(t)<a/b$ 时,由上述方程可知 $y(t)$的数量将减少,$x(t)$的数量将增加。反之,当 $x(t)<m/n$,$y(t)>a/b$ 时,$y(t)$的数量将增加,$x(t)$的数量将减少。

首先建立两种创业行为相互竞争的扩散模型。

1. 模型构建

假设在一个创业经济系统内,存在两种相互竞争的创业行为:创业行为 i 和创业行为 j。在 t 时刻,采纳实施创业行为 i 的大学生累计者数量为 $x_i(t)$,创业行为 i 的最大采纳者数量记为 N_t,r_i 为创业行为 i 的自然扩散率,而自主创业支持体系的激励和引导,必定会对创业行为的扩散率产生影响,引入支持体系的关键要素并假定其对创业行为 i 的自然扩散率 r_i 的影响系数 $k=G_f+H_f+I_e+E_e+T_r$,$\sigma_{ij}=\sigma_{\mathrm{CE}_{ij}}(G_f,H_f,I_e,E_e,T_r)$表示创业行为 i 在关键要素的综合效应影响下对创业行为 j 扩散的影响系数(反映创业行为 i、创

业行为 j 扩散的竞争大小)，且 $0<\sigma_{ij}=\sigma_{\mathrm{CE}_{ij}}(G_f,H_f,I_e,E_e,T_r)<1$，创业行为 i 对自身增长的阻滞效应为$\frac{1}{N_i}$，创业行为 j 在扩散过程中对创业行为 i 具有大小为$-\sigma_{ji}\frac{x_j(t)}{N_j}(i\neq j)$的竞争阻滞效应，则创业行为 i 的扩散方程为

$$\frac{x_i(t)}{x_i(t)}=(G_f,H_f,I_e,E_e,T_r)r_i\left[1-\frac{x_i(t)}{N_i}-\sigma_{\mathrm{CE}_{ij}}(G_f,H_f,I_e,E_e,T_r)\frac{x_j(t)}{N_j}\right] \tag{2.27}$$

创业行为 i 在扩散过程中对创业行为 j 具有大小为$-\sigma_{ij}\frac{x_i(t)}{N_i}(i\neq j)$的竞争阻滞效应，则创业行为 j 的扩散方程为

$$\frac{x_j(t)}{x_j(t)}=(G_f,H_f,I_e,E_e,T_r)r_i\left[1-\frac{x_j(t)}{N_j}-\sigma_{\mathrm{CE}_{ij}}(G_f,H_f,I_e,E_e,T_r)\frac{x_i(t)}{N_i}\right] \tag{2.28}$$

因此，创业行为 i 和创业行为 j 相互竞争型的扩散模型可以表示如下：

$$\begin{cases}\frac{x_i(t)}{x_i(t)}=(G_f,H_f,I_e,E_e,T_r)r_i\left[1-\frac{x_i(t)}{N_i}-\sigma_{\mathrm{CE}_{ji}}(G_f,H_f,I_e,E_e,T_r)\frac{x_j(t)}{N_j}\right]\\ \frac{x_j(t)}{x_j(t)}=(G_f,H_f,I_e,E_e,T_r)r_i\left[1-\frac{x_j(t)}{N_j}-\sigma_{\mathrm{CE}_{ij}}(G_f,H_f,I_e,E_e,T_r)\frac{x_i(t)}{N_i}\right]\end{cases} \tag{2.29}$$

2. 模型平衡解的稳定性分析

对扩散模型变形得到：

$$\begin{cases}x_i(t)=(G_f,H_f,I_e,E_e,T_r)r_ix_i(t)\left[1-\frac{x_i(t)}{N_i}-\sigma_{\mathrm{CE}_{ij}}(G_f,H_f,I_e,E_e,T_r)\frac{x_j(t)}{N_j}\right]\\ x_j(t)=(G_f,H_f,I_e,E_e,T_r)r_ix_j(t)\left[1-\frac{x_j(t)}{N_j}-\sigma_{\mathrm{CE}_{ij}}(G_f,H_f,I_e,E_e,T_r)\frac{x_i(t)}{N_i}\right]\end{cases} \tag{2.30}$$

令式(2.30)中两式同时等于0，可以通过解方程组得到4个平衡点，分别为

$$P_1(N_i,0);\quad P_2(0,N_j);\quad P_4(0,0);$$

$$P_3\left(\begin{array}{c}\frac{1-\sigma_{\mathrm{CE}_{ji}}(G_f,H_f,I_e,E_e,T_r)}{1-\sigma_{\mathrm{CE}_{ji}}(G_f,H_f,I_e,E_e,T_r)\sigma_{\mathrm{CE}_{ij}}(G_f,H_f,I_e,E_e,T_r)}\\ N_i,\frac{1-\sigma_{\mathrm{CE}_{ij}}(G_f,H_f,I_e,E_e,T_r)}{1-\sigma_{\mathrm{CE}_{ji}}(G_f,H_f,I_e,E_e,T_r)\sigma_{\mathrm{CE}_{ij}}(G_f,H_f,I_e,E_e,T_r)}N_j\end{array}\right)$$

再令

$$
\begin{aligned}
D &= \begin{vmatrix} \dfrac{\partial x_i(t)}{\partial x_i(t)} & \dfrac{\partial x_i(t)}{\partial x_j(t)} \\[2ex] \dfrac{\partial x_j(t)}{\partial x_i(t)} & \dfrac{\partial x_j(t)}{\partial x_i(t)} \end{vmatrix} \\
&= \begin{vmatrix} (G_f,H_f,I_e,E_e,T_r)r_i\left[1-\dfrac{2x_i(t)}{N_i}-\sigma_{\mathrm{CE}_i}(G_f,H_f,I_e,E_e,T_r)\dfrac{x_j(t)}{N_j}\right] & -(G_f,H_f,I_e,E_e,T_r)r_i\sigma_{e_i}(G_f,H_f,I_e,E_e,T_r)\dfrac{x_i(t)}{N_j} \\[2ex] -(G_f,H_f,I_e,E_e,T_r)r_j\sigma_{e_j}(G_f,H_f,I_e,E_e,T_r)\dfrac{x_j(t)}{N_i} & (G_f,H_f,I_e,E_e,T_r)r_i\left[1-\dfrac{x_j(t)}{N_j}-\sigma_{\mathrm{CE}_i}(G_f,H_f,I_e,E_e,T_r)\dfrac{x_i(t)}{N_i}\right] \end{vmatrix}
\end{aligned}
$$

$$
p=-\left[\frac{\partial x_i(t)}{\partial x_i(t)}+\frac{\partial x_j(t)}{\partial x_j(t)}\right],\quad q=|D| \tag{2.31}
$$

根据微分方程定性理论中平衡点稳定性判定准则可知：①当 $p>0,q>0$ 时平衡点稳定；②$p<0$ 或 $q<0$ 时平衡点不稳定。

因此，可以尝试形成四位一体的创业协作共同体，构建包括为自主创业者提供良好的外部创业环境和搭建良好信息共享平台的创新创业支持体系，有效减少因内部协调不畅而带来的时滞效用，从而提高创业率和创业成功率。具体说来，政府掌握了大量的社会资源，要在自主创业带动就业中发挥主导地位，通过不断深化行政管理体制改革，解决行政审批烦琐、对市场干预过多、小微企业融资难等问题，同时为自主创业者提供创业基金、低息贷款、创业场地（如开设创客空间）、创业指导与活动组织、户口、保险以及法律保护等在内的政策扶持；要发挥市场这只无形的手的作用，让市场各主体遵守市场规律开展生产，同时通过社会舆论宣传国家关于创业的扶持政策，营造良好创业氛围，使各行各业、各阶层人群目标统一，通力合作；各高校要发挥大学生创业教育的作用，建立创新创业孵化器，激发大学生创业意识，催生创业行动，提高创业能力；对自主创业者个体而言，要及时转变就业和创业观念，利用好国家相关政策，通过参加各种培训和实践提高创业能力，主动适应并融入国家战略和时代潮流①。

假定创业知识量是 I，同时 $\mathrm{d}I/\mathrm{d}t=rI[1-I/K]$，其中，$r$ 和 K 都是正的常数。此处的 r 指代创业机会增长率，K 指代区域知识的承载能力。公式中 rI 意指无阻尼的增长；但是随着 I 的增加，知识增长的速度受到知识空间有限的影响而造成增长的速度受限，在上述公式中表现为 $-rI^2/K$，以此阻碍量降低知识增长的速度。

创业企业面临着知识投资回报递减的风险，主要是由于创业企业内部能力的限制，难以实现所有开发知识的最大价值，增长的速度随着现有知识量 I 向区域最大知识容量 K 逼近而变得越来越小。

创业者的活动领域有限，他们探索的成果视其在某区域 a 中可用的未开发知识的密度 λ 而定（密度 λ 是创业知识量 I 与创业者数量 E 的比值的增长函数）。首先值得注意的是，我们认为创业者的时间是有限的。所以，我们将一个创业者的行为分为两部分：其一，信息收集的行为，本节以 σ 表示此行为所需花费的时间；其二，将观察到的信息付诸时

① 夏一方. 大学生就业与创业指导[M]. 苏州：苏州大学出版社，2010.

间，它占有所有时间的比例为τ。所以可知$\sigma+\tau=1$。我们以g代表知识捕获率，即每一创业者可从在位者获取知识的数量。换而言之，创业者从所有的创业知识量I中吸取了gE大小的知识量，即一共创造了gE个新的创业经营单位。以a代表创业者可搜寻的空间大小，以d代表区域中知识的空间密度，所以每个创业者在每一单位时间的知识捕获量$g=ad\sigma$，其中，d由每一创业者可获得的可用知识的数量I/E决定。

当创业者数量较多时，由于竞争的压力降低了创业者的成功率，所以d的计算公式可用$d=\lambda\frac{1}{E}$表示，其中，$\lambda>0$。把$d=\lambda\frac{1}{E}$代入$g=ad\sigma$。对于创业者将捕获知识付诸实践所需时间τ的计算公式，因为知识不可能全部都能被商业化，所以存在一个转换率$h(0<h<1)$，使得$\tau=hg$。则将方程$\mathrm{d}I/\mathrm{d}t=rI[1-I/K]$修正为方程组：

$$\begin{cases}\dfrac{\mathrm{d}I}{\mathrm{d}t}=rI\left[1-\dfrac{I}{K}\right]-\xi\dfrac{I}{E-hI\xi}\\ \dfrac{\mathrm{d}E}{\mathrm{d}t}=\xi\dfrac{I}{E-hI\xi}\end{cases}$$

注：$\xi=ad$，即汇总了区域大小a和知识的密度d的总效应；θ为在位组织学习的能力，即在位组织基于未开发的知识创造新知识的能力；K为集群能达到的最大的知识容量；H为每一创新知识成为一个商机的转换率，这里假设$H=1$，即每一个创新知识对应一个商机。

在每个阶段，创业者不可避免地会有投资失败，并在市场中退出，这一退出比例为μ。

所以可得创业机会与创业者数量间的协同进化模型方程组：

$$\begin{cases}\dfrac{\mathrm{d}I}{dt}=rI\left[1-\dfrac{I}{K}\right]-\xi\dfrac{I}{E-hI\xi}\\ \dfrac{\mathrm{d}E}{\mathrm{d}t}=\xi\dfrac{I}{E-hI\xi^{-\mu E}}\end{cases}$$

假定：在位组织具有创业的能力和动机，此处用θ代表在位组织创业的能力。

由于在位组织创业的行为定义为在位组织学习的过程，因此此处以θ指代在位组织的学习能力，那么θE的含义便是随着在位组织的学习，集群知识增长的速度提升了θE的大小。另外，在第二个假定中，我们将小企业模仿学习的速度表示为$\xi=\lambda a\frac{1}{E}$。但是，当在位组织学习时就意味着知识的竞争者将会增多，为简化分析过程，此处以θE表示新增加的学习者，所以

$$\xi'=\frac{1}{(1-\theta)\xi}$$

将这些假设的变体组合在一起，最后就得到了方程组：

$$\begin{cases}\dfrac{\mathrm{d}I}{\mathrm{d}t}=rI\left[1-\dfrac{I}{K}\right]-\xi\dfrac{I}{[(1-\theta)E-hI\xi]^{-\theta E}}\\ \dfrac{\mathrm{d}E}{\mathrm{d}t}=\xi\dfrac{I}{[(1-\theta)E-hI\xi]^{-\mu E}}\end{cases}$$

令$\dfrac{\mathrm{d}E}{\mathrm{d}t}=0,\dfrac{\mathrm{d}I}{\mathrm{d}t}=0$解得

$$\begin{cases}I^{*}=K\left[\dfrac{1-\xi(1-\mu)(\mu-\theta)}{(1-\theta)\mu r}\right]\\ E^{*}=\dfrac{\xi(1-\mu)I^{*}}{\mu(1-\theta)}\end{cases}$$

I^*和E^*的意思是，当创业者的数量和知识的存量稳定不变时，它们各自可以达到的数量。经济学的含义便是在稳定的经济环境中，产业区的知识存量为$K\left[\dfrac{1-\xi(1-\mu)(\mu-\theta)}{(1-\theta)\mu r}\right]$个，创业者的数量为$\dfrac{\xi(1-\mu)I^{*}}{\mu(1-\theta)}$。

模型均衡解出现的前提条件是I^*，即$\dfrac{r\mu}{\mu-\theta}>\dfrac{\xi}{(1+\theta)-\mu}$。上述不等式的含义是当在位组织知识创造的速度大于知识被模仿的速度时，在位组织与新创业企业将出现稳定的互动关系。但是当$\dfrac{r\mu}{\mu-\theta}<\dfrac{\xi}{(1+\theta)-\mu}$时模型的稳定均衡状态将不复存在。例如，当$\dfrac{r\mu}{\mu-\theta}<\dfrac{\xi}{(1+\theta)-\mu}$且相差较少时出现类稳定均衡状态；当$\dfrac{r\mu}{\mu-\theta}<\dfrac{\xi}{(1+\theta)-\mu}$且相差中等时出现循环状态；而当$\dfrac{r\mu}{\mu-\theta}<\dfrac{\xi}{(1+\theta)-\mu}$且相差较多则出现破坏状态。不仅如此，从前面的不等式的对比中更可以看出随着θ的增大，出现稳定均衡的可能性在慢慢地增大。例如，在$\dfrac{r\mu}{\mu-\theta}<\dfrac{\xi}{(1+\theta)-\mu}$且相差较少的前提条件下，当$\theta$较小时，随着$\theta$值(KS创业的能力)提高，不等式的状态逐渐向左边倾斜，即可能达到$\dfrac{r\mu}{\mu-\theta}<\dfrac{\xi}{(1+\theta)-\mu}$甚至“大于”。这时便意味着生态的局部稳定均衡状态被大企业所打破。从稳定均衡的含义得知，即使$\dfrac{E(0)}{I(0)}$较小，最后依然能得到稳定解。

2.8 数学模型在自主创业支持体系的认知度评估中的应用

2.8.1 基于层次分析法模型的自主创业支持体系各指标权重确定

本节使用层次分析法模型以确定自主创业支持体系各要素(指标)的权重，具体步骤如下。

1. 建立层次结构模型

基于大学生创业支持体系的内涵，并咨询专家意见，以递阶层次结构对自主创业支持体系要素（指标）进行设计，则支持体系可依次分为目标层、准则层和指标层三个层次。

（1）目标层：目标层是指标层逐层聚合的结果，本节的目标层：自主创业支持体系（V）。

（2）准则层：准则层从不同侧面反映自主创业支持体系的属性和水平，包括政策支持（V_1）、资金支持（V_2）、创业教育与培训支持（V_3）、公共服务支持（V_4）4 个方面。

（3）指标层：在准则层下选择若干指标便形成指标层，在本次研究中，共选取 16 个指标（要素）直接反映自主创业支持体系，包括注册登记程序简化（V_{11}）、税费减免（V_{12}）、法律保护（V_{13}）、绿色通道（V_{14}）、政府融资（V_{21}）、财政补贴（V_{22}）、银行贷款（V_{23}）、风险投资（V_{24}）、高校创业基金（V_{25}）、创业教育（高等院校）（V_{31}）、创业培训（社会培训机构）（V_{32}）、孵化培育（V_{41}）、基础设施建设（V_{42}）、创业指导（V_{43}）、人事服务（V_{44}）、创业信息交流平台（V_{45}）。

2. 构造判断矩阵

两个因素的重要性往往会有所差异，专家需要以定量的标度对其进行比较，以便对每一个指标的重要程度进行确定，而在众多的标度方法中，重要程度 1～9 标度表是一种较为常见的标度方法，其含义如表 2.2 所示。

表 2.2　指标重要程度 1～9 标度表

a_{ij} 的取值	含　义
$a_{ij}=\dfrac{A_i}{A_j}=1$	A_i 比 A_j 同样重要
$a_{ij}=\dfrac{A_i}{A_j}=3$	A_i 比 A_j 稍微重要
$a_{ij}=\dfrac{A_i}{A_j}=5$	A_i 比 A_j 明显重要
$a_{ij}=\dfrac{A_i}{A_j}=7$	A_i 比 A_j 重要得多
$a_{ij}=\dfrac{A_i}{A_j}=9$	A_i 比 A_j 极端重要
$a_{ij}=\dfrac{A_i}{A_j}=2,4,6,8$	介于上述相邻两种情况之间
以上各数的倒数	两元素反过来比较

若 $A_1,A_2,\cdots,A_n$ 是递阶层次中第 i 层的因素，而 B_k 则是第 i 层相邻上一层（$i-1$）的

因素，专家以重要程度 1～9 标度表，两两比较第 i 层的所有因素 $A_1, A_2, \cdots, A_n$ 对于 B_k 因素的影响程度，将两两比较的结果转换成相对应的数字，并将数值化的结果以矩阵表的形式呈现，即可构成 $\boldsymbol{B}$—$\boldsymbol{A}$ 判断矩阵，在所构成的 $\boldsymbol{B}$—$\boldsymbol{A}$ 判断矩阵中，因素 A_i 对因素 A_j 相对重要性的判断值，以矩阵中的元素 $a_{ij}=\dfrac{A_i}{A_j}$ 这一数值来刻画，表示两因素 A_i 和 A_j 对 B_k 这一评价目标的相对重要程度。

对于 $\boldsymbol{B}$—$\boldsymbol{A}$ 判断矩阵中的任一元素 $a_{ij}=\dfrac{A_i}{A_j}$，其大小显然具有如下性质：$a_{ij}=1, a_{ij}=\dfrac{1}{a_{ji}}$。这是因为，对于相邻上层因素，每个因素相较于自身的重要性是相同的，所以矩阵中所有对角线上的元素均为 1。

$$\boldsymbol{B}-\boldsymbol{A}=\begin{vmatrix} 1 & a_{12} & a_{13} & \cdots & a_{1n} \\ \dfrac{1}{a_{12}} & 1 & a_{23} & \cdots & a_{2n} \\ \cdots & \cdots & \cdots & \cdots & \cdots \\ \dfrac{1}{a_{1n}} & \dfrac{1}{a_{2n}} & \dfrac{1}{a_{3n}} & \cdots & 1 \end{vmatrix} \tag{2.32}$$

因此，本研究中准则层所有因素对目标层因素影响程度判断矩阵为

$$\boldsymbol{V}-\boldsymbol{V}_i=\begin{vmatrix} 1 & \dfrac{1}{2} & 4 & 5 \\ 2 & 1 & 4 & 5 \\ \dfrac{1}{4} & \dfrac{1}{4} & 1 & 3 \\ \dfrac{1}{5} & \dfrac{1}{5} & \dfrac{1}{3} & 1 \end{vmatrix} \tag{2.33}$$

指标层所有因素对相应准则层因素影响程度判断矩阵分别为

$$\boldsymbol{V}_i-\boldsymbol{V}_{1j}=\begin{vmatrix} 1 & \dfrac{1}{3} & \dfrac{1}{4} & \dfrac{1}{3} \\ 3 & 1 & 3 & 2 \\ 4 & \dfrac{1}{3} & 1 & \dfrac{1}{2} \\ 3 & \dfrac{1}{2} & 2 & 1 \end{vmatrix} \quad \boldsymbol{V}_2-\boldsymbol{V}_{2j}=\begin{vmatrix} 1 & 2 & 2 & 5 & \dfrac{1}{2} \\ \dfrac{1}{2} & 1 & 4 & 4 & \dfrac{1}{2} \\ \dfrac{1}{2} & \dfrac{1}{4} & 1 & 3 & \dfrac{1}{5} \\ \dfrac{1}{5} & \dfrac{1}{4} & \dfrac{1}{3} & 1 & \dfrac{1}{5} \\ 2 & 2 & 5 & 5 & 1 \end{vmatrix} \tag{2.34}$$

$$V_3-V_{3j}=\begin{vmatrix}1 & 2\\ \frac{1}{2} & 1\end{vmatrix}\quad V_4-V_{4j}=\begin{vmatrix}1 & 5 & 3 & 5 & 2\\ \frac{1}{5} & 1 & \frac{1}{5} & 2 & \frac{1}{4}\\ \frac{1}{3} & 5 & 1 & 3 & 2\\ \frac{1}{5} & \frac{1}{2} & \frac{1}{3} & 1 & \frac{1}{2}\\ \frac{1}{2} & 4 & \frac{1}{2} & 2 & 1\end{vmatrix} \tag{2.35}$$

3. 对判断矩阵 $V-V_i$ 每一列进行规范化处理

$$\overline{a_{ij}}=\frac{a_{ij}}{\sum_{i=1}^{n}a_{ij}}(i,j=1,2,\cdots,n) \tag{2.36}$$

且 $\overline{A}=(\overline{a_{ij}})_{n\times n}$。

由此可知，进一步加大对自主创业带动就业过程中的量化研究，特别是要把创业规模与提供岗位数量之间的相关性、创业对社会整体就业率变化曲线的正向和负向影响以及创业企业成长过程中带来的时间滞后性作为研究重点，通过数学中的最优化理论进行深入研究，掌握其中规律。比如在电子商务领域，可以通过对网店、工作坊等规模较小创业实体的成长轨迹进行实证研究，发现不同规模的实体与所提供就业岗位数量的相关度，以及其发展速度与时间和社会经济大环境之间的关联度，这将极大促进政府研究人员对创业带动就业规律的把握和利用①。

4. 基于层次分析法模型的服装进货排序案例

进货量的不科学安排会导致货物积压太多，造成亏本。因此，基于层次分析法模型解决进货量排序的问题，可以提供科学的进货决策依据。

运用层次分析法将定性问题转化成定量问题，构造衣料成分、品牌及预售价格等因素的成对比较矩阵，即这 5 个因素关于不同服装类别间的成对比较矩阵，将该决策问题分为目标层、准则层 1、准则层 2、方案层 4 个层次。通过相互比较，确定各准则对于目标的权重，及各个方案对于每一准则的权重，并运用 Matlab 软件求得每一个成对比较矩阵的最大特征根和权限向量。将方案层对于准则层的权重，两准则层间的权重及准则层对于目标层的权重进行综合分析，计算出方案层对目标层的权重。经组合一致性检验，最终确定出 5 类服装的进货量由大到小的排序。

一个服装专卖店欲购置一些新的衣服来卖，经过筛选，店主看上 5 款新衣服，服装编号为 A、B、C、D、E。此 5 类服装的各项指标如表 2.3 所示。

---

① 万江涛. 创业学[M]. 北京：现代教育出版社，2007.

表 2.3　服装的各项指标

服装类别	A	B	C	D	E
1. 花色样式	较流行	流行	较流行	较流行	较流行
2. 耐穿度	好	良好	一般	好	好
3. 预售价格	200～300 元	100～150 元	300～400 元	240～320 元	160～240 元
4. 品牌	一线品牌	二线品牌	一线品牌	一线品牌	二线品牌
5. 衣料成分	纯棉	普通化纤	丝绸	棉麻	80%棉,20%化纤

我们请来三位专家为我们参谋,希望专家给出进货意见,对此 5 类服装的进货量由大到小排序,但是三位专家对服装的指标各有偏好,专家一偏好顺序为 1、5、(2、3、4),专家二偏好顺序为 2、1、5、(3、4),专家三偏好顺序为 3、2、1、(4、5)。括号内的为同等偏好。

基本假设:

(1) 三位专家给出的进货意见权重相同;

(2) 各类服装的各项指标固定不变,不随市场波动而变化;

(3) 模型对各层中元素相互间的影响量化准确。

符号说明:

x_i:第 i 个影响因素。

a_{ij}:x_i 与 x_j 的重要性之比。

$A=(a_{ij})_{n\times n}$:n 阶成对比较矩阵。

CI:一致性指标。

CR:一致性比例。

RI:平均随机一致性指标 RI。

$w^{(k)}$:第 k 层对第 1 层的组合权向量。

$W^{(k)}$:第 k 层对第 $k-1$ 层的权向量作为列向量而组成的矩阵。

在深入分析服装销售问题的基础上,将有关的各个影响因素按照不同属性自上而下分为 4 层。

第一层:目标层 Z,即对 5 类服装的进货量的排序 Z。

第二层:准则层 A,即专家一 A_1、专家二 A_2、专家三 A_3。

第三层:准则层 B,即花色样式 B_1、耐穿度 B_2、预售价格 B_3、品牌 B_4、衣料成分 B_5。

第四层:方案层 C,即服装 A 类 C_1、服装 B 类 C_2、服装 C 类 C_3、服装 D 类 C_4、服装 E 类 C_5。

建立结构图如图 2.3 所示。

构造成对比较矩阵:

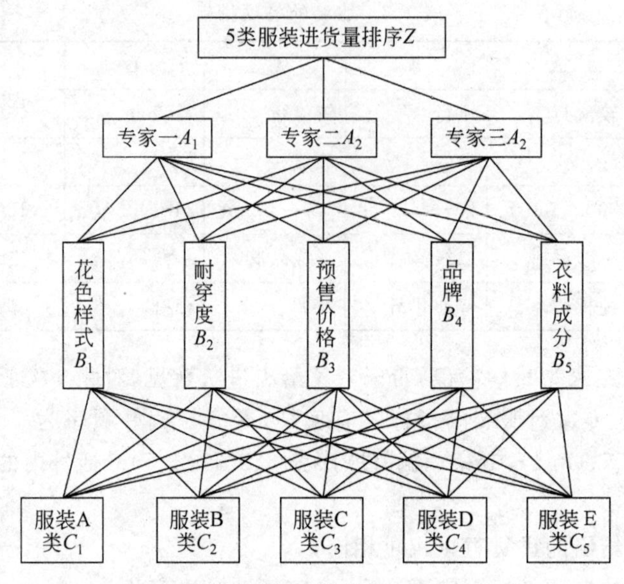

图 2.3　结构图

面对的决策问题：要比较 n 个因素 $x_1,x_2,\cdots,x_n$ 对目标 Z 的影响。我们要确定它们在 Z 中的权重，即这 n 个因素对目标 Z 的相对重要性。我们用两两比较的方法将各因素的重要性量化。

每次取两个因素 x_i 和 x_j，用正数 a_{ij} 表示 x_i 与 x_j 的重要性之比。全部比较结果得到的矩阵 $A=(a_{ij})_{n\times n}$ 称为成对比较矩阵。显然有

$$a_{ij}=\frac{1}{a_{ji}},\quad a_{ij}>0,i,j=1,2,\cdots,n$$

在选取 a_{ij} 的时候，用数字 $1,2,\cdots,9$ 及其倒数 $\frac{1}{2},\frac{1}{3},\cdots,\frac{1}{9}$ 作为标度，其意义如表 2.4 所示。

表 2.4　a_{ij} 的意义

x_i 与 x_j	重要性相同	稍相同	重要	很重要	绝对重要
a_{ij}	1	3	5	7	9

在每两个等级之间有一个中间状态，a_{ij} 可分别取值 2,4,6,8。

一致性检验：

成对比较矩阵的不一致性是不可避免的，但只要它的不一致性不是很严重，我们是可以接受的。衡量可接受的指标以及寻求该指标的方法如下。

(1) 计算一致性指标 CI 用来衡量矩阵的不一致程度：$\mathrm{CI}=\frac{\lambda_{\max}-n}{n-1}$，其中，$\lambda_{\max}$ 为矩阵

最大特征值。

(2) 查找相应的平均随机一致性指标 RI。对 $n=1,\cdots,9$,RI 的值如表 2.5 所示。

表 2.5　RI 的取值大小

N	**1**	**2**	**3**	**4**	**5**	**6**	**7**	**8**	**9**
RI	0	0	0.58	0.90	1.12	1.24	1.32	1.41	1.45

(3) 计算一致性比例:

$$\mathrm{CR}=\frac{\mathrm{CI}}{\mathrm{RI}}$$

结论:当 $\mathrm{CR}<0.1$ 时,认为矩阵的不一致性是可以接受的,当 $\mathrm{CR}\geqslant 0.1$ 时,则应该修改比较矩阵直至达到可接受为止。

(4) 计算权向量与组合权向量并做组合一致性检验。

对于三个层次的决策问题,若第 1 层只有 1 个因素,第 2、第 3 层分别有 m 个因素,记第 2、第 3 层对第 1、第 2 层的权向量分别为

$$\boldsymbol{w}^{(2)}=(w_1^{(2)},\cdots,w_n^{(2)})^{\mathrm{T}}$$

$$\boldsymbol{w}_k^{(3)}=(w_{k1}^{(3)},\cdots,w_{km}^{(3)})^{\mathrm{T}},\quad k=1,2,\cdots,n$$

以 $w_k^{(3)}$ 列向量构成矩阵:

$$\boldsymbol{w}^{(3)}=[w_1^{(3)},\cdots,w_n^{(3)}]$$

则第 3 层对第 1 层的组合权向量为

$$\boldsymbol{w}^{(3)}=\boldsymbol{W}^{(3)}\boldsymbol{w}^{(2)}$$

更一般地,若共有 s 层,则第 k 层对第 1 层的组合权向量满足

$$\boldsymbol{w}^{(k)}=\boldsymbol{W}^{(k)}\boldsymbol{w}^{(k-1)},\quad k=3,4,\cdots,s$$

其中,$W^{(k)}$ 是以第 k 层对第 $k-1$ 层的权向量为列向量组成的矩阵,于是最下层(第 s 层)对最上层的组合权向量为

$$\boldsymbol{w}^{(s)}=\boldsymbol{W}^{(s)}\boldsymbol{w}^{(s-1)}\cdots\boldsymbol{W}^{(3)}\boldsymbol{w}^{(2)}$$

组合一致性检验可逐层进行。若第 p 层的一致性指标为 $\mathrm{CI}_1^{(p)},\cdots,\mathrm{CI}_n^{(p)}$($n$ 是第 $p-1$ 层因素的数目),随机一致性指标为 $\mathrm{RI}_1^{(p)},\cdots,\mathrm{RI}_n^{(p)}$,定义:

$$\mathrm{CI}^{(p)}=[\mathrm{CI}_1^{(p)},\cdots,\mathrm{CI}_n^{(p)}]w^{(p-1)}$$

$$\mathrm{RI}^{(p)}=[\mathrm{RI}_1^{(p)},\cdots,\mathrm{RI}_n^{(p)}]w^{(p-1)}$$

则第 p 层的组合一致性比率为

$$\mathrm{CR}^{(p)}=\frac{\mathrm{CI}^{(p)}}{\mathrm{RI}^{(p)}},\quad p=3,4,\cdots,s$$

第 p 层通过组合一致性检验的条件为 $\mathrm{CR}^{(p)}<0.1$。

定义最下层(第 s 层)对第 1 层的组合一致性比率为

$$\mathrm{CR}^{*} = \sum_{p=2}^{s} \mathrm{CR}^{(p)}$$

仅当 CR* 适当的小时，才认为整个层次的比较性判断通过一致性检验。

比较准则层 1 中三位专家对目标进货量的影响，可构造成对比较矩阵 $\boldsymbol{A}_1 = \begin{bmatrix} 1 & 1 & 1 \\ 1 & 1 & 1 \\ 1 & 1 & 1 \end{bmatrix}$，准则层 2 中，5 种服装指标对准则层 1 中三位专家的进货意见影响，可构造成对比较矩阵：

$$\boldsymbol{B}_1 = \begin{bmatrix} 1.0000 & 5.0000 & 5.0000 & 5.0000 & 2.0000 \\ 0.2000 & 1.0000 & 1.0000 & 1.0000 & 0.3333 \\ 0.2000 & 1.0000 & 1.0000 & 1.0000 & 0.3333 \\ 0.2000 & 1.0000 & 1.0000 & 1.0000 & 0.3333 \\ 0.5000 & 3.0000 & 3.0000 & 3.0000 & 1.0000 \end{bmatrix}$$

$$\boldsymbol{B}_2 = \begin{bmatrix} 1.0000 & 0.5000 & 4.0000 & 4.0000 & 3.0000 \\ 2.0000 & 1.0000 & 6.0000 & 6.0000 & 5.0000 \\ 0.2500 & 0.1667 & 1.0000 & 1.0000 & 0.5000 \\ 0.2500 & 0.1667 & 1.0000 & 1.0000 & 0.5000 \\ 0.3333 & 0.2000 & 2.0000 & 2.0000 & 1.0000 \end{bmatrix}$$

$$\boldsymbol{B}_3 = \begin{bmatrix} 1.0000 & 0.3333 & 0.2500 & 2.0000 & 2.0000 \\ 3.0000 & 1.0000 & 0.5000 & 5.0000 & 5.0000 \\ 4.0000 & 2.0000 & 1.0000 & 6.0000 & 6.0000 \\ 0.5000 & 0.2000 & 0.1667 & 1.0000 & 1.0000 \\ 0.5000 & 0.2000 & 0.1667 & 1.0000 & 1.0000 \end{bmatrix}$$

方案层中，服装类别对准则层 2 中 5 种服装指标的影响，可构造成对比较矩阵：

$$\boldsymbol{C}_1 = \begin{bmatrix} 1.0000 & 0.5000 & 1.0000 & 1.0000 & 1.0000 \\ 2.0000 & 1.0000 & 2.0000 & 2.0000 & 2.0000 \\ 1.0000 & 0.5000 & 1.0000 & 1.0000 & 1.0000 \\ 1.0000 & 0.5000 & 1.0000 & 1.0000 & 1.0000 \\ 1.0000 & 0.5000 & 1.0000 & 1.0000 & 1.0000 \end{bmatrix}$$

$$\boldsymbol{C}_2 = \begin{bmatrix} 1.0000 & 2.0000 & 3.0000 & 1.0000 & 1.0000 \\ 0.5000 & 1.0000 & 2.0000 & 0.5000 & 0.5000 \\ 0.3333 & 0.5000 & 1.0000 & 0.3333 & 0.3333 \\ 1.0000 & 2.0000 & 3.0000 & 1.0000 & 1.0000 \\ 1.0000 & 2.0000 & 3.0000 & 1.0000 & 1.0000 \end{bmatrix}$$

$$
\boldsymbol{C}_3 = \begin{bmatrix} 1.0000 & 4.0000 & 0.3333 & 1.0000 & 1.0000 \\ 0.2500 & 1.0000 & 0.1429 & 0.2000 & 0.5000 \\ 3.0000 & 7.0000 & 1.0000 & 2.0000 & 5.0000 \\ 1.0000 & 5.0000 & 0.5000 & 1.0000 & 2.0000 \\ 1.0000 & 2.0000 & 0.2000 & 0.5000 & 1.0000 \end{bmatrix}
$$

$$
\boldsymbol{C}_4 = \begin{bmatrix} 1.0000 & 2.0000 & 1.0000 & 1.0000 & 2.0000 \\ 0.5000 & 1.0000 & 0.5000 & 0.5000 & 1.0000 \\ 1.0000 & 2.0000 & 1.0000 & 1.0000 & 2.0000 \\ 1.0000 & 2.0000 & 1.0000 & 1.0000 & 2.0000 \\ 0.5000 & 1.0000 & 0.5000 & 0.5000 & 1.0000 \end{bmatrix}
$$

$$
\boldsymbol{C}_5 = \begin{bmatrix} 1.0000 & 3.0000 & 0.5000 & 5.0000 & 2.0000 \\ 0.3333 & 1.0000 & 0.2500 & 2.0000 & 0.5000 \\ 2.0000 & 4.0000 & 1.0000 & 6.0000 & 3.0000 \\ 0.2000 & 0.5000 & 0.1667 & 1.0000 & 0.3333 \\ 0.5000 & 2.0000 & 0.3333 & 3.0000 & 1.0000 \end{bmatrix}
$$

然后进行成对比较矩阵的一致性检验。首先计算上述各成对比较矩阵的一致性指标 CI：

$$
\begin{aligned}
&\mathrm{CI}_A = 0, \\
&\mathrm{CI}_B = (0.0010 \quad 0.0105 \quad 0.0092) \\
&\mathrm{CI}_C = (0 \quad 0.025 \quad 0.0210 \quad 0 \quad 0.0116)
\end{aligned}
$$

接下来，计算上述各成对比较矩阵的一致性比例 CR：

$$
\begin{aligned}
&\mathrm{CR}_A = 0 \\
&\mathrm{CR}_B = (0.0009 \quad 0.0094 \quad 0.0083) \\
&\mathrm{CR}_C = (0 \quad 0.0022 \quad 0.0187 \quad 0 \quad 0.0103)
\end{aligned}
$$

综上可得，各层的一致性检验全部通过，故上述各成对比较矩阵的不一致程度在容许范围之内，可用其特征向量作为权向量。

通过 Matlab 软件，计算上述各成对比较矩阵的权向量或以权向量为列向量构成的矩阵：

$$
\boldsymbol{w}^{(2)} = \begin{bmatrix} 0.3333 \\ 0.3333 \\ 0.3333 \end{bmatrix} \quad \boldsymbol{W}^{(3)} = \begin{bmatrix} 0.4683 & 0.2761 & 0.1164 \\ 0.0902 & 0.4763 & 0.3012 \\ 0.0902 & 0.0673 & 0.4546 \\ 0.0902 & 0.0673 & 0.0639 \\ 0.2612 & 0.1130 & 0.0639 \end{bmatrix}
$$

$$
\boldsymbol{W}^{(4)}=\begin{bmatrix}0.1667 & 0.2599 & 0.1670 & 0.2500 & 0.2686\\ 0.3333 & 0.1382 & 0.0506 & 0.1250 & 0.0951\\ 0.1667 & 0.0820 & 0.4540 & 0.2500 & 0.4247\\ 0.1667 & 0.2599 & 0.2143 & 0.2500 & 0.0554\\ 0.1667 & 0.2599 & 0.1141 & 0.1250 & 0.1562\end{bmatrix}
$$

由下列公式：

$$
\boldsymbol{w}^{(4)}=\boldsymbol{W}^{(4)}\boldsymbol{w}^{(3)}
$$
$$
\boldsymbol{w}^{(3)}=\boldsymbol{W}^{(3)}\boldsymbol{w}^{(2)}
$$

可以得到第 4 层对第 1 层的组合权向量：

$$
\boldsymbol{w}^{(4)}=(0.2147\quad 0.169\quad 0.2447\quad 0.1933\quad 0.1783)^{\mathrm{T}}
$$

通过 Matlab 作图可得到各类服装的进货比例饼状图，如图 2.4 所示。

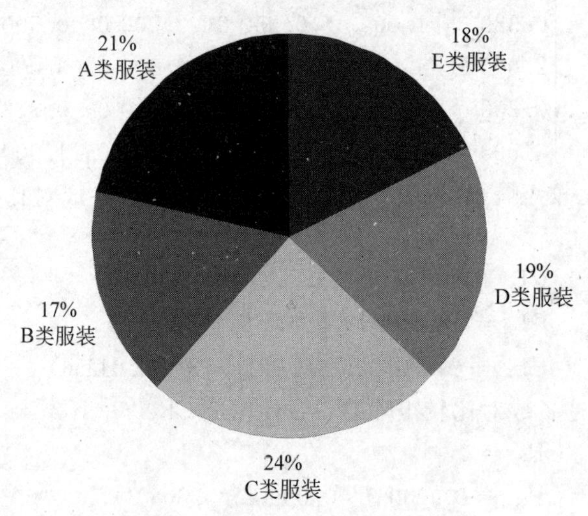

图 2.4　各类服装的进货比例图

组合一致性检验：

(1) 第 2 层组合一致性检验：

由公式：$\mathrm{CI}^{(2)}=\mathrm{CI}_A\mathrm{RI}^{(2)}=\mathrm{RI}_A,\mathrm{CR}^{(2)}=\dfrac{\mathrm{CI}^{(2)}}{\mathrm{RI}^{(2)}}$

可以得到第 2 层组合一致性比率：

$$
\mathrm{CR}^{(2)}=0
$$

(2) 第 3 层组合一致性检验：

由公式：$\mathrm{CI}^{(3)}=\mathrm{CI}_B w^{(2)}$，$\mathrm{RI}^{(3)}=\mathrm{RI}_B w^{(2)},\mathrm{CR}^{(3)}=\dfrac{\mathrm{CI}^{(3)}}{\mathrm{RI}^{(3)}}$可以得到第 3 层组合一致性比率：

$$CR^{(2)} = 0.0079$$

(3) 第 4 层组合一致性检验：

由公式：$CI^{(4)} = CI_C w^{(3)}$，$RI^{(4)} = RI_C w^{(3)}$，$w^{(3)} = W^{(3)} w^{(2)}$，$CR^{(4)} = \frac{CI^{(4)}}{RI^{(4)}}$可以得到第 4 层组合一致性比率：

$$CR^{(4)} = 0.0074$$

因前面各层的组合一致性比率均小于 0.1，故一致性检验通过。前面得到的组合权向量 $w^{(4)}$ 可以作为最终决策的依据。运用层次分析法对服装进货量排序，不仅可以得出影响服装销售的各因素的相对重要程度，而且有助于评价各因素的作用和影响，为更好的服装进货决策制定起支持和指导方案。

2.8.2　基于多层次灰色评价模型的认知度评估

1. 确定评价灰类和对应白化权函数

以西安市大学生对自主创业支持体系的认知度调查数据情况为依据，本节一共确立了 5 个评价灰类，这 5 个评价灰类分别是“非常清楚”“比较清楚”“了解”“一般”“不知道”。同时，对 5 个评价灰类所对应的标准进行赋值，从而确定“非常清楚”灰类对应的标准是 9 分、“比较清楚”灰类对应的标准是 7 分、“了解”灰类对应的标准是 5 分、“一般”灰类对应的标准是 3 分、“不知道”灰类对应的标准是 1 分，然后将介于两个相邻等级之间的等级定义为弱评价指标等级，弱评价指标等级对应的标准评分从高到低依次为 8.5 分、6.5 分、4.5 分和 2.5 分。并对所建立的自主创业支持体系的认知度的评价灰类和白化权函数定义如下。

“非常清楚”($e=1$)灰类的灰数为$\otimes 1 \in [0, 9, \infty]$；对应的白化权函数如下所示：

$$f_1(d_{ijk}) = \begin{cases} \dfrac{d_{ijk}}{9} & 0 \leqslant d_{ijk} \leqslant 9 \\ 1 & d_{ijk} \geqslant 9 \\ 0 & \text{其他} \end{cases} \tag{2.37}$$

“比较清楚”($e=2$)灰类的灰数为$\otimes 2 \in [0, 7, 14]$；对应的白化权函数如下所示：

$$f_2(d_{ijk}) = \begin{cases} 1 & 0 \leqslant d_{ijk} \leqslant 7 \\ \dfrac{14 - d_{ijk}}{7} & 7 \leqslant d_{ijk} \leqslant 14 \\ 0 & \text{其他} \end{cases} \tag{2.38}$$

“了解”($e=3$)灰类的灰数为$\otimes 3 \in [0, 5, 10]$；对应的白化权函数如下所示：

$$f_3(d_{ijk}) = \begin{cases} 1 & 0 \leqslant d_{ijk} \leqslant 5 \\ \dfrac{10 - d_{ijk}}{5} & 5 \leqslant d_{ijk} \leqslant 10 \\ 0 & \text{其他} \end{cases} \tag{2.39}$$

"一般"($e=4$)灰类的灰数为$\otimes 4 \in [0,3,6]$;对应的白化权函数如下:

$$f_4(d_{ijk}) = \begin{cases} 1 & 0 \leqslant d_{ijk} \leqslant 3 \\ \dfrac{6-d_{ijk}}{3} & 3 \leqslant d_{ijk} \leqslant 6 \\ 0 & \text{其他} \end{cases} \tag{2.40}$$

"不知道"($e=5$)灰类的灰数为$\otimes 5 \in [0,1,3]$;对应的白化权函数如下:

$$f_5(d_{ijk}) = \begin{cases} 1 & 0 \leqslant d_{ijk} \leqslant 1 \\ \dfrac{3-d_{ijk}}{2} & 1 \leqslant d_{ijk} \leqslant 3 \\ 0 & \text{其他} \end{cases} \tag{2.41}$$

2. 确定灰色评价系数

对于评价指标V_{ij},设其属于第e个评价灰类的评价系数为X_{ije},计算公式如下:

$$X_{ije} = \sum_{k=1}^{p} f_e(d_{ijk}) \tag{2.42}$$

因此,当取"非常清楚"灰类,即$e=1$时

$$X_{111} = \sum_{k=1}^{228} f_1(d_{11k}) = f_1(5) + \cdots + f_1(7) + \cdots + f_1(3) + \cdots + f_1(1) + \cdots + f_1(9) = 109.58 \tag{2.43}$$

当取"比较清楚"灰类,即$e=2$时

$$X_{112} = \sum_{k=1}^{228} f_2(d_{11k}) = f_2(5) + \cdots + f_2(7) + \cdots + f_2(3) + \cdots + f_2(1) + \cdots + f_2(9) = 96.48 \tag{2.44}$$

当取"了解"灰类,即$e=3$时

$$X_{113} = \sum_{k=1}^{228} f_3(d_{11k}) = f_3(5) + \cdots + f_3(7) + \cdots + f_3(3) + \cdots + f_3(1) + \cdots + f_3(9) = 105.21 \tag{2.45}$$

当取"一般"灰类,即$e=4$时

$$X_{114} = \sum_{k=1}^{228} f_4(d_{11k}) = f_4(5) + \cdots + f_4(7) + \cdots + f_4(3) + \cdots + f_4(1) + \cdots + f_4(9) = 92.55 \tag{2.46}$$

当取"不知道"灰类,即$e=5$时

$$X_{115} = \sum_{k=1}^{228} f_5(d_{11k}) = f_5(5) + \cdots + f_5(7) + \cdots + f_5(3) + \cdots + f_5(1) + \cdots + f_5(9) = 32.74 \tag{2.47}$$

则评价指标 V_{ij} 的灰色评价系数

$$X_{ij} = \sum_{e=1}^{5} X_{ije} = X_{ij1} + X_{ij2} + X_{ij3} + X_{ij4} + X_{ij5} \tag{2.48}$$

因此

$$X_{11} = \sum_{e=1}^{5} X_{11e} = X_{111} + X_{112} + X_{113} + X_{114} + X_{115} = 436.56 \tag{2.49}$$

2.9　自主创业支持体系的响应度测算

2.9.1　认知与创业行为响应的一致性

对自主创业支持体系的认知程度往往影响大学生对创业行为的响应。在现阶段，对于大多数大学生，其对自主创业支持体系的认知还处在一个较低的水平，对创业支持政策也了解不清，创业者的热情并没有得到激发，从而难以形成创业促就业的良好氛围。

但研究中一个值得注意的现象是，大学生对自主创业支持体系的认知与响应具有较强的一致性，对支持体系认知程度较高的大学生，往往具有较强的创业意向并更乐于实践。对认知度评估研究中所涉及的调查问卷进行再次研究，对过去有过创业经历或者现在正在进行创业者问卷与无创业经历者问卷进行对比分析，一个显著的结论就是前者对创业支持体系的认知度高出后者近 3 个单位，而且对于那些认知度较高但还未创业者，其未来创业倾向也明显高于认知程度低的大学生①。

对自主创业支持体系的认知影响其创业行为响应，但创业行为响应又反过来促进其对支持体系的认知。认知与创业行为响应的一致性还体现在创业者对支持体系的评价更趋正面，而经常关注创业支持体系者，则对支持体系的期盼度更高，其中，87.4%的创业支持体系关注者认为高校有必要设立大学生创业课程学分并允许休学创业，84.4%认为应建立大学生创业实践基地，另有高达 90%的创业支持体系关注者经常参加校园的创业类活动。不同群体对自主创业支持体系评价与期盼，如表 2.6 所示。

表 2.6　不同群体对自主创业支持体系的评价与期盼

项　目	分　类	创业者或关注创业者	不关注创业者
对支持体系的评价	作用很大	58%	12%
	有一定作用，但要视具体问题而定	32%	20%
	根本没有作用，且操作性不强	3%	30%
	不清楚是否有作用	7%	38%

① 钟晓红. 大学生创业教育[M]. 北京：北京理工大学出版社，2010.

续表

项　　目	分　　类	创业者或关注创业者	不关注创业者
对支持体系的期盼	很有必要，因为大学生是弱势群体	85%	45%
	没有必要，大学生和社会人员一视同仁	9%	35%
	无可奉告	6%	20%

2.9.2　认知与创业行为响应存在的群体差异

大学生对自主创业支持体系的响应会因为其背景特征而有所差异，自主创业成功依赖于大学生的努力程度。教育部门在构建自主创业支持体系时，尤其更应该考虑大学生个体背景特征的差异，从而有针对性地制定差异化的支持政策。本部分着重探讨不同个体背景特征下，大学生对自主创业支持体系的认知与创业行为响应存在的群体差异。

(1) 不同性别大学生对支持体系认知程度及响应程度的方差分析如表 2.7 所示。

表 2.7　不同性别大学生对支持体系认知程度及响应程度的方差分析结果

	类别	样本数量	均值	标准差	*F* 值	显著性 Sig.
认知程度	男	119	5.46	0.651	3.44	0.063
	女	109	5.19	0.582		
响应程度	男	119	4.79	0.715	2.23	0.074
	女	109	4.54	0.536		

从表 2.7 可以看出，性别对大学生对支持体系的认知程度及响应程度都没有显著影响(显著性>0.05)。相比之下，男性大学生对支持体系的认知程度及响应程度都比女性要高，但总的来说得分比较接近。

(2) 不同学历大学生对支持体系的认知程度及响应程度的方差分析如表 2.8 所示。

表 2.8　不同学历大学生对支持体系的认知程度及响应程度的方差分析结果

	类别	样本数量	均值	标准差	*F* 值	显著性 Sig.
认知程度	专科	61	5.41	0.453	2.54	0.071
	本科	133	5.36	0.536		
	研究生	34	5.08	0.637		
响应程度	专科	61	4.76	0.466	1.87	0.067
	本科	133	4.67	0.397		
	研究生	34	4.51	0.686		

从表 2.8 可以看出，学历对大学生对支持体系的认知程度及响应程度都没有显著影响（显著性>0.05）。相比之下，专科学历大学生对支持体系的认知程度和响应程度最高，而硕士学历的大学生对支持体系的认知程度以及响应程度最低，但各类大学生的相关得分都比较接近。

（3）不同年级大学生对支持体系的认知程度及响应程度的方差分析如表 2.9 所示。

表 2.9　不同年级大学生对支持体系的认知程度及响应程度的方差分析结果

	类别	样本数量	均值	标准值	*F* 值	显著性 Sig.
认知程度	一年级	57	4.71	0.746	6.074	0.021
	二年级	61	4.90	0.465		
	三年级	55	5.41	0.688		
	四年级	46	6.58	0.616		
	五年级	9	5.31	0.465		
响应程度	一年级	57	4.21	0.466	1.756	0.147
	二年级	61	4.40	0.397		
	三年级	55	4.66	0.686		
	四年级	46	5.55	0.693		
	五年级	9	5.01	0.356		

（4）不同专业类别人学生对支持体系的认知程度及响应程度的方差分析如表 2.10 所示。

表 2.10　不同专业类别大学生对支持体系的认知程度及响应程度的方差分析结果

	类别	样本数量	均值	标准差	*F* 值	显著性 Sig.
认知程度	文史哲	11	4.80	0.564	12.57	0.000
	理工科	87	4.70	0.452		
	经济管理	91	6.01	0.552		
	医药	21	5.15	0.536		
	农林	12	5.44	0.734		
	其他	6	5.51	0.636		
响应程度	文史哲	11	3.97	0.561		
	理工科	87	3.85	0.389		

续表

	类别	样本数量	均值	标准差	*F* 值	显著性 Sig.
响应程度	经济管理	91	5.66	0.661	13.54	0.000
	医药	21	4.25	0.572		
	农林	12	4.54	0.683		
	其他	6	4.61	0.564		

从表 2.10 可看出，专业类别对大学生自主创业支持体系的认知程度及响应程度都有显著影响(显著性＜0.05)。经济管理类大学生对自主创业支持体系的实际认知以及响应程度最高，理工科学生对自主创业支持体系的实际认知和响应程度较低。

(5) 不同所在高校大学生对支持体系的认知程度及响应程度的方差分析如表 2.11 所示。

表 2.11　不同所在高校大学生对自主创业支持体系的认知程度及响应程度的方差分析结果

	类别	样本数量	均值	标准差	*F* 值	显著性 Sig.
认知程度	部属高校	56	4.86	0.688	6.973	0.025
	省属高校	85	4.98	0.543		
	市属高校	39	5.24	0.337		
	民办高校	48	6.58	0.746		
响应程度	部属高校	56	4.05	0.623	2.137	0.134
	省属高校	85	4.58	0.617		
	市属高校	39	4.84	0.532		
	民办高校	48	5.41	0.654		

从表 2.11 可看出，所在高校对大学生对自主创业支持体系的认知程度有显著影响(显著性＜0.05)。

(6) 不同家庭所在地大学生对自主创业支持体系认知程度及响应程度的方差分析如表 2.12 所示。

从表 2.12 可看出，家庭所在地对大学生对自主创业支持体系的认知程度及响应程度均有显著影响(显著性＜0.05)。城市籍的大学生对自主创业支持体系的认知程度及响应程度要明显高于农村籍的大学生。

(7) 不同家庭年经济收入大学生对自主创业支持体系的认知程度及响应程度的方差分析如表 2.13 所示。

表 2.12　不同家庭所在地大学生对自主创业支持体系的认知程度及响应程度的方差分析结果

	类别	样本数量	均值	标准差	*F* 值	显著性 Sig.
认知程度	农村	73	5.03	0.578	12.834	0.000
	小城镇	75	5.31	0.655		
	中等城市	57	5.48	0.631		
	大城市	23	5.98	0.553		
响应程度	农村	73	4.13	0.633	17.897	0.000
	小城镇	75	4.63	0.626		
	中等城市	57	4.89	0.513		
	大城市	23	5.97	0.565		

表 2.13　不同家庭年经济收入大学生对自主创业支持体系的认知程度及响应程度的方差分析结果

	类别	样本数量	均值	标准差	*F* 值	显著性 Sig.
认知程度	1 万元以下	34	5.47	0.682	1.874	0.132
	1 万～3 万元	71	4.15	0.434		
	3 万～6 万元	68	5.65	0.626		
	6 万～10 万元	29	6.04	0.305		
	10 万元以上	26	6.74	0.696		
响应程度	1 万元以下	34	3.24	0.655	14.447	0.000
	1 万～3 万元	71	4.59	0.617		
	3 万～6 万元	68	4.55	0.305		
	6 万～10 万元	29	5.24	0.627		
	10 万元以上	26	6.44	0.629		

从表 2.13 可看出，家庭年经济收入对大学生对自主创业支持体系的认知程度没有显著影响（显著性＞0.05）。其中，家庭年经济收入 1 万～3 万元的大学生对自主创业支持体系的认知程度最低，而家庭年经济收入 10 万元以上的大学生对自主创业支持体系的认知程度最高。

而家庭年经济收入对大学生对自主创业支持体系响应程度有显著影响（显著性＜0.05）。

数据显示，家庭年经济收入 1 万元以下的大学生的响应程度最低，而家庭年经济收入

10 万元以上的大学生的响应程度最高[①]。

(8) 不同父母职业类别大学生对自主创业支持体系的认知程度及响应程度的方差分析如表 2.14 所示。

表 2.14　不同父母职业类别大学生对自主创业支持体系的认知程度及响应程度的方差分析结果

	类别	样本数量	均值	标准差	*F* 值	显著性 Sig.
认知程度	工人	71	5.22	0.638	12.863	0.000
	农民	79	4.95	0.616		
	商人	45	6.14	0.519		
	公务员	33	5.37	0.561		
响应程度	工人	71	4.39	0.689	15.678	0.000
	农民	79	4.31	0.556		
	商人	45	5.83	0.552		
	公务员	33	4.55	0.545		

从表 2.14 可看出，父母职业类别对大学生对自主创业支持体系的认知程度及响应程度均有显著影响(显著性<0.05)。父母职业类别为商人的大学生对自主创业支持体系的认知程度及响应程度要明显高于父母为其他职业类别的大学生。

2.10　自主创业中基于复杂适应系统的综合评价模型

2.10.1　自主创业中的烘焙点心案例

1. 案例分析

下面以自主创业中的烘焙点心案例为例。

由于新鲜烘焙点心的采购比较敏感，保质期很短，口味要好，价格还要合理，所以，自主创业团队在全校 10 个院系发放了 450 份问卷调查，收回 362 份，由于喜欢新鲜烘焙点心的女生较多，因此调查样本中女生占了大多数，具体指标如表 2.15 所示。

从表 2.15 中可以看出，学生的消费普遍都在千元以上，都具备聚会消费的能力；但能承受的人均消费价格都在 20 元以内，因此点心的价格不能高；从学生的聚会时间和人数来看，基本以小范围聚会为主，而且都偏好晚上，因此保质期短的点心在晚上的打折肯定大受欢迎。

---

① 王小兵，罗珍. 大学生创业基础[M]. 北京：清华大学出版社，2009.

表 2.15　问卷调查指标统计表

指标描述		人数	比例
性别	男	93	25.7%
	女	269	74.3%
每月生活费	1 000 元以下	44	12.2%
	1 000～2 000 元	286	79%
	2 000 元以上	32	8.8%
同学聚会次数	每周 1～2 次	29	8%
	每半月 1～2 次	42	11.6%
	每月 1～2 次	125	34.5%
	不确定	166	45.9%
可承受人均消费价格	20 元以下	193	53.3%
	20～30 元	99	27.4%
	30～40 元	54	14.9%
	40 元以上	16	4.4%
理想聚会人数	2 人	178	49.2%
	3～6 人	165	45.6%
	6 人以上	19	5.2%
理想聚会时间	中午	13	3.6%
	下午	118	32.6%
	晚上	231	63.8%

在以上定性分析的基础上，如何确定每天点心的采购数量，从而获得最大的销售利润成为创业者必须思考的问题，这就需要借助数学建模方法进行定量分析。由于此时采购数量即进货量只能取正整数，相应的模型是离散型模型，其目标函数不具有连续性和可导性，因而不能对目标函数进行简单的求导、求最值，那么就需要寻找一些特殊的算法。

2. 模型建立及求解

团队通过与某品种比较丰富的烘焙点心供应商沟通，取得了一些价格优惠，但进货价格主要取决于点心的采购数量 Q，进货价格 $G(Q)$ 协议如下：

$$G(Q)=\begin{cases}5 & 0<Q\leqslant 100\\ 4.5 & 100<Q\leqslant 200\\ 4 & Q>200\end{cases} \tag{2.50}$$

初步拟定蛋糕的销售价格为 6 元,但如果当天无法销售完,就要在每晚 7 点后以 3 元的价格打折销售,且以该价格售出一定能售完。

本计划中的进货价格是和采购数量相关的一个分段函数,针对这个问题,借助报童卖报这一经典的数学建模实例,通过数学建模的方法帮助进行采购决策。假设点心的正常销售价格为 C_P,当天没有售完,亏本的销售价格为 C_d,所以每销售一份点心可以赚取的利润是 $k=C_P-G(Q)$。如果卖不完,每晚 7 点开始打折销售,每份点心将亏本 $h=G(Q)-C_d$。假设实际每天的销售量为 x,并且 x 是一个离散型的随机变量。由概率论知识可知,点心的销售量 x 服从泊松分布。假设它的概率密度函数为 $P(x)$,分布函数为 $F(x)$,根据试营业期间的统计经验,该密度函数的参数值为 150。由以上条件可计算出销售的利润函数 $M(x)$ 为

$$M(x)=\begin{cases}kQ & Q<x\\ kx-h(Q-x) & Q\geqslant x\end{cases} \tag{2.51}$$

那么,每天盈利的期望 $E(Q)$ 为

$$E(Q)=\sum_{x=0}^{Q}[kx-h(Q-x)]P(x)+\sum_{x=Q+1}^{\infty}kQP(x) \tag{2.52}$$

为了使每天的采购数量 Q 得到盈利期望的最大值,应满足下列关系式:

$$\begin{cases}E(Q)\geqslant E(Q+1)\\ E(Q)>E(Q-1)\end{cases} \tag{2.53}$$

从而得到

$$\sum_{x=0}^{Q-1}P(x)<\frac{C_P-G(Q)}{C_P-C_d}\leqslant\sum_{x=0}^{Q}P(x) \tag{2.54}$$

由于 $G(Q)$ 不是常数,所以最佳采购量 Q 的确定需要对每一种价格进行比较。将该创业计划中的数据代入计算,其中,$C_p=6$,$C_d=3$。

当 $0<Q\leqslant 100$ 时,由式(2.53),$\dfrac{C_P-G(Q)}{C_P-C_d}=0.333$,通过数学软件求得

$$F(144)=0.330\,6<0.333<F(145)=0.361\,1$$

其中,Q 的最佳值为 145,但该值不在此区间内,舍去。

当 $100<Q\leqslant 200$ 时,由式(2.53),$\dfrac{C_P-G(Q)}{C_P-C_d}=0.5$,$F(149)=0.489\,1<0.5<F(150)=0.527\,1$,求得最佳 Q 为 150。

当 $Q>200$ 时,由式(2.53),$\dfrac{C_P-G(Q)}{C_P-C_d}=0.667$,求得最佳 Q 为 154,但该值也不在此

区间内，舍去。

因此，点心的最佳采购量 Q 可以定为 150 个。

2.10.2　自主创业中的三个主要因素分析

1. 问题的提出

数据统计发现，创意、资金、团队是创业成功者必备的却也是让大学生在创业过程中困惑的三个因素，因此接下来我们将基于复杂适应系统，对影响大学生成功创业的三个主要因素进行分析，运用数学模型进行市场预测、财务分析、决策分析和利润评估；针对自主创业中的原材料采购问题，建立定量分析的数学模型，寻找基于复杂适应系统的最佳订货量，进而提升自主创业计划的科学性。

为了更加直观地将影响创业成功的三种主要因素所占权重表现出来，通过转换的数据得到以下表格(见表 2.16)。

表 2.16　影响因素所占调查权重

影响创业成功的因素	调查人数	所占权重
创意	1 744	0.291
资金	1 411	0.235
团队	1 972	0.329
其他(不考虑)	873	0.146

因此，在不考虑其他因素影响创业的前提下，团队所占权重最大为 0.329。资金权重最少占 0.235。

在调研中，通过保证资金，团队一致且处于良好状态(排除无关因素可能对调研产生影响)，提供不同的创意，其余外在因素比如创业氛围，学生自身身体素质等情况处于良好状态。通过实际调查及专业的评估，分析创业实施的新颖程度等级，将不同新颖程度的创业项目提供给相同团队(排除季节因素且每项创业花费时间相同)，确保团队的一致性，利用半年的时间进行资料的整理收集之后，得到对应的创业进度(见表 2.17)。

表 2.17　新颖程度对应的创业进度

新颖程度	0.2	0.25	0.3	0.35	0.4	0.45	0.5	0.55
创业进度	0.05	0.08	0.11	0.13	0.19	0.23	0.31	0.38
新颖程度	0.6	0.65	0.7	0.75	0.8	0.85	0.9	0.95
创业进度	0.42	0.52	0.58	0.68	0.78	0.85	0.97	0.99

2. 模型建立与分析

通过上面表格中的数据可知，其代数表达式可以视为线性回归方程。因此，新颖程度与创业进度的关系式可以设为 $y=ax^2+b$。

因为对应的这条抛物线经过互不相同的三点

所以 x_1, x_2, x_3 互不相等且 $\frac{y_2-y_1}{x_2-x_1} \neq \frac{y_3-y_1}{x_3-x_1}$

故其一定存在线性回归方程表达式，并且 x^2 的系数 a 为

$$\frac{y_1}{(x_1-x_2)(x_1-x_3)}+\frac{y_2}{(x_2-x_1)(x_2-x_3)}+\frac{y_3}{(x_3-x_1)(x_3-x_2)}$$

其中，x 为新颖程度；y 为创业进度。

由此可得不同新颖程度的创意与其对应创业进度的关系为

$$y=1.2x^2$$

接下来，为了建立相应的数学模型，给出下面的模型假设。

(1) 提供相同项目不同的资金。如果提供的资金少，对应的创业进度完成较少，如果提供的资金较多，对应的创业进度完成的较多。因此，一个对应的资金会得到一个固定的创业进度，即可采用线性回归模型。

(2) 在调查中团队两个方面一致，提供不同的资金，其余外在因素比如氛围、学生身体素质等情况处于良好状态。假设提供该团队相同的创意、不同的资金进行创业，得到对应的创业进度，见表 2.18。

表 2.18 资金与创业进度对应关系

资金/元	创业进度	资金/元	创业进度
1 000	1/10	5 500	10/21
1 500	3/20	6 000	17/27
2 000	1/5	6 500	13/20
2 500	27/100	7 000	24/35
3 000	31/99	7 500	5/7
3 500	9/20	8 000	77/100
4 000	13/25	8 500	17/23
4 500	9/20	9 000	91/100
5 000	51/99	10 000	1

通过分析上面表格中的数据可知，其代数表达式可以视为线性回归直线，不同资金与其对应的创业进度关系式为 $y=0.000\,1x$。

最后，为了得到不同等级的团队与其对应的创业进度关系模型，给出下面的模型假设。

(1) 如果提供相同的创意、相同的资金给不同的团队，对应的创业进度不同，一个对应的团队会得到一个固定的创业进度，即可采用线性回归模型。

(2) 在调查中，通过保证创意、资金两个方面一致，提供创业给不同的团队，其余外在因素比如氛围、学生身体素质等处于良好状态。

假设提供给该团队相同的资金、相同的创意进行项目的实施，可得到不同的创业进度(见表2.19)。

假设团队A～G等级依次为0.3，0.4，0.5，0.6，0.7，0.8，0.9；A1～G1等级分别为0.35，0.45，0.55，0.65，0.75，0.85，0.95。

表2.19　团队与创业进度对应关系

团队	创业进度	团队	创业进度
A	31/100	A1	17/50
B	11/25	B1	12/25
C	51/100	C1	57/100
D	3/5	D1	63/100
E	18/25	E1	3/4
F	81/100	F1	22/25
G	93/100	G1	97/100

通过分析上面表格中的数据可知，其代数表达式可以视为线性回归直线，不同等级的团队与其对应的创业进度关系为 $y=x$。

由上述数学模型可以看出，大学生创业的创意新颖程度与创业进度呈幂函数趋势发展，大力培养大学生的创业意识，可培养其发现创意的思维。同时现阶段互联网创业投入低，风险小，而带来的收益却是相当可观的。因此，在风险可控的情况下，积极鼓励大学生进行互联网创业，可快速培养大学生的创业意识。

另外，通过调查可以分析出，现如今的大学生创业进度与团队呈线性正相关，而这正是社会发展的趋势。正如30年前诺贝尔奖获得者中，团队合作的只占10%，而现在，团队合作取得成就的比例已达到60%，说明团队合作的方式已被人们接受，而且实践证明，要想快速有效地成功创业，团队合作比个人创业获得成功的概率更高。因此，锻炼大学生的团队意识会让大学生更好地实现创业，快速积累创业经验[①]。

① 肖军，陈柳. 大学生互联网创业的发展现状及对策研究[J]. 中国大学生就业，2013，12(20)：56-60.

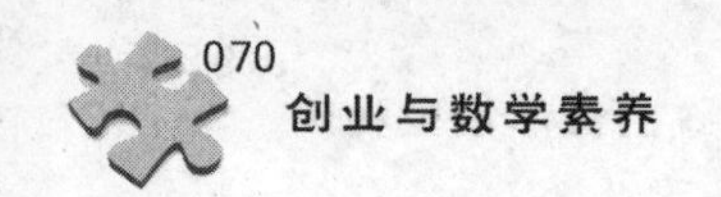

2.10.3 基于复杂适应系统的单因素模糊评价

单因素模糊评价是指单独从一个因素出发进行评价。$\boldsymbol{A}_{ij}$ 中每个评价指标的单因素矩阵(隶属关系矩阵)为:

$$\boldsymbol{R}_{ij}=\begin{bmatrix}R_{ij1}\\R_{ij2}\\\cdots\\R_{ijm}\end{bmatrix}=\begin{bmatrix}r_{ij11} & r_{ij12} & \cdots & r_{ij1n}\\r_{ij21} & & \cdots & \\\vdots & \vdots & \cdots & \vdots\\r_{ijm1} & r_{ijm1} & \cdots & r_{ijmn}\end{bmatrix}$$

其中,r_{ijvh} 为隶属函数,表示 A_{ij} 中第 i 个评价指标的第 j 个二级评价指标中第 v 个三级评价指标对于评价等级 $P_g(g=1,2,\cdots,n)$ 的隶属度。r_{ijvh} 的计算公式为

$$r_{ijvg}=\frac{C_g}{\sum_{g=1}^{n}C_g}$$

其中,C_g 为 A_{ij} 中第 i 个一级评价指标的第 j 个二级评价指标中第 v 个三级评价指标 a_{ijk} 被评价为第 g 种评价结果 $P_g(g=1,2,\cdots,n)$ 的专家人数。

2.10.4 基于复杂适应系统的综合因素模糊评价

1. 一级综合模糊评价

根据 $\boldsymbol{R}_{ij}$ 的算法,$\boldsymbol{A}_{ij}$ 中第 i 个一级评价指标的第 j 个二级评价指标的模糊综合评价结果为

$$\boldsymbol{F}_{ij}=\boldsymbol{D}_{ij}\times\boldsymbol{R}_{ij}=(x_{ij1},x_{ij1},\cdots,x_{ijm})\begin{bmatrix}R_{ij1}\\R_{ij2}\\\vdots\\R_{ijm}\end{bmatrix}=(F_{ij1},F_{ij2},\cdots,F_{ijm})$$

其中,$F_{ijv}=\sum_{v=1}^{m}x_{ijh}r_{ijvg}(g=1,2,\cdots,n)$。

2. 二级综合模糊评价

由上式可知,A_j 中 k 个评价指标的模糊评价矩阵为

$$\boldsymbol{R}_j=\begin{bmatrix}F_{i1}\\F_{i2}\\\cdots\\F_{ih}\end{bmatrix}=\begin{bmatrix}f_{i11} & f_{i12} & \cdots & f_{i1n}\\f_{ij21} & f_{i22} & \cdots & f_{i2n}\\\vdots & \vdots & \cdots & \vdots\\f_{ih1} & f_{ih2} & \cdots & f_{ihn}\end{bmatrix}$$

其中,f_{ijg} 为第 i 个评价指标的第 j 个二级评价指标对于评价等级 $P_g(g=1,2,\cdots,n)$ 的隶属度。

$$\boldsymbol{S}_i = \boldsymbol{D}_j \times \boldsymbol{R}_i = (x_{i1}, x_{i1}, \cdots, x_{i1}) \begin{bmatrix} F_{i1} \\ F_{i2} \\ \vdots \\ F_{ih} \end{bmatrix} = (S_{i1}, S_{i2}, \cdots, S_{in})$$

因此，A_j 中 k 个评价指标的模糊评价结果为 S_j。

3. 三级综合模糊评价

同理，可以计算出三级的综合模糊评价结果：

$$\boldsymbol{R} = \begin{bmatrix} S_{i1} \\ S_{i2} \\ \cdots \\ S_{ih} \end{bmatrix} = \begin{bmatrix} S_{11} & S_{12} & \cdots & S_{1n} \\ S_{21} & S_{22} & \cdots & S_{2n} \\ \vdots & \vdots & \cdots & \vdots \\ S_{k1} & S_{k2} & \cdots & S_{kn} \end{bmatrix}$$

$$T = D \cdot R = (x_1, x_2, \cdots, x_k) \begin{bmatrix} S_1 \\ S_2 \\ \vdots \\ S_k \end{bmatrix} = (t_1, t_2, \cdots, t_k)$$

这里 $t_g = \sum_{v=1}^{k} x_i S_{ig}$ 表示创业教育质量对评价等级 $P_g(g = 1, 2, \cdots, n)$ 的隶属度。

4. 结论

该自主创业案例中基于复杂适应系统的综合评价模型限于初期，采购的食品点心是按个计算的，故采用离散型的数学模型进行求解，并构建了一个可量化计算、涵盖各级指标的创业综合评价模型。

创业计划随着创业行为的逐步推进，后期可能会增加食品的种类，如蔬菜、肉类也会面临同样的采购问题，此时进货量是按重量计算的，进货量可以是任何值，销售利润就变成了进货量的一个连续函数，进而通过建立相应的连续型数学模型确定最佳订购量。

相较其他创业综合评价模型，上述数学模型更注重其在高校的适用性，以及每项评价的便利性与可得性。然而，创业活动本身瞬息万变，创业的内在规律也较为复杂，除了应继续纳入更多的创业参数对综合评价模型进行优化，也需要随着创业活动及创业教育的发展，不断地对该综合评价模型进行修正。

第3章 创业教育质量与创业投资项目的模糊数学评定

创业是实现自身价值、经济价值和社会价值的过程。相较于其他社会群体，大学生是创新创造精神的潜在拥有者，具有知识丰富、勇于探险和相对年龄优势等多维特性。与其他社会群体以生存为目的的创业存在显著差异，大学生自主创业多借助于所学方法和技能，侧重于创造出新产品、新服务，实现更高层次、更高水平的创业和价值。同时，大学生自主创业越来越多地受到社会的重视和支持。

创业教育作为一种培养"高素质、创造型"人才的先进教育方式，日益引起我国高等院校的重视。我国已经初步形成了"政府促进创业、市场驱动创业、学校助推创业、社会扶持创业、个人自主创业"的生动局面，创业在经济社会发展中的倍增效应日益凸显。与就业相比，大学生创业不仅能促进个体的自由发展，而且能为社会创造新的就业机会。

由于创业教育与创业投资项目的评定是一个动态的、复杂的过程，影响创业教育与创业投资项目的评定的因素很多，指标体系也很复杂，其中很多因素都具有不确定性和不精确性，多数指标都具有模糊性。为了推动大学生创业型就业，更加科学地建立创业教育与创业投资项目的评定指标，我们需要借助模糊数学来评定大学生创业教育与创业投资项目的质量，提出可行性对策，更加科学地描述复杂的现实对象，使评定结果更接近真实情况，进而使整个研究更加客观和科学，结果更具说服力和可信度。

3.1 模糊数学简介

模糊数学又称 Fuzzy 数学。"模糊"二字译自英文"Fuzzy"一词，该词除了有模糊的意思外，还有"不分明"等含意。模糊数学是研究和处理模糊性现象的一种数学理论和方法，究其根本就是从量上处理模糊情况，没有严格的界限划分而

使得很难用精确的尺子来刻画的现象的一门数学学科。

数量化的实质往往需要建立一个集合函数，进而以函数值来描述相应集合。传统的集合概念认为一个元素属于某集合，非此即彼、界限分明。根据集合论的要求，一个对象对应于一个集合，要么属于，要么不属于，二者必居其一，且仅居其一。这样的集合论本身并无法处理具体的模糊概念。

创业教育质量与创业投资项目的评定中存在着大量界限不明确的模糊现象，而传统的集合概念的明确性不能贴切地描述这些模糊现象，这就给创业教育质量评定过程的数量化带来困难。为了处理和分析这些“模糊”概念的数据，便产生了模糊集合论，后来经过种种努力，催生了模糊数学。

模糊概念不能用传统集合来描述，是因为不能绝对地区别“属于”或“不属于”，而只能问属于的程度，即论域上的元素符合概念的程度不是绝对的 0 或 1，而是介于 0 和 1 之间的一个实数，这一点动摇了传统数学对集合的理解，使模糊数学更加适合于评定创业教育与创业投资项目的质量。

图 3.1　扎德

模糊数学的理论基础是模糊集。模糊集的理论是于 1965 年由美国加州大学的数学家扎德(Lotfi Asker Zadeh，1921—2017)教授在他所发表的开创性论文《模糊集合》中首先提出来的(图 3.1)。

扎德在其论文中给出的模糊集定义为：

从论域 U 到闭区间[0,1]的任意一个映射：$\underset{\sim}{A}:U\rightarrow[0,1]$，对任意 $u\in U$，$u\xrightarrow{\underset{\sim}{A}}\underset{\sim}{A}(u)$，$\underset{\sim}{A}(u)\in[0,1]$，那么 $\underset{\sim}{A}$ 叫作 U 的一个模糊子集，$\underset{\sim}{A}(u)$叫作 u 的隶属函数，也记作 $\mu_{\underset{\sim}{A}}(u)$。

根据定义，可以知道所谓的模糊集合，实质上是论域 U 到[0,1]上的一个映射，而对于模糊子集的运算，实际上可以转换为对隶属函数的运算：

$$\underset{\sim}{A}=\varnothing\Leftrightarrow\mu_{\underset{\sim}{A}}(x)=0$$

$$\underset{\sim}{A}=U\Leftrightarrow\mu_{\underset{\sim}{A}}(x)=1$$

$$\underset{\sim}{A}\subseteq\underset{\sim}{B}\Leftrightarrow\mu_{\underset{\sim}{A}}(x)\leqslant\mu_{\underset{\sim}{B}}(x)$$

$$\underset{\sim}{A}=\underset{\sim}{B}\Leftrightarrow\mu_{\underset{\sim}{A}}(x)=\mu_{\underset{\sim}{B}}(x)$$

$$\overline{\underset{\sim}{A}}\Leftrightarrow\mu_{\underset{\sim}{A}}(x)=1-\mu_{\underset{\sim}{A}}(x)$$

$$\underset{\sim}{A}\cup\underset{\sim}{B}=\underset{\sim}{C}\Leftrightarrow\mu_{\underset{\sim}{C}}(x)=\max[\mu_{\underset{\sim}{A}}(x),\mu_{\underset{\sim}{B}}(x)]$$

$$\underset{\sim}{A}\cap\underset{\sim}{B}=\underset{\sim}{D}\Leftrightarrow\mu_{\underset{\sim}{D}}(x)=\min[\mu_{\underset{\sim}{A}}(x),\mu_{\underset{\sim}{B}}(x)]$$

假设给定有限论域 $U=\{a_1,a_2,\cdots,a_n\}$，则其模糊子集 $\underset{\sim}{A}$ 可以用扎德给出的表示法：

$$\underset{\sim}{A}=\frac{\mu_{\underset{\sim}{A}}(a_1)}{a_1}+\frac{\mu_{\underset{\sim}{A}}(a_2)}{a_2}+\cdots+\frac{\mu_{\underset{\sim}{A}}(a_i)}{a_i}+\cdots+\frac{\mu_{\underset{\sim}{A}}(a_n)}{a_n}$$

该式表示一个有 n 个元素的模糊子集。其中,“+”叫作扎德记号,不是求和;$a_i\in U(i=1,2,\cdots,n)$为论域里的元素;$\mu_{\underset{\sim}{A}}(a_i)$是 a_i 对 $\underset{\sim}{A}$ 的隶属函数,$0\leqslant\mu_{\underset{\sim}{A}}(a_i)\leqslant1$。

扎德教授的这篇开创性论文,奠定了模糊集理论与应用研究的基础,标志着模糊数学的诞生①。由于研究对象影响因素的不确定性或是模糊性,没有直接进行“非此即彼”的明确判断,承认了事物间还存在着中间过渡量使划分不确定,即“亦此亦彼”的模糊性。这就是模糊数学理论的一个特性。

论域 X 中模糊集合 A 的 α 截集$[A]^\alpha$ 可以由以下公式表示:

$$[A]^\alpha=\begin{cases}\{t\in X,A(t)\geqslant\alpha\}, & \alpha>0\\ \mathrm{cl(SuppA)}, & \alpha=0\end{cases}$$

上式中的cl(SuppA)指的是 A 的封闭支集。对于 $\alpha\in[0,1]$,若截集$[A]^\alpha$ 是 X 的一个凸子集,则在论域 X 中的模糊集合 A 被称为凸集合。当 α 的取值由 1 逐渐减小而趋于 0 时,截集$[A]^\alpha$ 逐渐向外扩展,从而得到一系列的普通集合。

对于截集 $\gamma\in[0,1]$,$[A]^\gamma$ 是属于实数集的一个封闭凸子集,

$$\alpha_1(\gamma)=\min[A]^\gamma,\quad \alpha_2(\gamma)=\max[A]^\gamma$$

其中,$\alpha_1(\gamma)$表示 γ 截集的左边界,$\alpha_2(\gamma)$表示 γ 截集的右边界。也可以将截集表示为:$[A]^\gamma=[\alpha_1(\gamma),\alpha_2(\gamma)]$。

所以模糊集合 A 的支撑(支集)就可以表示为一个开区间$(\alpha_1(0),\alpha_2(0))$。

模糊数字集合也可以看作是一种概率分布。如果 A 是属于 F 的一个模糊数字集合,x 是属于实数集的一个实数,那么隶属度函数 $A(x)$可以理解为是对 x 属于 A 的可能性程度描述。

由于模糊数学不同于以往数学的特点,使模糊数学的应用范围大大地扩展,目前它已经被广泛地应用到多个领域:农业、结构力学、气象、环境、医学、计算机等。

创业性决策环境充满了不确定性,这种不确定性由环境的动态性和复杂性共同构成,即环境变化速度的加快和环境要素的增加使得企业所处环境不确定性增加。环境动态性和复杂性的加剧导致了决策的结果以及结果的分布都难以预测,即不确定性。不确定性导致了决策目标的模糊性,因此传统以目标为导向的决策方式在这种情况下失效。在这样的创业决策环境下,创业结果与创业过程往往不能表现出因果的紧密联系,因此创业决策者需要通过模糊数学,根据事态的发展和不断出现的新情况,进行及时调整和处置。

---

① Zadeh L A. Soft computing and fuzzy logic[J]. IEEE Software, 1994, 11(6): 48-56.

3.2　创业教育质量的模糊数学评定

创业教育对就业难的缓解作用日益凸显，创业教育的重要性也日益提升，政府对创业教育的重视程度也日益增强。创业教育在我国还是一个新兴的领域，有很多地方需要向创业教育先进国家学习。同时，要不忘本国的特殊国情，在提高自身创业教育质量的同时，总结经验，建立科学、合理的大学生创业教育机制，提升我国大学生创业的综合能力。

1989年，联合国教科文组织在北京召开"面向21世纪教育国家研讨会"，会上第一次提出了"事业心和开拓教育"，后被翻译成现在我们所使用的"创业教育"概念。联合国教科文组织定义：创业教育从广义上来说培养具有开创性、创新性的个人，创业教育对已经就业的人同等重要，机构或个人除了要求雇员完成基本的工作以外，还越来越重视雇员的首创、创业和独立工作能力以及技术、社交、管理技能等。

综上所述，作者将创业教育定义为：创业教育是开发学生潜能、培养其成为一个企业家型的"复合人才"的教育，不但重视其创新和创业能力，更多的从社会需要的角度培养适合社会需要的企业管理全面人才。其主要是通过多种手段，使学生掌握到创建一个企业的技能和知识，且具有一个企业家应有的品质和素质。创业教育本质上是一种素质教育，它的目标不是单一地去创建新的企业，创业教育的目标更多的是要求创业者有一种创业、创新精神，而这种精神正是中国人所或缺的。要建立一个企业，不但要知道其中的运营方式、方法、相关法律程序，还需要有敢于尝试的精神、团队相互协作的精神、面对困难勇往直前的精神。而我们的创业教育的教授方式目前还仅局限于开办企业一般程序和运营方式，但是却对创业教育目标有所忽略，缺乏对创业者精神的教育与培养。

通过在校期间系统而完备的创业教育，培养当代大学生树立正确的创业观念，并使之具有完备的创业技能，以创业带动创业、以创业带动就业，进而推动整个社会的发展；改革高校创业教育方式，推进高校创业教育发展；政府调整创业教育支持政策，积极扶持高校创业教育；加强校企合作，丰富高校创业教育教学方式；形成适合创业教育发展的校园环境，从校园文化上改变创业教育的地位；高校大学生改变自身思想及专业局限，积极锻炼自身多方面能力；创新高校创业教育质量评定机制，及时监控高校创业教育实施成效[①]。

创业教育中，需要激励学生强烈的创业欲望，激发其创业热情；同时，还需要培养学生

① 冯艳飞，童晓玲．研究型大学创新创业教育质量评价模型与方法[J]．华中农业大学学报(社会科学版)，2013，1(1)：122-128.

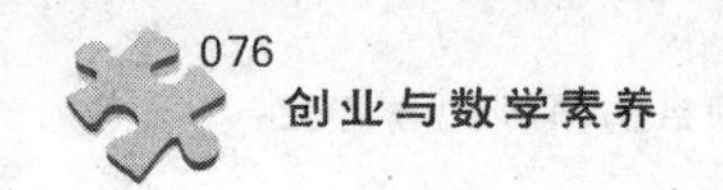

的领导能力和人际协调能力，全方位地培养学生的创新、创业能力。

通过应用多种教学手段，培养学生自主创业意识，全面开发学生潜能，使其具备创业所需的技能、知识、能力和品质，最后在社会上具有创业所需的生存力和竞争力。如何建立适合本国国情的高效的大学生创业机制，需要我们边实践边总结；评判创业教育的效果和水平，就要看创业教育质量。通过创业教育质量的分析，我们可以从中找出存在的问题，针对实际调查中出现的问题提出合理有效的对策，引导高校针对不同的情况，有效地开展大学生创业教育；通过创业教育质量的量化分析，我们可以更加直观和科学地评定我国的创业教育质量，进而从寻找我们和国际创业教育的差距，提升自我创业教育质量，缩小差距，发展创业教育，以创业带动就业，以创业带动我国经济的发展，促进中国高校的创业教育水平与国际创业教育水平接轨①。

3.2.1 创业教育质量现状调查与问题分析

本次问卷调查于 2014 年 9 月 1 日开始，于 2014 年 12 月 1 日结束，为期三个月。本次调查针对不同对象设计了三类问卷：第一类是针对大学生的创业及创业教育调查问卷，第二类是针对从事创业教育老师的创业教育问卷，第三类是针对有过创业经验的大学生创业者的访谈提纲。本调查采取随机抽样的调查方法，共发放调查问卷 430 份，回收问卷 428 份，其中有效问卷 427 份，回收率为 99.5%，有效率为 99.3%。访谈对象30 人。本调查采用问卷调查和个人访谈相结合的方式，调研对象包括西安市的三所高校的本科学生以及少数研究生、从事创业教育的专职教师和有过创业经验的大学生创业人士。为了确保调查结果的科学合理性，每所学校大一、大二、大三、大四、研究生各级学生均调查 30 份。问卷结果采用 SPSS 统计软件进行数据统计。

采用匿名发表意见的方式征询专家小组成员的预测意见，经过几轮征询，使专家小组的预测意见趋于统一，最后做出符合客观需要的预测结论。明确预测要达到的目的是确定影响高校大学生创业教育质量的指标和指标的权重。挑选相关专家 20 位，其中包括创业专职教师 5 名、创业教育管理人员 2 名、创业教育兼职教师 3 名、具有创业经验的大学生 5 名、在校大学生代表 5 名。根据相关文献资料和书籍，梳理出适合高校大学生创业教育质量的条目，作为指标项目编制的参考，设计出调查表。然后将调查表通过各种方式发放给专家组成员，并经过专家多次讨论，最后形成了 5 个维度的高校大学生创业教育质量的考核指标项目。高校创业教育质量指标从学校、政府、企业、环境、学生 5 个维度展开，高校创业教育质量指标体系如表 3.1 所示。

---

① 李集城. 基于效率视角的创业教育质量评价体系研究[J]. 科技管理研究，2012，32(15)：122-128.

表 3.1　创业教育质量指标体系

一级指标	二级指标	三 级 指 标
学校	课程设置	开设创业课程；课程中创业知识的涵盖量；创业公司模拟、实习等实践活动；企业家访问演讲次数
	教学方法	参加社会调查的学生比例；以商业计、调研报告作为成绩的课程比例
	教师能力	有创业经历的教师比例；有相关创业培训经历的教师比例；熟悉政府相关的创业教育的政策和程序；相关创业教育论文发表
政府	资金支持	相应的创业教育资金补贴；创业教育基金的设置；申请创业教育资金的过程是否合理、便捷
	政策支持	针对大学生创业教育是否有相应的优惠条件 政策扶持大学生创业教育是否到位
	场地支持	是否有对应的创业教育场地支持 创业教育场地是否有利于创业教育的开展
	人员支持	是否有相关的政府人员到学校进行相关创业教育指导 是否大力引进创业教育人才
企业	研发需求	企业专项市场调研课题 企业专题研究课题
	人才需求	专业技能培训 校企联合实习培训
环境	创业教育软环境	创业社团数 创业比赛的开展数 学校对创业、创新的态度
	创业教育硬环境	学校是否设立有专门的创业教育机构或创业中心 获创业活动经费的学生比例 孵化器及配套服务对学生的开放比率
学生	学生背景	有工作经验学生比例 家庭有创业经历的学生比例 有创业经验的学生比例 参加创业课程学习的学生比例
	学生能力	把创业作为职业选择的学生比例 参加科研和创新活动的学生比例

由于高校创业教育质量不仅包括课程设计、教师能力、政府支持，还包括学生个人背景和能力，所以根据专家组多次的讨论结果，将高校创业教育质量内容划分为 5 个一级指标、13 个二级指标、35 个三级指标。

1. 课程设置

创业课程的设置直接关系到创业教育的质量问题。目前，创业课程主要划分为 10 类：创业数学面课程、创业财务面课程、创业操作面课程、创业策略面课程、创业法律面课程、特定产业研究课程、环境面课程、个人面课程、整合性之创业实作课程、特定议题之创业实作课程。国外创业教育课程设置偏重于实际操作能力,但是由于我国创业教育还处于发展阶段,创业教育方式不成熟及学生个人创业能力较低。

2. 教学方法

以往创业教育的教学方面主要集中在书本知识传授,但是这种单一的方法无法让学生获得生动、形象的创业知识和有效提升创业能力,也无法挖掘和激发学生的创业精神。目前创业教育的教学方法较多,教师可以采用书本教授、案例分析、实际调研、邀请企业家来校演讲、到实地进行参观学习等方法。

3. 教师能力

创业教师是给学生教授创业知识的直接人,创业教育不同于普通教育,创业教育涵盖知识广泛、教学方式多样、实践力强,因此对教师的要求逐步提升,创业教师的创业经验、授课能力、教学手段等都直接影响着学生对创业知识的接受和学习。

4. 资金支持

政府大力支持大学生创业教育发展,而大学生创业教育最需要的支持之一就是资金支持。创业教育的发展,需要定期和不定期地投入资金,进行创业教育宣传、创业教育培训等活动。高校创业教育要持续发展下去,离不开政府强大的资金支持。

5. 政策支持

政府出台政策扶持大学生创业教育,可以看出目前国家和政府对大学生创业教育相当重视。中央出台多项政策,鼓励高校发展创业教育,要求我们要以创业带动就业。提升高校毕业生就业率的路径之一,就是通过大力发展创业教育,通过创业教育,培养出具有创新、创业能力的年轻一代新型企业家。

6. 场地支持

创业教育离不开资金、场地、人员的支持。政府支持大学生创业教育要落到实处,场地支持是必不可少的。政府可以为高校大学生创业教育提供一些基本的场地支持,如建立创业实践基地、创业孵化基地、创业培训指导中心等。

7. 人员支持

政府对大学生创业教育的支持,可以体现在多方面。高校对政府有些创业教育政策不了解,政府可以派出政府人员,积极与高校保持联系和协作,进行相关创业教育指导工作,为高校教师和学生提供创业知识宣传和普及工作,特别是政府针对大学生设立的大学生创业教育支持的相关政策。而现在创业教育人才匮乏也是直接制约高校创业教育质量的一个重要方面,政府应该设立优惠条件,吸引有能力有经验的双师型教师加入创业教师队伍中来。

8. 研发需要

加强校企合作，是促进高校大学生创业教育发展的有效途径。高校应积极与企业合作，为高校大学生的创业教育提供机会，并开展多样的与企业相关的创业教育形式，比如市场调查、企业调研、专题研究课题等。这样可以使高校创业教育的理论和实践紧密结合，快速有效地促进高校的创业教育的发展。这种校企合作的创业教育模式不但可以给企业和学校带来经济效益，更多的是可以让学生接触到企业的运营模式，帮助大学生提升对创业教育的认知度。

9. 人才需要

双赢策略的校企合作创业教育方式。校企合作可以为高校的创业教育提供企业实践基地，丰富创业教育的教学形式。校企合作的创业教育的一个突出优势在于：一方面满足了大学生对创业教育多样教学形式的需求；另一方面也可以帮助企业节省用人成本，培养符合自身企业需求的专业技能人才，节约培养费用。高校和企业合作的创业教育方式，可谓是双赢策略。

10. 创业教育软环境

创业教育软环境，主要指的是高校通过发布相关的扶持创业教育的政策，鼓励在校大学生积极开展创业活动，形成一种大学生积极创业的校园氛围，从而引导更多的大学生进行创业活动，在校园的大环境中，激发学生的创新、创业精神。

11. 创业教育硬环境

创业教育硬环境指的是学校为大学生创业所提供的硬件条件，包括创业经济支持、创业设施支持等。创业教育硬环境是创业文化、创业精神、创业氛围形成的前提条件。

12. 学生背景

目前有很多研究都证明学生个人的学历、家庭创业史、个人经历等都可能影响到学生创业的成功率。由此可见，提高创业教育质量时，学生背景是不可或缺的考虑因素。

13. 学生能力

每个学生都有不同的特质，一些是先天形成的，比如健康的身体、充沛的精力、稳重的情绪等；有些是后天培养的，如领导能力、决策能力、组织协调能力、团队合作能力等。这些性格特点和思想品质直接会影响到创业教育的效果。所以我们在考虑质量这一影响因素时，不但要考虑先天品质，也要考虑后天品质，这样才能将学生的能力全面地反映出来①。

高校创业教育质量指标体系确立后，我们对上述表中的数据进行统计归纳分析，确定

① 单荣，张潇日. 基于因子分析方法下的创业投资项目评估模型[J]. 工业技术经济，2007，51(6)：109-111.

每项质量指标的权重①。接下来采用算术平均法对专家组所给出的每项质量指标的数据进行处理，确定权重后，得到各级质量指标的权重归一化，最终得到创业教育质量指标的权重。最后处理数据时，为了便于模糊数学模型的引入，指标权重采用四舍五入法，精确到小数点后一位②。

3.2.2 模糊数学评定

创业者在现实中常常面对的是资源不足、许多因素不能量化的情况。模糊性是创业教育质量评定过程复杂性表现的一个方面。随着电子计算机的发展以及它对日益复杂的创业教育质量评定过程的应用，处理模糊性问题的要求也比以往显得更加突出，这是应用模糊数学进行创业教育质量评定的背景。

从表3.1创建的创业教育质量指标可以看出，创业教育质量的影响因素多，衡量指标复杂。很多因素具有不精确性和不确定性的特点，多数衡量指标具有模糊性。所以我们根据模糊数学的相关理论和研究，建立针对高校创业教育质量的模糊数学模型。

基本步骤如下：确定影响高校创业教育质量的一级指标集，如创业教育质量＝{政府，企业，环境，学生}。确定影响第$i(i=1,2,\cdots,k)$个质量指标的二级质量指标集。确定影响第i个质量指标的第$j(j=1,2,\cdots,k)$个子质量指标的三级质量指标集，表示第i个质量指标的第j个子质量指标有m个基础质量指标。建立质量集，就是对质量最后可能得到的结果用语言或是区间来形容。

建立单因素质量矩阵，根据每个质量指标的隶属度组成的隶属关系矩阵得出每个质量指标的隶属度。最后，用最大隶属原则确定判断结果作为高校创业教育质量的评定结果。

以下从西安高校中随机抽取XA1，XA2，XA3三所本科高校，通过模糊数学模型，从而得出高校创业教育的质量。

首先，设立质量集P，令$P=$｛好，较好，一般，较差，很差｝。其中，创业教育质量指标综合评定结果在100～80分属于创业教育质量很好；在79～70分属于创业教育质量较好；在69～60分属于创业教育质量一般；在59～40分属于创业教育质量较差；在40分以下属于创业教育质量很差。

学校影响因子u_1的质量识别矩阵为(其中数据是问卷中各选项的人数与总人数的比)：

$$\boldsymbol{R}_{11}=\begin{bmatrix}0.4 & 0.3 & 0.2 & 0 & 0.1\\0 & 0.1 & 0.5 & 0.2 & 0.2\\0 & 0.1 & 0.3 & 0.6 & 0\end{bmatrix}$$

---

① 李昌奕．创业投资项目的层次化选择标准[J]．中国科技论坛，2007，25(10)：78-81.

② 钱燕云，张云．创新创业投资项目过程管理研究[J]．科技管理研究，2013，42(14)：188-192.

变量 χ_{111} 到 χ_{113} 的权重向量为 $\boldsymbol{A}_1=(0.3,0.3,0.4)$，则可计算出对于 u_1 的质量等级的隶属度为

$$\boldsymbol{B}_{11}=\boldsymbol{A}_{11}\boldsymbol{R}_{11}=(0.12,0,16,0.33,0.3,0.07)^{\mathrm{T}}$$

利用相同的算法可以得出 $\boldsymbol{B}_{12}=(0.06,0.09,0.49,0.12,0.24)$，$\boldsymbol{B}_{13}=(0.08,0.25,0.28,0.17,0.18)$。

由 B_{11}，B_{12}，B_{13} 建立出学校质量识别矩阵为

$$\boldsymbol{R}_1=[\boldsymbol{B}_{11},\boldsymbol{B}_{12},\boldsymbol{B}_{13}]=\begin{bmatrix}0.12,0.16,0.33,0.3,0.07\\0.06,0.09,0.49,0.12,0.24\\0.08,0.25,0.28,0.17,0.18\end{bmatrix}$$

由上可知 u_{11}（课程设置），u_{12}（教学方法），u_{13}（教师能力）三项指标的权重分别 $\boldsymbol{A}_1=(0.4,0.3,0.3)$，则计算出有关学校质量 u_{11}，u_{12}，u_{13} 的质量矩阵为

$$\boldsymbol{B}_1=\boldsymbol{A}_1\boldsymbol{R}_1=(0.09,0.166,0.363,0.207,0.154)$$

政府影响因子 u_2 的质量识别矩阵为(其中数据是问卷中各选项的人数与总人数的比)：

$$\boldsymbol{R}_{21}=\begin{bmatrix}0 & 0.2 & 0.3 & 0.5 & 0\\0.2 & 0 & 0.5 & 0 & 0.3\\0 & 0.1 & 0.2 & 0.2 & 0.5\end{bmatrix}$$

χ_{211} 到 χ_{213} 的权重向量为 $\boldsymbol{A}_{21}=(0.3,0.3,0.4)$，则可计算出对于 u_{21} 的质量等级的隶属度为

$$\boldsymbol{B}_{21}=\boldsymbol{A}_{21}\boldsymbol{R}_{21}=(0.06,0.1,0.32,0.23,0.29)^{\mathrm{T}}$$

利用相同的算法可以得出

$$\boldsymbol{B}_{22}=(0.4,0.05,0.3,0.15,0.1),\quad \boldsymbol{B}_{23}=(0.3,0.4,0.25,0.05,0)$$

$$\boldsymbol{B}_{24}=(0,0.2,0.2,0.35,0.25)$$

由 $\boldsymbol{B}_{21}$，$\boldsymbol{B}_{22}$，$\boldsymbol{B}_{23}$，$\boldsymbol{B}_{24}$ 建立出政府质量识别矩阵为

$$\boldsymbol{R}_2=[\boldsymbol{B}_{21},\boldsymbol{B}_{22},\boldsymbol{B}_{23},\boldsymbol{B}_{24}]=\begin{bmatrix}0.06 & 0.1 & 0.32 & 0.23 & 0.29\\0.4 & 0.05 & 0.3 & 0.15 & 0.1\\0.3 & 0.4 & 0.25 & 0.05 & 0\\0 & 0.2 & 0.2 & 0.35 & 0.25\end{bmatrix}$$

可知 u_{21}（资金支持），u_{22}（政策支持），u_{23}（场地支持），u_{24}（人员支持）4 项二级指标的权重分别为 $\boldsymbol{A}_2=(0.3,0.3,0.2,0.2)$，则计算出关于政府质量 u_{21}，u_{22}，u_{23}，u_{24} 的质量矩阵为 $\boldsymbol{B}_2=\boldsymbol{A}_2\boldsymbol{R}_2=(0.198,0.165,0.276,0.194,0.167)$。

企业影响因子 u_3 的质量识别矩阵为(其中数据是问卷中各选项的人数与总人数的比)：

$$\boldsymbol{R}_{31}=\begin{bmatrix}0 & 0.2 & 0.3 & 0.5 & 0\\0 & 0 & 0.2 & 0.5 & 0.3\end{bmatrix}$$

可知 χ_{311} 到 χ_{312} 的权重向量为 $\boldsymbol{A}_{31}=(0.5,0.5)$，则可计算出对于 u_{31} 的质量等级的隶属度为

$$\boldsymbol{B}_{31}=\boldsymbol{A}_{31}\boldsymbol{R}_{31}=(0,0.1,0.25,0.5,0.15)$$

由相同的算法和公式可以计算出 $\boldsymbol{B}_{32}=(0,0,0.35,0.4,0.25)$；由 $\boldsymbol{B}_{31}$，$\boldsymbol{B}_{32}$ 可计算出企业质量的识别矩阵为

$$\boldsymbol{R}_3=\begin{bmatrix}0 & 0.1 & 0.25 & 0.5 & 0.15\\0 & 0 & 0.35 & 0.4 & 0.25\end{bmatrix}$$

u_{31}（研发需求）和 u_{32}（人才需求）的权重分别为 $\boldsymbol{A}_3=(0.5,0.5)$，则最终计算出有关企业质量 u_{31}，u_{32} 的质量矩阵为 $\boldsymbol{B}_3=\boldsymbol{A}_3\boldsymbol{R}_3=(0,0.05,0.3,0.45,0.2)$。

环境影响因子 u_4 的质量识别矩阵为(其中数据是问卷中各选项的人数与总人数的比)：

$$\boldsymbol{R}_{41}=\begin{bmatrix}0.1 & 0.5 & 0.3 & 0.1 & 0\\0.7 & 0.1 & 0.1 & 0 & 0.1\\0.1 & 0.5 & 0.2 & 0.1 & 0.1\end{bmatrix}$$

由此可得，χ_{411} 到 χ_{413} 的权重向量是 $\boldsymbol{A}_{41}=(0.3,0.3,0.4)$。

则可计算出 u_{41} 的质量等级的隶属度为

$$\boldsymbol{B}_{41}=\boldsymbol{A}_{41}\boldsymbol{R}_{41}=(0.28,0.38,0.2,0.07,0.07)^{\mathrm{T}}$$

按照相同计算方法及过程可以得出 $B_{42}=(0.4,0.11,0.37,0.02,0.15)$。

则可建立出环境质量识别矩阵为

$$\boldsymbol{R}_4=\begin{bmatrix}0.28 & 0.38 & 0.2 & 0.07 & 0.07\\0.4 & 0.11 & 0.37 & 0.02 & 0.15\end{bmatrix}$$

由于 u_{41}（创业教育软环境），u_{42}（创业教育环境）两项的权重分别为 $\boldsymbol{A}_4=(0.5,0.5)$，则最终计算出有关环境质量 u_{41}，u_{42} 的质量矩阵为 $\boldsymbol{B}_4=\boldsymbol{A}_4\boldsymbol{R}_4=(0.34,0.445,0.285,0.045,0.11)$。

学生影响因子 u_5 的质量识别矩阵为(其中数据是问卷中各选项的人数与总人数的比)：

$$\boldsymbol{R}_{51}=\begin{bmatrix}0.2 & 0 & 0.6 & 0 & 0.2\\0.2 & 0 & 0.7 & 0.1 & 0\\0 & 0.1 & 0 & 0.7 & 0.2\end{bmatrix}$$

由此可得 χ_{511} 到 χ_{513} 的权重向量是 $\boldsymbol{A}_{51}=(0.3,0.3,0.4)$。

则可计算出 u_{51} 的质量等级的隶属度为

$$\boldsymbol{B}_{51}=\boldsymbol{A}_{51}\boldsymbol{R}_{51}=(0.12,0.04,0.39,0.31,0.14)^{\mathrm{T}}$$

按照相同的计算方法及过程可以得出 $\boldsymbol{B}_{52}=(0.03,0.06,0.19,0.24,0.48)$。

则可建立出环境质量识别矩阵为

$$\boldsymbol{R}_5=\begin{bmatrix}0.12 & 0.04 & 0.39 & 0.31 & 0.14\\0.03 & 0.06 & 0.19 & 0.24 & 0.48\end{bmatrix}$$

可知 u_{51}(学生背景),u_{52}(学生能力)两项的权重分别为 $\boldsymbol{A}_5=(0.3,0.7)$,则最终计算出有关环境质量 u_{51},u_{52} 的质量矩阵为 $\boldsymbol{B}_5=\boldsymbol{A}_5\boldsymbol{R}=(0.057,0.054,0.25,0.261,0.378)$。

根据上述分析得到的 $\boldsymbol{B}_1-\boldsymbol{B}_5$ 建立出该高校创业教育质量的识别矩阵为

$$\boldsymbol{R}=\begin{bmatrix}0.09 & 0.166 & 0.363 & 0.207 & 0.154\\0.198 & 0.165 & 0.276 & 0.194 & 0.167\\0 & 0.05 & 0.3 & 0.45 & 0.2\\0.34 & 0.445 & 0.285 & 0.045 & 0.11\\0.057 & 0.054 & 0.25 & 0.261 & 0.378\end{bmatrix}$$

由于 5 个一级指标(学校、政府、企业、环境、学生)的权重分别为 $\boldsymbol{A}=(0.4,0.1,0.1,0.2,0.2)$,则可计算出该高校创业教育质量的综合质量向量为

$$\boldsymbol{B}=\boldsymbol{A}\boldsymbol{R}=(0.135\,2,0.187\,6,0.309\,8,0.208\,4,0.177\,6)$$

由专家组(包括创业专职教师、教学管理人员及学生代表等)确定出各质量因素的质量标准为 $\boldsymbol{Q}=\{q_1,q_2,q_3,q_4,q_5\}=(80,70,70,85,70)$,则可计算出该高校创业教育质量的综合得分为 $\boldsymbol{F}_1=\boldsymbol{B}_1\boldsymbol{Q}^{\mathrm{T}}=75.779$,根据预先设定的质量集得出该高校创业教育质量属于较好档次。

由 $\boldsymbol{B}=\boldsymbol{A}\boldsymbol{R}=(0.135\,2,0.187\,6,0.309\,8,0.208\,4,0.177\,6)$可知,XA1 创业教育质量中5 个一级指标分别得出的分数为:学校 0.135 2;政府 0.187 5;企业 0.309 8;环境 0.208 4;学生 0.177 6。

可以看出 5 个一级指标中,政府、学校及学生个人方面较其他两项稍显薄弱,需要进一步强化。而通过相应的计算得出的 XA2,XA3 高校的创业教育质量的综合质量得分分别为 69.387(分)和 59.625(分),根据质量集标准可以得出 XA2,XA3 高校的创业教育质量分属于一般和较差档次。

在对模糊数学模型进行分析后发现:创业教育的发展离不开政府的大力支持,政府应该加大对创业教育的投入力度,在做好宣传的同时,也要加大对创业教育的经济、场地和人力的投入;在学校方面,将创业教育纳入高等教育的体系中来,加大对创业教育的重视度,加大扶持力度,为在校大学生提供高质量、高水平、有吸引力的创业教育培训,丰富大学教育课程;作为创业教育的接受主体,高校大学生对创业教育的态度,也影响着创业教育的质量。大学生应该正视创业教育,将创业教育作为一种高等教育正式课程,端正对创业教育的态度,树立培养自身创业能力和创业精神的目标;在企业方面,我们应该提倡产学结合,积极推动高校与企业相互联合,共同促进高校创业教育的发展;在环境方面,我们要为高校创业教育营造一个良好的发展氛围,促进创业教育良好的发展。我们要提高创业教育质量,就应该从政府、学校、学生、企业和环境 5 个方面共同下手,抓住薄软环节,

发展优势环节,积极推动我国的创业教育蓬勃发展。

3.3 创业投资项目的模糊数学评定

在知识经济日益渗透现代经济生活的今天,作为高新技术“孵化器”的创业投资也日益受到重视,世界各国正迅速发展自己的创业投资。

创业投资(Venture Capital)是投资人将创业资本投入到刚刚成立或快速成长的未上市新兴公司(主要是高科技公司),在承担很大风险的基础上为融资人提供长期股权资本和增值服务,培育企业快速成长,数年后通过上市、并购或其他股权转让方式撤出投资并取得高额投资回报的一种投资方式。创业投资最大的特点在于其高收益性和高风险性。由于高风险的存在,使创业投资项目的评价更需要注重科学性和客观性。

在高新技术产业化的进程中,创业投资扮演了一个重要的角色。创业投资是促进科学技术发展和创新的强有力推动因素,将高新科学技术产业与传统金融产品有机结合,把有效的配置资金投入到收益极大的各类创新技术、专利、模型甚至应用的突破研发与批量生产中,使科技成果得以灵动迅捷地转化成产品、商品成果的新一代投资机制,正是高新技术产业化过程中不可或缺的有效资金运转、支持、匹配系统。由此不难得出,面向创业的投资可以有效地配置资源实现科技成果产业化、市场化,进而促进高新技术产业的发展,推动技术创新,促进经济增长方式的转变和产业结构的调整,培育新的经济增长点,创造大量的就业机会。创业投资是科技创新的助推器,可以创造社会价值,提高人民生活水平。

创业投资的投资领域大多选取高新技术产业,或者形成技术垄断的特定企业。值得特别强调的是,正是创业投资家这种为追逐高利润而甘愿承担高风险的经营原则和投资理念,推动了科技成果产业化、商业化、市场化的进程。长远来看,成千上万的高新科技创业投资项目得以注入了大量的投资资本,无形上加快了高新技术向生产力的转化速度。肩负起理论研究走向商品推广的重担,无疑是市场发展赋予创业投资的历史使命和必然选择①。

创业投资项目就是由创业投资家出资,协助具有专门技术或特定全新创意,并承担创业过程中所面临的高风险的项目。创业投资家以自身独到专业的资本运作知识主动参与经营,使创业企业能够健全经营、迅速成长。最终,创业投资人以股权回购、资本转让、上市变现、利益分成等方式长期持有、中途退出或者适当节点退出,在整个投资过程中取得收益回报。创业投资项目具有高风险、高收益的特征,相比于其他项目的选择,创业投资项目选择更需要合理有效的选择方法和指标。国外对创业投资项目筛选与评价的研究多

---

① 潘洪刚. 农业高科技创业投资风险研究[D]. 西北农林科技大学, 2008.

数采用的是实证分析的方法，通过各种统计与个案分析手段，得出一定的评价指标和评价方法以判定投资的收益和风险，从微观角度详细地研究创业投资的项目筛选与评价。国外对创业投资项目的评价突出两个方面：一是创业资本家用何种标准来评价一项投资项目的投资潜力；二是投资人利用何种模型对投资项目进行挑选[①]。

美国是创业投资的发源地，也是目前创业投资业最发达、从创业投资中受益最大的国家。美国早期的创业投资模型侧重于定性评价：1984 年，在定性阐述评价准则的基础上，Tyebjee 和 Bruno 最先运用问卷调查和因素分析法得出美国创业项目评价模型。他们的数据基础是从电话调研的 46 位创业投资家和问卷调查的 156 个创业投资公司中选出的 90 个经审慎评价的创业投资案例。他们请创业投资家根据案例对已选好的 23 个准则评分，标准是 4 分(优秀)、3 分(良好)、2 分(一般)、1 分(差)，此外还分别评出各个项目的总体预期收益和风险。这样得到一组数据后，经因素分析和线性拟合，得出评价基本指标，划分为 5 个范畴，并根据各范畴指标对预期收益和预期风险的影响，模拟出创业投资的评价模型。在随后的发展中，Robert Polk(1996)等人设计了一个具有 58 个变量的指标体系，通过工业新产品的案例统计分析发现，预测高科技新产品的成败，有必要单独进行技术风险评价，其中与成本相关的技术风险和与时间相关的技术风险是成败的关键[②]。

1997 年，Manigart 等人调查研究了创业投资家估价创业企业方法。他们提出的评价过程分为三个步骤：首先是对创业项目、管理团队以及未来发展前景进行信息收集；其次利用这些信息评价投资风险和预期收益，并进一步估算未来的自由现金流和潜在的利润；最后运用一种或几种估计方法，并结合风险、收益、利润或现金流来计算创业企业的价值。他们同时还指出，自由现金流法与实物期权法从理论上来说是估计创业企业最合适的方法。他们将创业投资指标体系分为风险指标和收益指标。调查发现创业企业的管理队伍和目标市场的特征对投资风险影响最大，而产品创新度、预期的投资时间长度以及总体经济情况对预期收益影响最大。

2000 年，芝加哥大学的 Steven N. Kaplan 和 Per Stromberg 教授对 10 家创业投资机构的投资决策过程进行了研究。他们的研究第一次全面关注项目的筛选与评价过程。他们的研究包括 4 方面的内容：一是创业投资家的筛选活动；二是创业投资家的投资监管活动；三是筛选过程中进行的项目评价与投资合同设计之间的关系；四是投资绩效与创业投资家对投资项目的评价之间的关系。该研究证实了创业投资家们普遍考虑的投资准则包括投资机会的吸引力(市场规模、战略、技术、客户)、竞争能力和投资条款。

---

① 潘启龙，何黎清，刘合光. 现代农业高新技术创业投资项目中的代理风险及其控制[J]. 兰州学刊，2012，25(1)：83-88.

② 杨春华，熊勤竹，莫琼玉，等. 创业投资项目评估相关问题研究[J]. 合作经济与科技，2007，8(3)：66-67.

据统计，发达国家由创业投资公司所支持的创业企业，其中20%～30%完全失败，约60%受到挫折，只有5%～20% 获得成功，而创业投资在成功企业的资本收益率非常高，单个项目最高可以达到200%～300%，长期平均年回报率也有20%以上。因此，创业投资是一种组合投资、总量投资概念，虽然总体项目的投资成功率低，一旦个别项目取得成功，所获得的巨额利润远超过失败项目所造成的损失[①]。

我国的创业投资起步于20世纪80年代中期，在20世纪90年代中后期得到一定的发展，2000年下半年开始快速发展，全国各地纷纷建立了许多创业投资基金，成立许多创业投资公司。创业投资虽然在一定程度上推动了国内高新技术的发展，促进了GDP的增长与经济结构的优化调整，但仍未能发展成熟。造成该状况的原因错综复杂，其中一个很重要的原因在于信用的缺失，初创企业创始人缺乏契约精神，导致风投双方难以就某一投资达成协议。此外，由于我国创业投资机构设计的机制、契约不够科学有效，未能充分协调参与各方的利益并促使其一致化，最终导致创业项目因委托代理等问题而夭折。这时就需要以现金流权配置契约设计为研究对象，通过引入激励和监督机制协调创业投资双方的利益，促使两者为创业项目共同努力，可以有效地规避由努力程度、道德风险等问题造成的项目失败的潜在威胁。

我国台湾地区的国立经济研究所从创业投资角度也建立了一套评价指标体系，该体系划分为方案竞争力、企业内部竞争优劣势、外部环境机会与威胁、经营目标一致性和风险管理5个方面[②]。

据统计，2006年我国创业投资总量达到143.64亿元，比2005年增长22.17%。虽然近几年我国创业投资发展迅速，但仍然跟发达国家有一定差距：2006年我国创业投资总量仅占当年GDP的0.07%，而同期美国的比率为0.17%。跟发达国家相比，我国创业投资的发展还存在瓶颈，一方面是创业投资运作不规范，严重制约了我国创业投资的进一步发展；另一方面缺乏有效的创业投资项目评价方法使得创业投资者在筛选项目时存在一定的困难。由于创业投资是名副其实的“高风险”投资，它投资的对象大多是刚成立的高新技术创业企业，或者仅是一个创业想法，没有历史资料可依据，技术、市场、管理各方面都存在不确定性，失败率很高，对创业投资项目进行评价不能依靠传统的财务评价方法（如成本收益法等）。

目前，我国对创业投资项目评价决策方法的研究，还没有系统的研究成果。现有的研究主要是基于国外对评价决策方法的经验总结和定性描述，围绕评价决策方法的选择或比较分析展开的。从相关统计数据上看，我国目前可用于创业投资项目评价决策的方法主要有以下几类：①在该问题研究的起步阶段，主要以创业投资项目的财务资料为基础，

---

① 曹国华，章丹锋，林川. 联合投资下创业机构间道德风险的博弈分析[J]. 工业工程，2012，15(4)：102-107.

② 张燕明. 创业投资项目的选择与评估[J]. 中国创业投资与高科技，2005，20(6)：71-72.

采用技术经济学的一些原理与方法进行评价决策，典型的方法为净现值法；②依据现代管理理论进行评价决策的综合评价方法，比如层次分析法、专家打分法、模糊评价法、主成分分析法等，这些是目前使用相对较多的方法；③将金融资产定价模型，主要包括资本资产定价模型和期权定价模型，运用于创业投资项目的评价决策；④应用数学规划、灰色函数及仿真等对创业投资项目的评价决策进行量化分析。

创业投资项目评价与传统项目评价有如下几个不同之处。

1. 创业投资项目评价侧重项目的成长性

由于传统项目评价主要应用于技术、市场相对成熟的传统产业，因此要求比较稳定的收益率和较高的成功率，要把风险严格控制在较小的范围内，一旦项目的风险超过标准，则认定项目为不可行，这样的侧重点造成一些高风险、高收益的项目落选，错过了许多投资机会。创业投资主要面向高技术产业和其他高速成长的项目，这些项目存在快速发展的可能，一旦投资成功就可以获得高额收益，通过组合投资与联合投资的方式，可以使得一个成功项目的收益超过许多失败项目的损失，创业投资家为了获得潜在的高收益，而愿意承担其蕴含的高风险，因此创业投资评价更加侧重于项目的成长性①。

2. 创业投资项目评价重点考察管理团队的总体素质

创业投资评价要对项目的管理团队进行严格的考察，管理层的素质通常是投资者考虑是否投资的最重要因素，在评价中给管理团队的素质赋予很大的权重，以确保企业具有高水平管理团队，创业投资家宁要二流的技术和一流的管理者，也不要一流的技术和二流的管理者，因为企业经营的主体是人，同一个项目不同的人来管理会有不同的结果；产品或服务的独特性是由管理层的技术能力来决定的，详细的市场分析和财务预测是否可靠准确也反映了管理层的素质。创业投资项目是否能取得成功，更取决于企业是否有高素质的创业者和高素质技术、营销和财务管理人员，以及有效的董事会和咨询委员来支持管理层。传统项目评价理论往往都隐含着一个不成文的假设，即不同的企业拥有相同的管理能力和技术水平，都能够顺利运作项目，项目的好坏是由项目本身决定，与经营管理人员的素质和努力程度无关，这显然是一个不符合实际的前提假设，是传统项目评价的一个系统缺陷②。

3. 技术评价和市场评价相结合

技术具有较强的排他性和垄断性，对初创企业来说，技术水平的高低直接关系到市场中的竞争力，从而决定企业的发展。而对于一种产品而言，技术的先进性并不代表其一定能拥有市场，只有真正能满足市场需求的技术才是可行的技术。因此，考虑技术先进性的

---

① 胡志坚，张晓原，张志宏. 中国创业风险投资发展报告 2016[M]. 北京：经济管理出版社，2016.

② 孙富强，王景容. 浅谈创业投资项目的风险管理[J]. 科学与管理，2005，25(3)：57-58.

同时必须充分评价产品的市场需求[①]。

4. 退出渠道的重要性不能忽视

退出渠道是创业投资项目评价与普通项目评价一个显著的区别。对于创业投资者来说,投入的是权益资本,投资目的不是获得企业控制权,而是获得丰厚利益后从创业企业退出。创业投资者不是通过持有所投资企业的股份来获取红利收入,而是通过出售企业的股权来获取增值收入。因此,当创业企业快速成长时,创业投资者就要在适当时机通过首次公开发行、被其他企业兼并收购、企业回购股份或其他股权转让等退出渠道撤出投资,从而取得高额投资回报。可以说,退出渠道是否完善直接关系到投资者的收益。

3.3.1 创业投资项目评定的量化方法

创业项目筛选、评价对于降低创业投资风险起着非常大的作用,创业投资业的一个重要理念就是选择一个好创业项目比管理创业项目更重要。因此,如何对创业项目进行评定以获得一批好的创业项目以降低创业投资项目的风险是摆在创业投资公司面前的第一个问题[②]。而对于一个创业项目的评价,首先就要选择一套科学、实用的评定体系。

创业投资项目的财务分析可从以下 4 个方面入手:债务风险状况、盈利能力状况、资产质量状况和经营增长状况[③]。

其中,债务风险状况主要考察两个指标:资产负债率和速动比率。资产负债率是反映总资产中有多大比例是通过借债来筹资,即债务在总资产中的比例,反映企业的长期偿债能力;速动比率也是衡量资产流动性的指标,用来反映企业短期偿债能力。对投资者而言,上述两个指标越小,企业安全性越大。

盈利能力状况考察净资产收益率和销售利润率。其中,净资产收益率衡量企业运用投资者投入企业的资本获得收益的能力;销售利润率反映企业销售收入的获利水平,即销售收入中的利润比例。上述 4 个指标越大,表示公司获利能力越强,越有投资价值。

资产质量状况考察总资产周转率和应收账款周转率。其中,总资产周转率反映总资产的周转速度,速度越快,总资产管理及经营效率越高;应收账款周转率表示在一定时期内应收账款转变为现金的次数,反映企业应收账款的管理水平、流动性及回收速度。上述两个指标越大对企业的运营越有利[④]。

经营增长状况考察销售增长率和总资产增长率,指标值越大,则企业的增值潜力越

---

① 陈秋东,王会龙,汪少华. 创业投资项目价值评估方法综述[J]. 科学与管理,2005,25(12):253-255.

② Zeldes, Stephen P. Consumption and liquidity constraints: An empirical investigation[J]. The Journal of Political Economy, 1989, 97(4): 305-346.

③ 豆红莲. 创业投资项目选择评价研究[D]. 燕山大学,2007.

④ 周楠. 创业投资项目综合评价与决策方法研究[D]. 天津商业大学,2007.

大，有广阔的发展前景[①]。

不妨设 $F_i(i=1,2,3,\cdots,T)$ 为期初创业投资 I_0 在预期投资期 T 年内各年产生的净现金流。$P_i(i=1,2,3,\cdots,T-t)$ 为后续投资 I_t 在第 $(t+1)$ 年至第 T 年内产生的净现金流。创业投资这种分期投资的方式，使得项目中存在着一系列的相机选择权，每一个相机选择权都可以看作是一个欧式买入期权。在这里，期权的标的物是后续投资，在第 t 期以后产生的净现值（即标的资产当前价格）P，并且 $P=\frac{\sum_{i=1}^{T-t}P_i}{(1+r)^{1+i}}$；期权执行价格是后续追加的投资额 I_t；期权的有效期为 $T-t$。

下面引入布莱克-斯科尔斯定价模型来计算创业项目的期权溢价[②]。根据布莱克—斯科尔斯公式：

$$C=SN(d_1)-E\mathrm{e}^{-R(T-t)}N(d_2)$$

$$d_1=[\ln(S/E)+(R+\sigma^2/2)(T-t)]/\sigma\sqrt{T-t}$$

$$d_2=[\ln(S/E)+(R-\sigma^2/2)(T-t)]/\sigma=d_1-\sigma\sqrt{T-t}$$

$$P=\frac{\sum_{i=1}^{T-t}P_i}{(1+r)^{1+i}}$$

这里，r 为风险调整折现率，σ 为期权收益波动率。因此可根据上面的递推公式，计算出创业项目的期权溢价，从而得到整个创业项目包括灵活性价值在内的创业项目真实价值。如果创业项目的真实价值大于 0，则该创业项目可行，值得投资[③]。

另外，把用于描述评价一个创业投资项目的风险标度值作为神经网络的输入向量，将代表相应评价的量值作为神经网络的输出，可以得到创业投资项目的总风险评价值。根据柯尔莫哥洛夫定理，给定任意连续函数 $f:U^m\rightarrow R^m$，$f(X)=Y$，这里 U 是闭单位区间 $[0,1]$，f 可以精确地用一个三层前向网络实现。网络模型中输入层有 N 个代表创业投资指标体系的神经元指标，输出层有 M 个神经元，隐含层有 L 个神经元，这样就成为一个高度非线性映射模型，可以在任意希望的精度上实现任意的连续函数。利用网络的仿真输出矢量和目标矢量之间的线性回归分析，并把得到的目标矢量对网络输出的相关系数作为网络性能的重要评价标志。如果网络性能好的话，那么得到的网络模拟值应该和网络实际输出值相等，即处于坐标轴第一象限的对角线上，截距等于 0，斜率等于 1，拟合度

① 张林. 基于风险矩阵的创业投资项目风险评估[J]. 工业技术经济，2005，24(1)：123-125.

② Harvey A, Jan Koopman S. Unobserved components models in economics and finance: The role of Kalman Filter in time series econometrics[J]. IEEE Control Systems Magazine, 2009, 29(6): 71-81.

③ 李传义. 创业投资项目风险管理研究[D]. 中国海洋大学，2007.

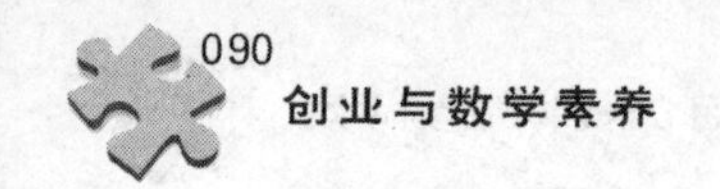

等于1,实际应用中通常取拟合度尺大于0.80就可以考虑投资该创业项目①。

在创业投资项目选择的过程中,我们可以将关键指标分为4大类：创业团队、技术、资本与财务、运营与环境。创业团队又分为5个因素：创业团队领导者综合素质(A_1)、创业团队诚信度(A_2)、创业团队向心力(A_3)、创业团队人员技能素质(A_4)、创业团队人员身心素质(A_5)。技术又分为5个因素：技术的先进性(B_1)、技术的可靠性(B_2)、技术的可替代性(B_3)、技术的成熟度(B_4)、专利产权保护程度(B_5)。资本与财务：投资回报率(C_1)、投资回收期(C_2)、投资规模(C_3)、现金流量预测(C_4)、资金退出(C_5)。运营与环境：行业前景(D_1)、进入行业壁垒(D_2)、税收(D_3)、法律完备性和连续性(D_4)、项目所在地地域特征(D_5)。

对这20个指标进行分析,选取创业投资项目选择评价关键因素。对得到的n个样本与每个大类别下的m个指标构成矩阵$\boldsymbol{A}_k$(其中$k=1,2,3,\cdots,p$),p为大类别个数。不妨取样本个数n为31,大类别下指标个数均为5,大类别p的数值为4。

为了便于后续运算,我们在信息熵基本公式$I=-c\ln p$中规定事件的概率p:$0<p\leqslant 1$。为了使$0<p\leqslant 1$,对a_{ij}做如下处理：

$$\boldsymbol{R}_k=\begin{bmatrix} r_{11} & r_{12} & \cdots & r_{1m} \\ r_{21} & r_{22} & \cdots & r_{2m} \\ \vdots & \vdots & \vdots & \vdots \\ r_{n1} & r_{n2} & \cdots & r_{nm} \end{bmatrix}$$

对矩阵中每个a的取值标准化,由此得到

$$r_{ij}=\frac{a_{ij}-\min(a_{ij})+1}{\max(a_{ij})-\min(a_{ij})+1}$$

其中,$j=1,2,3,\cdots,m$;$k=1/\ln(n)$,且k为常数。指标j的熵值为

$$E_j=-k\sum_{i=1}^{n} r_{ij}\ln(r_{ij})$$

E值越大,表示信息熵值越大,那么这个信息就是无序的,相应的j指标越是无效的。相反,若是E值小,则这个信息有序,相应的指标j是有效的。为了发现哪些指标在创业投资项目选择过程中是最重要的,能够发挥更多的作用,定义信息偏差度：

$$d_j=1-E_j$$

权重为

$$\boldsymbol{W}_j=\frac{d_j}{\sum_{j=1}^{m} d_j}=\frac{1-E_j}{m-\sum_{j=1}^{m} E_j}$$

---

① 郝杰. 创业投资风险评估体系与模型[D]. 重庆工商大学, 2007.

其中，$\sum_{j=1}^{m} w_j = 1$。

由此可得大分类指标值：

$$\boldsymbol{Z}_{jk} = \sum_{j=1}^{m} w_j r_{ij}$$

其中，$i=1,2,\cdots,n;k=1,2,\cdots,p$。

进行主成分分析，得到相关系数矩阵 $\boldsymbol{R}$，然后计算系数矩阵 $\boldsymbol{R}$ 的 p 个特征根。接下来计算方差贡献率：

$$\alpha_j = \frac{\lambda_j}{\sum_{k=1}^{p} \lambda_j}$$

将方差贡献率按从大到小排序，如果前 $m(m \leqslant p)$ 个大分类指标的累计方差贡献率满足：

$$a_{\text{sum}} = \sum_{k=1}^{m} r_k > 85\%$$

则认为这 m 个分类指标可以综合体现该项目选择的关键因素[①]。同时，可以得到第 j 个指标的熵：

$$E_j = -k \sum_{i=1}^{n} r_{ij} \ln(r_{ij})$$

其中，$k==1/\ln(n)$，$j=1,2,3,4,5$。这是对创业团队、技术、资本与财务、运营与环境 4 个大类下个 5 个指标的熵。对于团队指标 E_i 来说是 E_{A1}（领导者综合素质指标的熵）、E_{A2}（创业团队诚信度指标的熵）、E_{A3}（创业团队向心力指标的熵）、E_{A4}（创业团队人员的技能素质指标的熵）、E_{A5}（创业团队人员身心素质指标的熵）。对于技术指标 E_j 来说是 E_{B1}（技术的先进性指标的熵）、E_{B2}（技术的可靠性指标的熵）、E_{B3}（技术的可替代性指标的熵）、E_{B4}（技术的成熟度指标的熵）、E_{B5}（专利产权保护程度指标的熵）。对于财务与资本指标 E_j 来说是 E_{C1}（投资回报率指标的熵）、E_{C2}（投资回收期指标的熵）、E_{C3}（投资规模指标的熵）、E_{C4}（现金流量预测指标的熵）、E_{C5}（资金退出难度指标的熵）。对于技术指标 E_j 来说是 E_{D1}（行业前景指标的熵）、E_{D2}（进入行业壁垒指标的熵）、E_{D3}（税收指标的熵）、E_{D4}（法律完备性和稳定性指标的熵）、E_{D5}（项目所在地地域特征指标的熵）。

依次对 $j=1,2,3,4,5$ 计算

$$E_j = -k \sum_{i=1}^{n} r_{ij} \ln(r_{ij}) \quad (j = 1,2,\cdots,m;k = 1/\ln(n))$$

① Colletaz G, Hurlin C, Perignon C. The risk map: A new tool for validating risk models[J]. Journal of Banking and Finance, 2013, 37(10): 3843-3854.

根据公式：$\boldsymbol{Z}_{jk}=\sum_{k=1}^{m}w_j r_{ij}$

其中，$i=1,2,\cdots,n$；$k=1,2,\cdots,p$ 。由此可得矩阵 z_{np} 的相关系数矩阵 $\boldsymbol{R}$ 的特征根 $\lambda_1=2.2438>\lambda_2=0.8237>\lambda_3=0.5137>\lambda_4=0.4188$。

由方差贡献率公式 $\alpha_j=\frac{\lambda_j}{\sum_{k=1}^{p}\lambda_k}$ 可得方差贡献率：$\alpha_1=0.5597$，$\alpha_2=0.2077$，$\alpha_3=0.1281$，$\alpha_4=0.1045$。按照从大到小排列顺序，前 3（$3\leqslant4$）个指标的累计方差贡献率满足 $\alpha_{\text{sum}}=\sum_{k=1}^{m}r_k>85\%$。因此，如果想达到 85%就需要前三个大类指标的加总，即满足创业团队素质、技术、财务和资本三个因素[①]。

3.3.2 模糊数学评定

通过上面的分析可知，对创业投资项目进行评定的着眼点是所要考虑的各个相关因素。在评价某个事物时，可以将评价结果分成一定的等级（根据具体问题，以规定的标准来分等级）[②]。例如，在对某创业公司的财务状况进行评价时，可以把评价的等级分为“很好”“较好”“一般”“较差”“很差”5 个等级。设 $U=\{u_1,u_2,\cdots,u_m\}$ 为刻画被评价对象的 m 种因素，$V=\{v_1,v_2,\cdots,v_m\}$ 为刻画每一因素所处状态的 n 种决断。首先对着眼因素集合 U 中的单因素 $u_i(i=1,2,\cdots,m)$ 做单因素评判，从因素 u_i 着眼确定该事物对决策等级 $v_j(i=1,2,\cdots,n)$ 的隶属度（可能性程度）r_{ij}，这样就得出第 i 个因素 u_i 的单因素评判集：$r_i=(r_{i1},r_{i2},\cdots,r_{in})$，它是抉择评语集合 V 上的模糊子集[③]。这样 m 个着眼因素的评价集就构造出一个总的评价矩阵 $\boldsymbol{R}$：

$$\boldsymbol{R}=\begin{vmatrix} r_{11} & r_{12} & \cdots & r_{1n} \\ r_{21} & r_{22} & \cdots & r_{2n} \\ \vdots & \vdots & \vdots & \vdots \\ r_{m1} & r_{m2} & \cdots & r_{mn} \end{vmatrix}$$

$\boldsymbol{R}$ 即是着眼因素论域 U 到抉择评语论域 V 的一个模糊关系，$u_R(u_i,v_j)=r_{ij}$ 表示因素 u_i 对抉择等级 v_j 的隶属度。

单因素评判是比较容易办到的。例如，在 100 位专家参加的对某创业公司的财务状况评价中，对该创业公司的“资产负债率”这一着眼因素分别有 50、30、10、5、5 个人的评价

---

① Lévine J. On necessary and sufficient conditions for differential flatness[J]. Applicable Algebra in Engineering, Communications and Computing, 2011, 22(1): 47-90.

② 杨华初. 创业投资理论与应用[M]. 北京：科学出版社，2003.

③ Rigatos G, Tzafestas S G. Extended Kalman filtering for fuzzy modeling and multi-sensor fusion[J]. Mathematical and Computer Modeling of Dynamical Systems, 2007, 13(3): 251-266.

为“很好”“较好”“一般”“较差”“很差”，则对该创业公司的资产负债率这一单因素的评判即为(0.5,0.3,0.1,0.05,0.05)。

但是多因素的综合评价就相对复杂了。一方面，对于被评价事物，从不同的因素着眼可以得到截然不同的结论；另一方面，在诸多着眼因素 $u_i(i=1,2,\cdots,m)$之间，有些因素在总评价中的影响程度可能大些，而另一些因素在总评价中的影响程度可能要小些，但究竟要大多少或者小多少，则是一个模糊择优问题。因此评价的着眼点可看成 U 上的模糊子集 A，记作 $A=\frac{a_1}{u_1}+\frac{a_2}{u_2}+\cdots+\frac{a_m}{u_m}$或者 $A=(a_1,a_2,\cdots,a_m)$，其中 $a_j(0\leqslant a_j\leqslant 1)$为 u_j 对 A 的隶属度。它是单因素 u_i 在总评价中的影响程度大小的度量，在一定程度上也代表根据单因素 u_i 评定等级的能力。A 称为 U 的因素重要程度模糊子集，a_j 称为因素 u_j 的重要程度系数，它可能是一种调整系数或者限制系数，也可能是普通权重系数，在本节中，定义 a_j 为普通权重系数。于是，当模糊向量 $\boldsymbol{A}$ 和模糊关系矩阵 $\boldsymbol{R}$ 为已知时，可以通过模糊变换来进行综合评判①。即

$$B=\boldsymbol{A}\circ\boldsymbol{R}=(b_1,b_2,\cdots,b_n)$$

其中，B 称为决策评语集 V 上的等级模糊子集；“$\circ$”为采用的算子符号，当“$\circ$”取不同的运算时，就对应于不同的决策方式；$b_j(j=1,2,\cdots,n)$为等级 v_j 对综合评判所得等级模糊子集 B 的隶属度。如果要选择一个决策，则可按照最大隶属度原则选择最大的 b_j 所对应的等级 v_j 作为综合评判的结果。

一个比较复杂的系统，通常包括的因素较多，而且因素之间还包含不同层次，因此，应该根据系统的内外部环境，分成多个层次通过对每一层的评价，最终得出系统的综合评价②。

步骤 1：确定评价对象集、因素集和评语集。

根据实际需要确定评价的对象集、评价的因素集和评语集(即决断集)。

对象集：$O=\{o_1,o_2,\cdots,o_m\}$，因素集：$U=\{u_1,u_2,\cdots,u_m\}$，决断集：$V=\{v_1,v_2,\cdots,v_m\}$。

因素集 U 细分为 k 个子因素集。即

$U=\{U_1,U_2,\cdots,U_k\}$，k 表示评价对象包含的第一层子因素的数目。

对每一个因素 $u_i(i=1,2,\cdots,m)$又可划分为 l 个子评价因素，即

$U_i=\{U_{i1},U_{i2},\cdots,U_{il}\}$，$l$ 表示 U_i，这一“类”所包含的第二层子因素的数目。

同理，根据具体的要求可以进一步对 $U_{ij}(j=1,2,\cdots,l)$进行第四层因素的划分：

---

① Rigatos G, Zhang Q. Fuzzy model validation using the local statistical approach[J]. Fuzzy Sets and Systems, 2009, 60(7): 882-904.

② Cont R. Model uncertainty and its impact on the pricing of derivative instruments[J]. Mathematical Finance, 2006, 16(3): 519-547.

$U_{ij}=\{u_{ij1},u_{ij2},\cdots,u_{ijl}\}$，$t$ 表示 U_{ij} 这一“类”所包含的第三层子因素的数目。

步骤 2：建立评价因素的权重。定义总权重集：

$A=\{A_1,A_2,\cdots,A_k\}$，k 为评价对象所包含的第一层评价因素的数目。

同样，

$A_i=\{A_{i1},A_{i2},\cdots,A_{il}\}$，$i=1,2,\cdots,k$，$l$ 为第一层 U_i 所包含的第二层因素的数目。$A_{ij}=\{A_{ij1},A_{ij2},\cdots,A_{ijl}\}$，$j=1,2,\cdots,l$；$t$ 表示第二层 U_{ij} 所包含的第三层子因素的数目。

其中：

$$\sum_{i=1}^{k}A_i=1,\quad \sum_{j=1}^{l}A_{ij}=1,\quad \sum_{g=1}^{t}A_{ijg}=1$$

步骤 3：构造指标因素的模糊数学评定矩阵。

对于定量因素，构造其隶属度函数，对于定性因素，采用专家评判法，从而确定该指标因素相对于评语集 v_f 的隶属度。例如，对于第三层因素 U_{ijg}，可以确定该因素相对于评语集的隶属度；对于 U_{ijg} 的上层因素 U_{ij} 可以确定其对应的模糊数学评定矩阵①。

步骤 4：模糊合成运算。

做模糊变换，得出第二层指标 U_{ij} 的相对于评价集的取值：

$$B_{ij}=A_{ij}\circ R_{ij}=(b_{ij1},b_{ij2},\cdots,b_{ijm})$$

同理可得，第一层指标 U_i 相对于评价集的取值：

$$B_i=A_i\circ R_i=(b_{i1},b_{i2},\cdots,b_{im})$$

最后得出评价对象的评语隶属向量为

$$\boldsymbol{B}=A\circ R=(b_1,b_2,\cdots,b_m)$$

步骤 5：计算每个评价对象的综合分值。

综合评价的目的是要从对象集中选出优胜对象，所以还需要将所有对象的综合评价结果进行排序，将综合评价结果 Z 转换为综合分值 M，于是可依 M 值大小进行排序，从而可以挑选最优者。

接下来，利用统计学方法建立符合实际的隶属度函数。设在某一区间的样本观察值为 $x_1,x_2,\cdots,x_n$，由于样本观察值来自总体，故反映了总体的客观实际。区间两个端点的隶属度是已知的，应该要反映指标之间的对比程度，因此某一区间内的样本均值的隶属度应该是 0.5，那么选取 $\left(\frac{1}{n}\sum_{i=1}^{n}x_i,0.5\right)$ 为第三点，设隶属函数为 $y=ax^2+bx+c$，其中，y 表示隶属度，x 为指标值，则利用(100,1)，(50,0)，$\left(\frac{1}{n}\sum_{i=1}^{n}x_i,0.5\right)$ 这三点可以求出参数 a,b,c 的值，从而确定该区间上的隶属度函数。

---

① Fatone L, Mariani F, Recchioni M C, Zirilli F. Fuzzy model validation using the local statistical approach[J]. Fuzzy Sets and Systems, 2008, 3(1): 49-61.

现有的隶属度函数的确定方法在指标选取和模型运算上存在着一些缺陷。目前使用较多的隶属度函数确定方法是扎德教授提出的扎德公式，即 $r_{ijgf}\dfrac{(x_{f+1}-u)}{(x_{f+1}-x_f)}$，$r_{ijg(f+1)}=\dfrac{(u-x_f)}{(x_{f+1}-x_f)}$，$x_f\leqslant u\leqslant x_{f+1}$，但这种方法只适用于指标值均匀分布的情况，而很多指标在现实中并不服从均匀分布。因此，建立一套科学的创业投资项目评价指标体系和选择一种可操作的项目评价方法，为创业投资者投资决策提供参考依据，是发展我国创业投资业急需解决的问题。另外，不同行业、不同指标的模糊数学模型对应的隶属度函数是不一样的，而且会受宏观经济的影响，要确定受评价创业项目的隶属度函数，必须依赖于当前创业目所处行业的总体情况，因此，传统的确定隶属函数方法如扎德公式不能很好地反映现实情况。本节以受评价创业项目所处行业上市公司的财务指标作为统计样本，将统计样本的均值看作区间内隶属度为 0.5 的特殊点，模拟出每项指标在不同区间上的隶属度函数，并将结果与利用扎德公式计算出来的隶属度函数对比，通过对比可以看出我们模拟出的函数更与客观事实相符[①]。

在确定标的资产的当前价值时，可以运用模糊数学确定其期望值，有了期望值，我们就可以求出其方差。在模糊环境下，标的资产的资产变动方差、标准差系数为

$$D(s_i)=\sqrt{\frac{(s_{i2}-s_{i1})^2}{4}+\frac{(s_{i2}-s_{i1})(\alpha_i+\beta_i)}{6}+\frac{(\alpha_i+\beta_i)^2}{24}}$$

$$\delta(S_i)=\frac{\sqrt{D(s_i)}}{E(s_i)}$$

$$=\frac{\sqrt{\dfrac{(s_{i2}-s_{i1})^2}{4}+\dfrac{(s_{i2}-s_{i1})(\alpha_i+\beta_i)}{6}+\dfrac{(\alpha_i+\beta_i)^2}{24}}}{\left(\dfrac{(s_{i2}+s_{i1})}{4}+\dfrac{(-\alpha_i+\beta_i)}{6}\right)}$$

其中，S_i——第 i 阶段标的资产的内在价值；

$E(S_i)$——第 i 阶段标的资产当前期望价值；

$D(S_i)$——第 i 阶段标的资产当前期望价值的方差；

$\delta(S_i)$——第 i 阶段标的资产当前期望价值的标准差系数。

使用模糊数学来处理的标的资产当前期望价值的方差并不是创业企业价值评估模型中所需要的方差。在模型中，我们需要的是标的资产价值变化率的标准差，即先求得资产价值变化值与期望资产价值的比率，再由比率得出方差，最后得出标准差。而资产价值变化的标准差系数则刚好相反，是先求得价值变化的标准差，再将它与期望资产价值相比。

① Lindstrom E, Ströjby J, Brodén M. Sequential calibration of options[J]. Computational Statistics and Data Analysis, 2008, 52(6): 2877-2891.

但是本质上，资产价值变化率的标准差与资产价值变化的标准差系数的数值是相同的[①]。

因此我们可以根据创业企业的自身特点，用标的资产价值变化的标准差系数代替标的资产价值变化率的标准差，大大提高决策的灵活性和准确性。

3.3.3 应用案例选粹

1. 汽车行业应用案例

前面介绍了应用模糊数学评定时的指标选取以及模糊数学模型的运算步骤，对模型中隶属度函数的计算进行了改进，本节将通过具体的案例分析来验证模糊数学评定的应用价值。

以汽车行业为例，某创业投资公司对如下两个汽车制造商的项目进行评定：A 汽车制造股份有限公司和 B 汽车制造股份有限公司[②]。

步骤 1：确定评价对象集、因素集和评语集

根据前面建立的评价指标体系，对象为创业投资项目价值，第一层评价因素集为：

{创业公司财务状况，创业公司内部特征，创业公司外部状况}

其中，创业公司财务状况的第二层评价因素集为

{债务风险，盈利能力，资产质量，经营增长}

第二层因素继续细化为第三层因素集，分别为

{(资产负债率，速动比率)，(净资产收益率，销售利润率)，
(总资产周转率，应收账款周转率)，(销售增长率，总资产增长率)}

同理，创业公司内部特征的第二层评价因素集为

{管理水平，技术和产品}

第三层因素评价因素集为

{(管理者能力，组织结构，生产管理)，(技术水平，技术的竞争性，技术拓展性)}

创业公司外部状况的第二层评价因素集为：

{市场状况，环境指标}

第三层评价因素集为

{(市场规模，目标市场，竞争状况，行业发展)，(金融环境，区域基础设施)}

评语集选取三个：

{优秀，平均，较差}

步骤 2：利用层次分析法确定各个评价因素的权重系数

---

① Lopez J A, Saidenberg M R. Evaluating credit risk models[J]. Journal of Banking and Finance, 2000, 24(1-2): 151-165.

② 于淞楠. 创业投资支撑的技术创新体系建设——基于辽宁老工业基地的研究[D]. 东北财经大学, 2007.

对系统中各相关指标进行两两比较评判，再通过综合计算便可得到各评价指标对总目标的权数。应用层次分析法的基本步骤如下。

(1) 构造判断矩阵 $\boldsymbol{U}$，令 $u_{ij}=\frac{u_i}{u_j}$，u_{ij} 为 u_i 对 u_j 相对重要性值的表现形式。

(2) 将判断矩阵每一列归一化：$\overline{u_{ij}}=\frac{u_{ij}}{\sum u_{ij}}$。

(3) 将每一列归一化后的矩阵按行相加 $M_i=\sum u_{ij}$。

(4) 将向量 $\boldsymbol{M}=(M_1,M_2,\cdots,M_i)^{\mathrm{T}}$ 归一化：$A_i=\frac{M_i}{\sum\limits_{j=1}^{i}M_i}$。所求得的 $\boldsymbol{A}=(A_1,A_2,\cdots,A_i)^{\mathrm{T}}$ 即为各因素的权重。

(5) 计算判断矩阵的最大特征值 $\lambda_{\max}$。

(6) 一致性检验。一致性指标 CI 的计算公式为：$\mathrm{CI}=\frac{\lambda_{\max}-n}{n-1}$；检验系数 CR 的计算公式为：$\mathrm{CR}=\frac{\mathrm{CI}}{\mathrm{RI}}$，其中，RI 为平均一致性指标。

一致性是渐进式策略制定的一个至关重要的因素，各个子系统的策略要自下而上地聚合成为一个总体策略，这个过程中需要各子系统在策略上达成一致。然而实际中，随着创业企业逐渐扩大，这种一致性也越来越难以达到。渐进式策略适于在创业初期，企业规模比较小的时候应用，随着企业壮大，一致性成为创业决策的一个瓶颈。

通过分析可知，如果一个创业公司的资产负债率小于或等于 41.4%，则可以认为该创业公司的资产负债率指标是优秀的，即“优秀”的隶属度为 1，其他评语的隶属度均为 0；如果创业公司的资产负债率在 41.4～61.7 之间，则表示该指标可能“优秀”，也可能“平均”，这就需要计算“优秀”和“平均”的隶属度，并且“优秀”的隶属度与“平均”的隶属度之和应该为 1。

以资产负债率为例，在所有统计样本中，处于“优秀”和“平均”之间的值共有 17 个，则可以利用这 17 个数据模拟“优秀”和“平均”之间的隶属函数。经过计算，这 17 个数据的平均值为 54.9，即 54.9 隶属于评语“优秀” 和“平均”的隶属度均为 0.5。设该区间内隶属函数为 $y=ax^2+bx+c$，结合评语集标准值，可知“优秀”的隶属度函数通过以下三点：(41.4,1)，(61.7,0)，(54.9,0.5)，将这三点代入假设的隶属函数中即可求得参数 a,b,c 的一组值为(−0.001 8,0.136 1,−1.552 5)，那么“优秀”的隶属度函数为

$$y=-0.0018x^2+0.1361x-1.5525$$

同理，该区间内“平均”的隶属度函数通过以下三点：(41.4,0)，(61.7,1)，(54.9,0.5)。将这三点代入隶属度函数中，可以求得参数 a,b,c 的另一组值(0.001 8,−0.136 1,2.552 5)，因此“平均”的隶属度函数为

$$y = -0.0018x^2 - 0.1361x + 2.5525$$

根据同样的方法,可以求出较差与平均之间的隶属函数以及其他指标在各区间的隶属函数。

通过对比能够发现:用扎德方法计算出来的值"低估"了指标的"优秀"程度。从统计样本中可以发现,样本均值为54.9,大于区间两个端点的均值51.55,表明样本值更多地靠近"平均",在这种情况下,"优秀"的隶属度应该要向上调整。在"平均"和"较差"区间内也是如此,样本均值为66.36,小于区间两个端点的均值70.95,即样本值更多地靠近"平均",这样"较差"的隶属度应该要向上调整①。A汽车制造股份有限公司的资产负债率为58.17,该指标值处于"优秀"和"平均"之间,因此计算隶属度的公式为

$$y = -0.0018x^2 + 0.1361x - 1.5525$$

$$y = -0.0018x^2 - 0.1361x + 2.5525$$

将58.17作为自变量代入到函数中,可知"优秀"的隶属度为

$$y = -0.0018 \times 58.17^2 + 0.1361 \times 58.17 - 1.5525 = 0.2737$$

"平均"的隶属度为

$$y = -0.0018 \times 58.17^2 - 0.1361 \times 58.17 + 2.5525 = 0.7263$$

由于指标值在"优秀"和"平均"区间内,可以认为"较差"的隶属度为0。同理,如果指标值在"平均"和"较差"区间内,则可以认为该指标"优秀"的隶属度为0。

将A汽车制造股份有限公司其他指标的隶属度依据同样的方法计算出来,就可以获得模糊数学评定矩阵。首先将第三层指标的隶属度用行向量形式列出,例如,资产负债率隶属度的行向量形式为(0.2737, 0.7263,0),速动比率隶属度的行向量形式为(0,0.0978,0.9022),将这两个行向量合成矩阵,就得到第二层指标"债务风险"的模糊数学评定矩阵②:

$$\boldsymbol{R} = \begin{pmatrix} 0.2737 & 0.7263 & 0 \\ 0 & 0.0978 & 0.9022 \end{pmatrix}$$

将模糊数学评定矩阵与步骤2中确定的权重系数结合起来,就可以得到整个模糊综合法评价模型的框架。

综合评价结果的计算公式为$B=\boldsymbol{A}\circ\boldsymbol{R}$,$\boldsymbol{R}$为模糊数学评定矩阵,$\boldsymbol{A}$为各指标的权重,$B$表示该级指标的综合评价结果,算子采用普通矩阵乘法。由于模糊数学评定模型共有三层指标,因此需要进行三次复合运算。

首先计算第三层的综合评价结果,以债务风险为例,债务风险的模糊数学评定矩阵为

① 郭江明. 创业投资项目评估与风险管理研究[D]. 南京航空航天大学,2007.

② Brockhaus R H. Risk taking propensity of entrepreneurs[J]. Academy of Management Journal, 1980, 23(2): 509-520.

$$\boldsymbol{R}=\begin{pmatrix}0.2737 & 0.7263 & 0\\ 0 & 0.0978 & 0.9022\end{pmatrix}$$

两项指标“资产负债率”和“速动比率”的权重向量为

$$\boldsymbol{A}=(0.5,0.5)$$

那么,债务风险的综合评价结果为

$$\boldsymbol{A}\circ\boldsymbol{R}=(0.5,0.5)\circ\begin{pmatrix}0.2737 & 0.7263 & 0\\ 0 & 0.0978 & 0.9022\end{pmatrix}=(0.1368,0.4121,0.4511)$$

同理,将第二层的所有指标按上述方法计算出综合评价结果,并将各项指标的评价结果按行向量形式列出,“盈利能力”的评价结果为(0,0.341 6,0.658 4),“资产质量”的评价结果为(0.4,0.452 2,0.147 8),“经营增长”的评价结果为(0,0.525 4,0.474 6),将以上4个行向量组成矩阵,则得到第二层指标的综合评价矩阵:

$$\boldsymbol{R}=\begin{pmatrix}0.1368 & 0.4121 & 0.4511\\ 0 & 0.3416 & 0.6584\\ 0.4 & 0.4522 & 0.1478\\ 0 & 0.5254 & 0.4746\end{pmatrix}$$

第二层4个指标的权重向量为

$$\boldsymbol{A}=(0.3,0.1,0.2,0.4)$$

同理,第一层其他两个指标“创业公司内部特征”和“创业公司外部状况”的评价结果行向量形式为(0.438,0.4,0.162)和(0.498 5,0.396,0.105 5),那么第一层指标的综合评价矩阵为

$$\boldsymbol{R}=\begin{pmatrix}0.1210 & 0.4584 & 0.4206\\ 0.438 & 0.4 & 0.162\\ 0.4985 & 0.396 & 0.1055\end{pmatrix}$$

按照上述同样的步骤,计算出B汽车制造股份有限公司的最终综合评价结果为(0.423 9,0.400 1,0.176 1)。

步骤3:计算每个评价对象的综合分值

为了使最终评价结果更为直观,还可以将步骤4中行向量形式的最终结果转化为具体的数值,即规定评语集对应的分数,将向量与对应分数相乘并求和。在本节中,规定“优秀”的分数为80,“平均”的分数为50,“较差”的分数为20,则A汽车制造股份有限公司的项目综合分值为55.877 0;B汽车制造股份有限公司的项目综合分值为57.439 0。

由上述结果可知,B汽车制造股份有限公司的项目要优于A汽车制造股份有限公司。这跟事实是符合的,对比两个创业公司的财务数据:虽然在债务风险和资产质量两个指标上,B汽车制造股份有限公司劣于A汽车制造股份有限公司,但B汽车制造股份有限公司的经营增长指标要远远优于A汽车制造股份有限公司,而在财务指标中,创业投资

公司最关注的指标就是经营增长，因此最终的得分 B 汽车制造股份有限公司应该要高于 A 汽车制造股份有限公司。

2. 创业投资项目双方应用案例

创业投资家通过对创业企业尤其是高新技术领域的创业企业提供资本、技术支持及管理服务，推动高新技术企业成长壮大，并在企业的一定发展阶段退出投资，实现投资资本的价值增值。创业投资推动高新技术企业的推陈出新，对于促进一国经济结构的调整升级发挥重要作用。由于信息不对称，加之创业企业家自身逐利性的客观存在，在创业投资中，不可避免地会出现创业企业家为个人利益而滋生出投机等自利性行为。作为创业投资的最后一环，创业企业家的行为关乎创业项目的成败，可能成为葬送创业投资的“最后一根稻草”。

不妨设创业企业的价值公式为

$$V = \text{NPV} + C$$

其中，V——创业企业的评定价值；

NPV——创业企业的内在价值；

C——创业企业期权价值。

投资者为了降低投资的风险，对创业企业的投资一般采取分期投资。后期是否投资主要取决于前期投资后的创业企业的具体运营情况。

设有一个创业企业，在可预计的未来期间内，投资者采用分阶段投资。期初投资额为 I_0，在 T 年内每年的净现金流量为 $F(t)(t=1,2,\cdots,T)$；在第 $t_i(i>1)$ 年年初产生一个投资机会，投资者可以注入新的投资以扩大规模；投资者若在第 t_i 年年初新增投资 $I(t_i)$，那么这部分投资会在第 t_i 年后每年产生净现金流量 $F(t_{im})(m=1,2,\cdots,T_i)$；$m$ 表示第 t_i 年投资后的年数，T_i 表示第 t_i 年投资之后能产生收益的最长年限；im 表示第 t_i 年投资后的第 m 年；贴现率为 R，同期无风险利率为 r，因此要评定出创业企业的价值要分为以下三步。

(1) 计算创业企业的内在价值，即期初投资产生的创业企业的价值，不考虑后期的追加投资：

$$\text{NPV} = \sum_{t=1}^{T} F(t)(P/F,R,t) - I_0$$

(2) 计算从第 2 次到第 i 次投资中所包含的期权价值。

S(标的资产的当前价值)＝从第 2 次到第 m 次投资所产生的未来收益的现值之和。

$$S = \sum_{t=2}^{n}\sum_{m=1}^{T} F(t_i)(P/F,R,t_m+t_i)$$

K(标的资产执行价格)＝第 2 次到第 m 次投资的投资额之和：

$$K = \sum_{t=2}^{n} I(t_i)$$

期权价格：$C=S_0N(d_1)-K\mathrm{e}^{-rt}N(d_2)$

(3) 计算创业企业的价值：

$$V=\mathrm{NPV}+C=\sum_{t=1}^{T}F(t)(P/F,R,t)-I_0+S_0N(d_1)-K\mathrm{e}^{-rt}N(d_2)$$

创业企业价值评定修正模型为

$$V=E(\mathrm{NPV})+\sum_{i=2}^{n}[E(S_i)N(d_{i1})-E(K_i)\mathrm{e}^{-r_iz_i}N(d_{i2})]$$

其中，$E(\mathrm{NPV})$——起初投资后不考虑后期追加投资的期望净现值；

$E(S_i)$——第 i 阶段标的资产当前期望价值，即第 i 阶段投资后所产生的期望收益的现值；

$E(K_i)$——第 i 阶段标的资产的期望执行价格，即第 i 阶段期望投资金额的现值；

$N(d)$——正态分布中随机变量小于 d 时的概率：

$$d_{i1}=\frac{\ln[E(S_i)/E(K_i)]+(r_i+0.5\delta S_i^2)z_i}{\delta S_i\sqrt{z_i}}$$

$$d_{i2}=d_{i1}-\delta S_i\sqrt{z_i}$$

其中，z_i——第 i 阶段期权的有效期；

r_i——第 i 阶段期权有效期间的无风险利率；

δS_i——第 i 阶段标的资产期望价值的标准差系数。

资产预期收益率的基本表达式：

$$R=R_f+\beta(R_m-R_f)$$

其中，R——折现率；

R_f——无风险利率；

R_m——市场的预期收益率；

β——被评定企业的风险系数。

在期望现金流下，最有可能的收益现值分布在区间$[S_{i1},S_{i2}]$，也就是梯形模糊数字集合 S_i 的核心区间(创业企业未来预期收益最有可能的一个区间)；$S_{i1}-\alpha_i$ 是期望收益的现值向下的趋势，就是创业企业在最坏环境下的未来收益现值；$S_{i2}+\beta_i$ 是期望收益的现值向上的趋势，就是创业企业在最理想环境下的未来收益现值。

在期望现金流下，每年最有可能的现金流分布在区间$[f_{i1},f_{i2}]$也就是梯形模糊集合 F 的核心区间；$f_{i1}-\alpha_i'$是期望现金流向下的趋势，$f_{i2}-\beta_i'$是期望现金流向上的趋势。

$$E(\mathrm{NPV})=\sum_{i=1}^{n}E(F_i)(P/F,R,i)-I_0=\sum_{i=1}^{n}\left(\frac{f_{i1}+f_{i2}}{2}+\frac{\beta_i'-\alpha_i'}{6}\right)(P/F,R,i)-I_0$$

其中，n——预期现金流的年限；

F_i——第 i 年的现金流；

R——预期现金流的贴现率；

I_0——初始投资。

假设 1：创业企业家拥有一个极具发展前景的创业项目，但由于企业处于创业初期，风险比较大，创业企业家无法通过传统的银行贷款等方式筹得启动资金，而创业投资家拥有充足的资金，并且可以为创业企业提供相关的管理支持服务。创业投资家和创业企业家签订契约，由创业投资家投入资金 i，约定在投资项目结束，并获得收益后，创业投资双方按照契约内容进行收益分配。

假设 2：投资项目能否发展壮大并最终取得成功依赖于风投双方的共同努力，因此本节建立以下投资项目成功概率函数：$P=Me_{EN}+Ne_{VC}$，$P\in[0,1]$，其中，e_{EN} 和 e_{VC} 分别表征创业企业家和创业投资家的努力水平，且两者之间相互独立，不完全信息下，由于努力水平不可观测，创业投资双方选择使得自身期望效用达到最大的努力水平；M 和 N 分别为创业企业家与创业投资家的声誉水平，其受到创业企业家个人能力、企业治理等多种因素的影响。

假设 3：当创业投资家对投资项目投入资金后，投资项目的发展价值为 r，δ 为投资项目发展运营过程中表征项目盈利性的信息，$\delta\in(-\infty,+\infty)$其分布函数为 $f(\delta)$，$f(\delta)\in[0,1]$，则投资项目价值可表示为 $R(\delta)=\int_0^{+\infty} r\mathrm{d}f(\delta)$，$\dfrac{\mathrm{d}R(\delta)}{\mathrm{d}\delta}$。由假设 2 可知，若投资项目获得成功（成功的概率为 P），此时项目所获价值为 $P(\delta)$；若投资项目以失败告终（失败的概率为 $1-P$），此时项目所获价值为 0，故投资项目价值的期望值可表示为

$$E(R)=E[(1-P)\times 0+P\times R(\delta)]=PR(\delta)$$

假设 4：由于创业投资双方的努力成本函数 $C(e_i)$ 与边际成本函数 $C'(e_i)$ 是关于 e_i 的增函数，故满足 $C'(e_i)>0$ 和 $C''(e_i)>0$，不妨假设其努力成本函数为 $C(e_i)=\dfrac{1}{2}b_ie_i^2$，则双方努力成本分别表示为 $C(e_{EN})=\dfrac{1}{2}b_1e_{EN}^2$，$C(e_{VC})=\dfrac{1}{2}b_2e_{VC}^2$ 其中，b_1，b_2 分别为 EN 和 VC 的努力成本系数。

假设 5：U_{EN}，V_{VC} 分别表征创业企业家和创业投资家的预期效用，创业投资双方均保持风险中性，其努力水平取决于项目的预期效用，且不考虑资金的时间价值。

由于创业投资家可以观测到创业企业家的行为，创业投资双方均不能随意选择自己的努力水平，因此创业投资中不存在投机行为与道德风险。此时，存在最优合作解使得投资项目获得最大价值：

$$\begin{aligned}\max\{U_{EN}+U_{VC}\}&=\max\{PR(\delta)-C(e_{EN})-C(e_{VC})-I\}\\&=\max\left\{(Me_{EN}+Ne_{VC})R(\delta)-\frac{1}{2}b_1e_{EN}^2-\frac{1}{2}b_2e_{VC}^2-I\right\}\end{aligned}$$

分别对上式中的 e_{EN} 和 e_{VC} 求偏导，并在满足一阶条件等于 0 的前提下，可得完全信息情形下，风投双方努力水平的最优合作解：

$$e_{\mathrm{EN}}^{*}=\frac{M}{b_1}R(\delta)$$

$$e_{\mathrm{VC}}^{*}=\frac{N}{b_2}R(\delta)$$

由最优合作解可以看出，在努力成本系数一定的情况下，创业企业家和创业投资家的努力水平与创业投资双方的声誉水平以及投资项目的价值有关：当双方声誉水平越高，投资项目价值越大时，EN 和 VC 愿意对投资项目付出更多的努力。

假设创业投资家与创业企业家间签订契约，通过注入资金 I，前者将获得创业企业 α $(0<\alpha<1)$ 的股权比例；与此相应，创业企业家则获得 $1-\alpha$ 的股权比例。此时，创业企业家与创业投资家的预期效用可分别表示为

$$U_{\mathrm{EN}}^{eq}=(1-\alpha)PR(\delta)-\frac{1}{2}b_1e_{\mathrm{EN}}^2=(1-\alpha)(Me_{\mathrm{EN}}+Ne_{\mathrm{VC}})R(\delta)-\frac{1}{2}b_1e_{\mathrm{EN}}^2$$

$$U_{\mathrm{VC}}^{eq}=\alpha PR(\delta)-\frac{1}{2}b_2e_{\mathrm{VC}}^2=\alpha(Me_{\mathrm{EN}}+Ne_{\mathrm{VC}})R(\delta)-\frac{1}{2}b_2e_{\mathrm{VC}}^2-I$$

创业投资双方出于追求自身利益考虑，通过选择各自的努力水平以最大化己方期望效用，分别对 e_{EN} 和 e_{VC} 求偏导，可得普通股契约下的最优解(e_{EN}^{eq}，e_{VC}^{eq})。

$$\frac{\partial U_{\mathrm{EN}}^{eq}}{\partial e_{\mathrm{EN}}}=(1-\alpha)MR(\delta)-b_1e_{\mathrm{EN}}=0$$

$$\frac{\partial U_{\mathrm{EN}}^{eq}}{\partial e_{\mathrm{VC}}}=\alpha NR(\delta)-b_2e_{\mathrm{VC}}=0$$

$$e_{\mathrm{EN}}^{eq}=(1-\alpha)\frac{M}{b_1}R(\delta)$$

$$e_{\mathrm{VC}}^{eq}=\alpha\frac{N}{b_2}R(\delta)$$

可以看出：普通股契约模型下，由 $0<\alpha<1$ 可得 $e_{\mathrm{EN}}^{*}>e_{\mathrm{EN}}^{eq}$，$e_{\mathrm{VC}}^{*}>e_{\mathrm{VC}}^{eq}$。同时，在风投双方期望效用最大的前提下，创业企业家与创业投资家的最佳努力水平是一个关于双方拥有股权比例大小、声誉、投资项目价值以及双方努力成本系数的函数。当创业投资家拥有的股权比例越高、声誉越好、投资项目的发展价值越高时，创业投资家更倾向于对投资项目投入更大的努力，创业企业家亦然。

另外，可转换债券作为创业投资中较为常见的融资工具，是一种在特定情况下可以转换成普通股的债券，其融合了股权和债权融资的优点，可转换债券“可转换”的特性给予创业投资家更大的弹性空间。若创业企业发展前景较好，创业投资家可以选择在约定的时间内将其所持可转换债券转换成普通股，以享受项目发展带来的高资本增值；若创业企业的业绩显示其未来发展不容乐观，创业投资家则会选择以债权形式继续持有。较股权融

资而言，债权融资是一种债务式的融资式，其体现的是融资双方之间的借贷关系，而非所有权关系，债券一般都约定发行人定期向其持有者支付利息，到期偿还本金。

假设 δ^* 为可转换债券转换为普通股的临界点，且项目不同发展状态下的发展价值 r 并不相同，满足 $\int_0^{+\infty} r\mathrm{d}f(\delta)=\int_0^{\delta^*} r_1\mathrm{d}f(\delta)+\int_{\delta^*}^{+\infty} r_2\mathrm{d}f(\delta)$。此时，项目价值可表示为：

$$R(\delta)=\begin{cases}R_1(\delta), & \delta<\delta^* \\ R_2(\delta), & \delta<\delta^*\end{cases}$$

其中，$R_1(\delta)=\int_0^{+\infty} r_1\mathrm{d}f(\delta),\delta<\delta^*$，$R_2(\delta)=\int_0^{+\infty} r_1\mathrm{d}f(\delta),\delta>\delta^*$。当创业企业发展前景不好，即 $\delta<\delta^*$，$D>\alpha R_1(\delta)$时，创业投资家可获得一固定债权 D；当创业企业发展前景较好，即 $\delta>\delta^*$，$D<\alpha R_2(\delta)$时，创业投资家可以将其转换成普通股，以股权融资的方式来获得资本增值，且满足 $\delta^*=\{\delta|D=\alpha R_1(\delta)=\alpha R_2(\delta)\}$。

假设创业投资家对创业企业施加激励强度为 k 的激励手段，且激励为正激励。由于激励对于创业企业家的能力有一定的强化作用，且激励手段的引入还改善了创业企业治理，能力的提升与公司治理的改善最终提升了创业企业家声誉水平，投资项目的成功概率由此发生改变，此时项目成功函数 $P_1=kMe_{\mathrm{EN}}+Ne_{\mathrm{VC}}$（其中 $k>1$）。考虑到边际效用递减规律，$0<t<1$；同时，由于对创业企业激励措施的实施，创业企业家可获得额外收益 $J(k)$，$\frac{J(k)}{\mathrm{d}k}>0$；创业投资家的激励成本 $C(k)=\frac{1}{2}\lambda k^2$，$\lambda$ 为激励系数。那么在创业投资项目中，若创业投资家选择将可转换债券以债券方式持有，表示投资资本将以债权形式投入创业企业，对创业投资家而言，债权融资最大的优点在于投资收益的稳健性：即使创业企业有破产的风险，创业投资家依然享有对其优先偿付权；但是债权融资也有其弊端：当以债权形式注入创业企业后，投资资本将难以转让，故债权融资缺乏一定的流动性；同时，与普通股融资相比，债权融资下创业投资家对于创业企业缺乏足够的控制权，更不能分享因创业项目成长带来的资本增值，因此，以债权方式继续持有可转换债券是创业投资家最不希望看到的。而可转换债券既有普通股的长期增长潜力，又具有债券安全稳健的优势，可以有效地维护创业投资家对于创业企业与现金流量的正当权益，避免由投资项目发展前景不佳所引发的股权下跌风险，因而其对创业投资家往往拥有极大的吸引力①。

---

① Beugelsdijk S. Entrepreneurial culture, regional innovativeness and economic growth［J］. Journal of Evolutionary Economics, 2007, 17(2): 187-210.

第4章　条件限制下的小微创业团队模型

近年来，在政府不断出台新的扶植支持创业政策和改善社会创业大环境的前提下，越来越多的年轻人深知，在现代科技进步飞速发展的时代，靠个人单打独斗创业虽然可以获得一定的经济效益，但是个人的经验、实力以及经济能力等各方面条件的局限性都在一定程度上限制了创业者的快速发展，难成大业。依靠不同专业，不同资源和人脉关系整合而成的创业团队，将是一个初创微小企业所必须要有的创业模式，这样可以在文化知识、社会经验、技能和专业分工合作等方面提供互补，形成创业团队效能最大化。

党中央先后召开多次重大会议，围绕创业工作进行研究探讨，通过推进实施公司登记制度改革、延续并完善小微创业团队的税收优惠政策、进一步简政放权、设立创业投资引导基金、拓宽投融资渠道、完善知识产权制度、建设大众创业支撑平台等一系列切实可行的政策措施，扶持小微创业团队发展，稳步推进创业创新，小微创业团队发展日渐蓬勃。但小微创业团队已获得的金融支持与其发展需求相比，仍存在不小的差距，即存在广泛的条件限制，限制了小微创业团队的发展。

小微创业团队受创业条件(包括一地区已有的创业活动水平)、客观因素(即制度环境和经济环境)和主观因素(即小微创业团队成员的个体才能)这三个要素的影响[①]。

4.1　小微创业团队简介

小微创业团队是推动国民经济发展的坚实力量，在推动创新创业、提供就业岗位、推进城镇化建设、维持社会稳定、促进经济增长、调整产业结构等方面发挥

① Wickham P A. Strategic entrepreneurship[M]. London: Financial Times Prentice Hall, 2006.

着至关重要的作用。小微创业团队的发展与创新有着密不可分的联系①。

小微创业团队，顾名思义是由两个及两个以上的创业者组成，具有共同的创业理念和共同的价值追求，愿意共同承担风险，共享收益，为了实现创业目标而形成的正式或非正式组织，也可以称为利益共同体。一个完整的小微创业团队应具有如下4项要素。

(1) **人**。人是小微创业团队中最核心的部分。目标是要由人来实现的，因此小微创业团队中人员的选择要非常慎重。一般小微创业团队都是由一群志同道合且拥有共同的创业理念和目标的人建立的。因此团队成员具有共同点是至关重要的。其共同点主要体现在创业观相同、价值观相同、金钱观相同。然而对一个小微创业团队而言，成员之间仅有共同点是不够的，还需要有互补点。一个企业的创立，需要有人进行决策，需要有人进行管理，需要有人宏观把握，制订计划也需要有人具体实施，还需要有人去寻找创业机会和合作伙伴，等等。因此，小微创业团队成员要多元化，成员之间的优势要能互补而非叠加。优势互补既要有性格上的互补，也要有技能、专业、特长方面的互补，还要有人脉资源上的互补。每个人的社会资源是有限的，但当整个团队社会资源合并在一起进行重新整合的时候，所发挥的效用将数倍增大。因此小微创业团队在成员构成上要把握三个"共同"和三个"互补"，即创业理念和目标相同、价值观相同、金钱观相同；性格互补、能力互补、资源互补。

(2) **目标**。明确的目标是小微创业团队成立的基础。小微创业团队的建立必须有一个相对明确的目标，为团队成员指明前进和奋斗的方向。具有明确的目标，小微创业团队才能清楚创业的方向，才能知道为了实现此目标需要付出哪些行动和努力，需要什么样的机会，才能准确把握时机和商机。除此之外，明确的目标能够使小微创业团队清楚知道组织需要哪些方面的人才和技能，在寻找合作伙伴或是雇用员工时都能有清晰的认识，从而按照小微创业团队的目标选择最合适的人才，提高团队战斗力和综合实力。

(3) **职能分配**。合理的职能分配是小微创业团队成功的必备条件。小微创业团队的成员必须要有职能上的分配，即规定每个成员在创业过程中所担负的责任和拥有的权力。首先要根据每个成员的专业特长和优势确定其职责，从而保证每个成员都能最大限度地发挥自己的特长，在创业过程中遇到的问题都能有相对专业的人来解决，有效地提高整个团队的办事速度。职能分配能使团队成员在紧密结合的基础上协调一致、统筹合作，既增强整个团队的士气，又提高团队的工作效率，获得更多的收益。不仅如此，小微创业团队还需要明确规定每个团队成员所拥有的权力。虽然许多小微创业团队推崇群力群策，将决策权交给全部成员，每项决策都要由整个团队共同商议讨论之后才做出决定，但是在具体执行的时候需要适当的分权，在不损害集体利益的情况下，个人需要有与职能相对应的

---

① Gartner W B. A conceptual framework for describing the phenomenon of new venture creation[J]. Academy of Management Review, 1985, 4(10): 695-705.

决策权力[①]。

成功的小微创业团队，首先需要创业者们具有共同的创业理念。共同的创业理念不仅决定了团队创业的目标，小微创业团队的性质及创业的行为准则，也是形成团队凝聚力和合作精神的基础。团队中的成员需要互相配合，紧密合作，既各司其职又能做到互相帮助，从而提高整体的工作效率。团队的每一个人都是一股紧密联系又缺一不可的力量。团队的整体成功才能使每个人都获得最大利益。拥有共同的创业理念和价值追求，能更容易建立起这种心理契约和创业氛围，从而形成一支凝聚力强、效率高、整体协同合作的优秀团队[②]。

其次，小微创业团队的构成要有异质性，即团队成员在技能、经验或是人文因素上要具有差异性。从宏观上而言，技能包括概念技能、人际关系技能和技术技能三个方面；从微观上而言，技能具体包括创业者受教育程度、所学专业、掌握的技术等。经验包括个人的工作经历、专长、产业背景知识等。人文因素主要指创业者的性别、年龄、民族等。小微创业团队的异质性有助于提高团队创业的科学性，创业者们可以从不同的角度分析问题，有更多的思维和理解方式，从而能为创业提供更多的决策选择和解决问题的方法。团队成员的异质性能起到相互补充和平衡的作用，在创业过程中遇到的问题都能有相对专业的人士来解决，提高了团队的效率和创业的成功率。不仅如此，团队成员在技能和经验上的差异性，使得每个成员都拥有其独立的有差别的社会网络资源，从而使得整个团队的社会网络资源呈互补和扩大的趋势而非层层叠加。因此小微创业团队的构成需要成员在价值观和创业观上相似而在专业技能、管理能力、战略思考上形成互补。

最后，团队成员要有合理的报酬和激励。追逐利益是小微创业团队建立最原始的动力。而建立在合理的利益分配关系上的团队才具有发展性和稳定性。团队成员的差异性导致了每个成员对创业的作用和贡献不同，为小微创业团队带来的收益也会有所区别，因此在团队组建的开始要根据实际情况制定合理的报酬分配方式，使得每个成员都能在相对公平化的氛围下合作。

合理恰当的激励是小微创业团队不断发展和成长的动力所在，给予每个成员适当的激励，既能够刺激创业者发挥最大的能效获得更多的收益，还有助于增强小微创业团队的稳定性，因为单个创业者在团队中能获得期望的收益才会更加努力地工作。然而激励的方式并非一成不变，小微创业团队在不同的生命周期内，创业者们所需求和追求的利益会随之改变，因此要根据实际情况，调整激励方式，从而使创业者们在各个时期都能尽最大

---

① Jeffcoate J, Chappell C, Feindt S. Best practice in SME adoption of e-commerce[J]. Benchmarking: An international Journal, 2002, 9(2): 122-132.

② Kaynama K, Black H. A user-based design process for web sites[J]. Systems and Services, 2000, 15(1): 35-44.

的能力为整个团队和企业的发展做出贡献[①]。

(4) 计划。准确详细的计划是小微创业团队成功的前提，也是实现创业目标的保障。小微创业团队的成员在制定计划时要充分考虑团队内外部环境、自身优势、劣势等各方面的因素，其不仅要服务于创业团队短期的目标，还要有利于小微创业团队长期战略目标的实现。另外，计划一定要具有可行性和可预见性，否则就只能是纸上谈兵，对小微创业团队没有任何帮助。计划不仅要确保组织目标的实现，而且要从众多的方案中选择最优方案，从而使得小微创业团队资源得到最合理、最有效的应用。在有了明确的目标、合适的团队成员，规定了成员的职责和权限后，就需要有一系列周密的计划来引导小微创业团队具体实施，从而最终实现目标。合理详尽的计划也能为小微创业团队今后的管理控制活动提供一定的依据，使小微创业团队今后的发展与目标要求尽量保持一致，从而使小微创业团队在正确的轨道上更好地前进。

从 2013 年年底至 2016 年年初，国务院常务会议前后 25 次围绕创业创新工作进行研究探讨，通过推进实施公司登记制度改革、延续并完善小微创业团队的税收优惠政策、进一步简政放权、设立创业投资引导基金、拓宽投融资渠道、完善知识产权制度、建设“大众创业、万众创新”支撑平台等一系列切实可行的政策措施，扶持小微创业团队发展，稳步推进创业创新。在近两年的中央经济工作会议上，提出创新是驱动发展的新引擎，要深入实施创新驱动发展战略，通过改革创新，改造提升传统动能，加快新动能成长。近三年来，中央层面出台二十多份有关推进创新创业的指导意见、方案、通知或工作指引等相关文件，大力推进创新创业若干政策措施的落地。十八届三中、四中、五中全会均明确提出要建立健全就业创业体制机制。中华人民共和国国民经济和社会发展第十三个五年规划纲要(简称“十三五”规划)中也明确指出，要完善创业扶持政策，鼓励以创业带动就业。

近年来，国家相继出台扶持小微创业团队发展的政策，不断加强对小微创业团队的金融支持力度，小微创业团队发展日渐蓬勃。但小微创业团队已获得的金融支持与其发展需求相比，仍存在不小的差距，即存在广泛的条件限制，限制了小微创业团队的发展。

4.2 创业中的条件限制简介

创业中的条件限制是指在创业过程中受条件(包括一地区已有的创业活动水平，短期收入遭受冲击的借款者希望通过金融市场借贷以平滑消费但却无法借贷或无法足额借贷的状态)导致的限制[②]。创业中的条件限制可分为短期创业条件限制和长期创业条件限

① Knouse S B, Webb S C. Virtual networking for women and minorities[J]. Career Development International, 2001, 6(4): 226-228.

② Buera F J. A dynamic model of entrepreneurship with borrowing constraints: theory and evidence[J]. Annals of Finance, 2009, 5(3): 443-464.

制。条件限制对创业的影响并不是单调的，条件限制的放松不一定会导致创业活动的增加。具体来说，创业选择和家庭生产函数是由小微创业团队成员的能力所决定的；小微创业团队受到条件限制的程度由其初期的财富水平决定[①]。

创业中的条件限制存在的原因之一是政府对信贷市场的过度管制，这使得贷款利率一直被压制在均衡利率以下而无法自由调整，从而形成信贷供给远不能满足信贷需求，即无法使金融市场出清的状态[②]。创业条件限制中的外部条件是指创业者和创业组织的无法管理和控制的因素，主要包括资本市场的利率状况、宏观的经济形势、政府的相关政策、行业的进入壁垒等；创业条件限制中的人是指为创业活动提供资源或服务的人员，包括管理者、雇员、投资者、供应商等；创业条件限制中的交易行为是指创业者同其他人员之间的风险承担及激励机制[③]。创业条件限制中的人、资源、机会和交易行为都受制于其所处的外部条件，同时也会对所处的外部条件造成一定的影响。创业的过程就是以条件为中心的这4个要素相互协调平衡的过程，如图4.1所示。

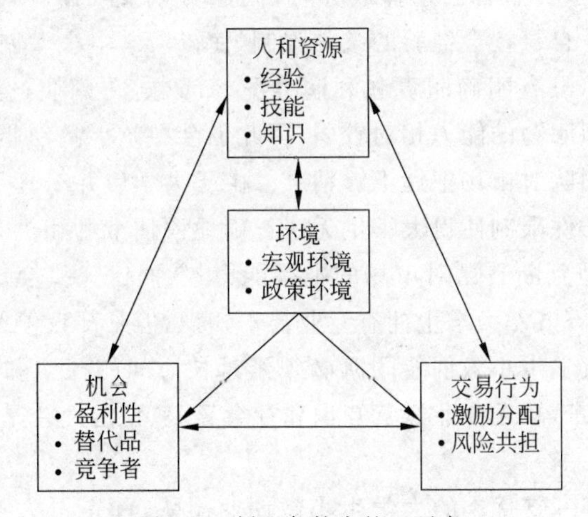

图4.1 创业条件中的四要素

大学生小微创业团队相较于一般的小微创业团队，其最明显的区别就在于创业成员均为大学生。他们拥有较高的学历，较强的专业基础知识，有丰富的知识背景，在能力、技术水平等方面也有一定的优势，通常其创业会选择高新科技和一些技术性较强的方向，以发挥其所学知识和技能；其次会选择成本少，风险较小的项目，即使失败，也不会造成非常

---

① Moms M, Sexton D L. The concept of entrepreneurial intensity: Implications for company performance[J]. Journal of Business Research, 1996, 36(1): 5-13.

② Holt D H. Entrepreneurship: New Venture Creation[M]. New Jersey: Prentice Hall, 1992.

③ Jappelli T, Pagano M. Consumption and capital imperfections: An international comparison[J]. The American Economic Review, 1994, 79(5): 1088-1105.

严重的后果,反而能让大学生们从中汲取经验教训,东山再起。大学生头脑灵活,思维活跃,具有强烈的创新意识和自我实现意识,接受新鲜事物能力强,也能很快通过学习将知识转化为产出。然而,大学生们毕竟处于相对封闭的大学校园,接受的是书本知识而非实践技能,因此大学生小微创业团队在创业过程中,其社会经验、人生阅历等方面的条件限制,会使得大学生们普遍缺乏概念技能,不能很精准地把握市场的变化,也很难适应社会激烈的斗争。除此之外,资金问题也是大学生创业的首要问题,虽然政府出台了很多政策鼓励大学生创业,但是大学生小微创业团队往往融资困难,流动资金紧张,大学生往往对于企业财务概念很模糊,也会导致企业财务管理混乱。

所以,大学生小微创业团队要想获得成功也面临着很大的考验。大学生小微创业团队的劣势可以归纳为:第一,大学生小微创业团队的稳定性较差。大学生一直生活在象牙塔中,对社会的认知不够,缺乏经验,处理事情较理想化,一旦理想与现实发生碰撞,创业遇到挫折、困难,很多创业者会选择放弃,脱离小微创业团队,从而使小微创业团队解散。此外,由于大学生自身社会经验的条件限制,使得大学生小微创业团队在创业行为开始之前考虑不够周全,没有明确职责和利润分配等问题,在创业过程中会产生争议和纠纷,而大学生处理类似问题的能力相对较弱,因此也会导致小微创业团队的不欢而散。第二,大学生小微创业团队对市场把握不够精准。由于大学生并未真正走出社会,与社会接触相对较少,经验的条件限制使得大学生无法正确地评估市场和机会,要么对市场的判断过于乐观,要么过低地判断自己对市场的把握能力,从而错失机会。第三,大学生小微创业团队技术力量缺失。虽然大学生拥有专业技术知识,但是却仅停留于知识表面,并未转化成为真正的技术,大学生小微创业团队必须经过长时间的探索和努力才能将知识真正转化为技术。总体而言,缺乏专业经营知识和社会经验、稳定性差是大学生小微创业团队遇到的普遍问题[①]。

综上所述,要组建一支优秀的大学生小微创业团队,首先团队成员要志同道合,有共同的创业梦想,相同的价值观和金钱观。志同道合是彼此合作的基础,志同道合的创业者之间形成的心理契约才会更稳固,也只有志同道合的创业者才能在创业的道路上相互体谅,共同承担,风雨同舟。志不同道不合很容易在合作的过程中产生分歧和争吵,而各自的信念和想法也很难融合在一起,即使是为了共同创业勉强融合,也会在今后的进程中逐渐暴露出不可调和的矛盾,合作最终很难取得成功,创业的成功就更遥不可及。

首先,小微创业团队成员要优势互补,性格和能力多元化。创业者们之间需要了解彼此的优势和劣势,扬长避短,优势互补,在创业中充分发挥每个人的优势,从而实现整个组

① O'Neill M, Palmer A, Wright C. Disconfirming user expectations of the online service experience: Inferred versus direct disconfirmation modeling[J]. Internet Research: Electronic Networking Applications and Policy, 2003, 13(4): 281-296.

织所拥有的技能、知识、资源等最大化，使小微创业团队能够更快地步入正轨并稳步发展。

其次，大学生小微创业团队需要不断的学习，成为一支学习型小微创业团队。大学生在学校学习的知识毕竟有限，因此创业并不是学习时期的结束而是新的学习的开始。所谓厚积薄发，只有不断地学习新的知识和掌握更多技能才能保持小微创业团队的生命力和创造力。团队中每个成员需要意识到自己的劣势，通过不断的学习来完善各方面的不足，在团队中形成浓厚的学习氛围，从学习中汲取更多的营养和资源，从而促进整个小微创业团队的强大以及小微创业团队更高效快速的发展。

最后，大学生小微创业团队需要规范化的管理。在团队创建之初要制定好相应的规章制度，明确今后的利益关系和分配原则。大学生小微创业团队的形成大都以情感为纽带，但是管理一个团队仅依靠友情是不够的，还需要理性的和有约束性的规章和制度，这样才不至于在企业发展过程中产生不必要的争议和纠纷，而损害整个小微创业团队的利益①。

4.3 大学生小微创业团队的形式

大学生小微创业团队的形式有很多种。按照是否存在核心人物划分，可将大学生小微创业团队分为集聚型小微创业团队和分散型小微创业团队。另外，按照核心人物产生的方式划分，又可以衍生出一种新形式的小微创业团队，即模拟集聚型小微创业团队。按照小微创业团队组成初始，是否已经有创业项目，可将大学生小微创业团队划分为项目型小微创业团队和情感型小微创业团队。按照大学生小微创业团队成员的专业构成划分，可将其分为多元化小微创业团队和单一化小微创业团队。

4.3.1 集聚型和分散型及模拟集聚型

按照大学生小微创业团队中是否有核心人物存在，可将小微创业团队划分为集聚型大学生小微创业团队和分散型大学生小微创业团队，以及模拟集聚型大学生小微创业团队。其中，集聚型大学生小微创业团队和模拟集聚型小微创业团队中都有一个或少数核心人物存在，只是核心人物产生的方式不同。而分散型大学生小微创业团队中没有核心人物。

集聚型大学生小微创业团队即在小微创业团队中有一个核心领导人物，他在团队中占据主导地位，拥有较强的权威和较大的决策权。这种小微创业团队的组建，一般由一个人发现创业项目或者有创业机会，经过深思熟虑的筹备，然后根据自己对创业的需要以及

① Rawley J. An analysis of the e-service literature：Towards a research agenda[J]. Internet Research，2006，16(3)：339-359.

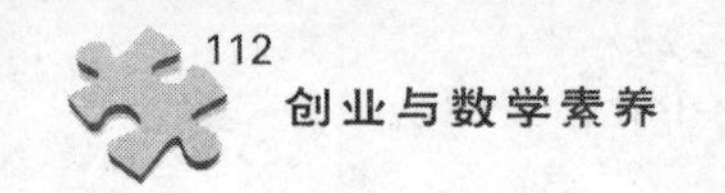

对团队人员的要求，寻找创业合作伙伴，以自己为核心，组建小微创业团队。

集聚型小微创业团队的优点在于：①团队稳定性较好。由于团队的组建是经过核心人物精心筹划和考虑的，团队成员也是精心挑选出来的，所以在组建团队之前，核心人物就会对成员的能力、个性、技能、专业等有较好的把握，同时也会对个人职能分配和今后的利益分配有清晰的认识。此类团队，既保证了团队成员的能力和素质，又能适当避免争议和纠纷，因此小微创业团队具有较强的稳定性。②权力相对集中，决策程序相对简单，组织效率较高。因为此类小微创业团队权力基本集中在核心人物身上，在做决策时，核心人物拥有很大的话语权，部分甚至大部分的决策将由核心人物做出，其他人更多的时候是支持者角色。

然而，集聚型小微创业团队也存在一些劣势，其缺点在于：①核心人物拥有特殊权力和权威，致使在团队成员之间发生冲突，或者团队成员与核心人物意见不合时，核心人物的特殊权力和权威会扩大矛盾，增加冲突，致使其他成员心存不满，甚至离开团队，对组织的发展造成很大的影响。②决策权过于集中，一旦核心人物判断和理解失误，会大大增加决策失误的风险。此类小微创业团队决策的确定很大程度上取决于核心人物对市场和商机的判断，其他成员在此过程中起辅助作用，对最终决策的确定影响较小。因此核心人物个人的决策失误会影响整个团队的成长和发展。

分散型大学生小微创业团队即由一群志同道合的大学生，有共同的创业意愿，愿意相互合作，共同奋斗，以实现共同的创业目标而组建的正式或非正式组织。此类小微创业团队的成员在知识、经验、学历、兴趣爱好、志向上大都相同，都有开创事业的拼搏精神或是都认可一个创业项目，在达成某种共识之后，组建为一个团队共同创业。在此团队中成员地位平等，没有明确的核心人物或领导人物，根据各自的专长和特点自发定位组织角色，成员间只有单纯的合作关系。

分散型小微创业团队的优点在于：①团队成员关系密切、地位平等，容易达成共识，也便于组织内部沟通和交流，团队凝聚力强。②团队成员各司其职，为了共同的创业目标，都能尽自己最大的努力发挥最大的功效。③群力群策，决策权在所有或者大部分成员手中，决策是在大家深思熟虑和深度讨论后做出的，降低了决策风险。④团队成员发生冲突时，会积极地沟通协商、和平解决，团员离队的可能性低[①]。

分散型小微创业团队的缺点在于：①没有明确的核心领导人物，组织结构较松散，容易形成多头领导的局面。②虽然集体决策会在一定程度上降低决策风险，但会增加决策的时间，尤其在争执不下的时候，由于缺乏核心领导人物，成员之间会花费更多的时间讨论、协调，从而降低了组织效率。

---

① Reynolds J. E-commerce: A critical review[J]. International Journal of Retail and Distribution Management, 2000, 28(10): 417-444.

模拟集聚型大学生小微创业团队介于集聚型和分散型之间，其核心人物并不是团队创建之初就自发产生的，而是由团队成员推选出的团队的代表。他更多的扮演团队代言人的角色而非团队的领导人，并不拥有集聚型小微创业团队中核心人物那样的权威，其行为和决定都要充分考虑到其他成员的想法并征求他们的意见，否则将被其他人取代。

模拟集聚型大学生小微创业团队的优点在于：①此类小微创业团队的权力既不过于集中，又不太分散，介于两者之间，在进行决策时，既能充分考虑大家的意见，又能在有意见冲突时，果断地做出决定，既提高了组织效率又降低了决策风险。②核心人物有一定的威信，能够领导整个团队，又不会滥用权威，损害个别成员的利益，从而保证了团队成员间的和谐和整个组织的稳定。

此类小微创业团队也会存在一些缺陷和不足，由于核心人物是由成员推举出来的，因此也会出现个别成员不服从管理的现象，从而导致成员与核心人物的冲突，影响组织的稳定性，降低组织的效率，使整个团队的发展受到阻碍。

4.3.2 项目型和情感型

大学生小微创业团队按照在成立之初是否有创业项目或是创业点子，可将团队划分为项目型大学生小微创业团队和情感型大学生小微创业团队。项目型小微创业团队的结合是基于创业项目（点子）基础之上的，团队组建目的明确。而情感型小微创业团队是以情感（友情、亲情、同学情等）为纽带为了共同创业而组建的团队，但是团队组建伊始，并没有明确的目标。

项目型大学生小微创业团队，即在创业初始，已经有较成熟的创业项目或是创业点子和商机，基于项目（创业点子）的需要所组建的小微创业团队。简单而言就是先有创业项目（点子）再有小微创业团队。此类小微创业团队的形成类似于集聚型小微创业团队，是由一个人或少数人所发起的，以项目和任务为导向，其创业目标明确，创业成员的能力、个性及相关技能和特长均有利于创业项目的开展，因此团队具有较强的专业性和战斗力。

项目型大学生小微创业团队的优点在于：①团队创业目标明确，向心力强，创业成功概率高。创业项目一旦确定，小微创业团队就有了明确的创业方向，在未来利益的驱使下，成员均具有较高的创业热情和实现目标的动力，所有人的行为均围绕着既定的创业项目，以更好、更快地将创业项目转化为创业行动。②组织结构紧密，各成员的能力素养均符合组织发展的需要，组织效率高。③团队稳定性强。在团队组建时，各成员对项目都会有一定的了解，不论是团队还是创业项目都应该与个人性格和兴趣相符合，因此在组织发展中，不会出现团员因性格和兴趣不合而导致团队解散的情况。

项目型大学生小微创业团队的不足在于：创业项目的选择一定要非常慎重，有可行性，也要根据自身的实际情况进行决策。如果创业项目选得不切实际，以学生的力量根本无法实现，创业一旦失败将对小微创业团队造成很大的打击，甚至解散。而创业项目选得

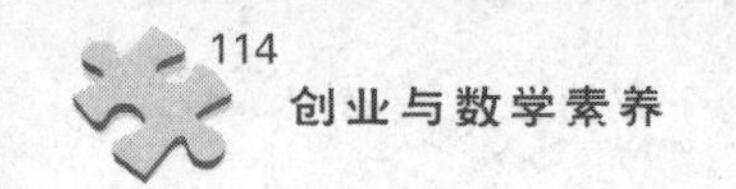

过于保守，将会造成人员的冗余和资源浪费。

群体型大学生小微创业团队即一群有创业热情和愿景的大学生，在没有明确创业项目和创业商机的情况下，因为共同的兴趣爱好、志向等而组合的小微创业团队。此小微创业团队在创业初期并没有确定的方向，在团队组建后一起寻找商机和项目，再经过所有人的商定后做出决策，决定创业方向。简单而言，就是有小微创业团队再有创业项目。在实际生活中，群体性大学生小微创业团队的数量要多于项目型大学生小微创业团队。

情感型大学生小微创业团队的优势在于：①头脑风暴的决策模式，使决策更加科学和理智，降低了决策风险。②团队凝聚力强。小微创业团队是由成员自发组成的，每个人地位平等，所扮演的角色相似，每个成员都有主人翁的意识，把个人的利益和团队利益结合在一起，为了实现创业愿景，相互协调和配合。

情感型大学生小微创业团队的劣势在于：没有明确的创业方向，若长时间没有找到合适的创业项目或是团队内部争议较大，就会打击团队成员创业的热情和自信，使得小微创业团队很容易中途放弃而解散[①]。

4.3.3 多元化和单一化

按照大学生小微创业团队内部成员专业组成划分，可将大学生小微创业团队划为多元化大学生小微创业团队和单一化大学生小微创业团队。

多元化大学生小微创业团队中成员所学的专业和所拥有的专业基础知识以及技能更具有多样性。单一化大学生小微创业团队中成员所学专业更集中于某个方面。

（1）多元化大学生小微创业团队即团队成员专业构成具有异质性，由多个专业的学生共同组建小微创业团队。多元化的小微创业团队的风格符合创业的实际要求，团队专业的异构性，有利于产生合理化的决策，也能为团队带来更多的社会资本，团员不同的专业技能、经验和想法都是组织有价值的可以开发的潜在资源。

多元化大学生小微创业团队的优势在于：①异质型小微创业团队能产生更多的想法和观点，有利于组织创新；②各种专业化的思维和处事模式，有利于小微创业团队分析和解决问题，产生更理智和科学的决策，从而提高组织绩效。

然而，由于团队成员专业背景不同，其教育背景和文化背景也会有所差异，会影响个人思考和理解问题的方式，因此也会产生冲突，而并非所有的冲突都能产生英明的决策，也可能会破坏组织的团结，使其丧失凝聚力和战斗力。

（2）单一化大学生小微创业团队即团队成员专业构成相对单一，由少数几个类似专业所组成的小微创业团队，其内部所拥有的专业基础知识和技能相对集中，其创业项目多

---

① Selnes F, Hansen H. The potential hazard of self-service in developing customer loyalty[J]. Journal of Service Research, 2001, 4(2): 79-90.

数倾向于与本专业相关的技术性的项目。单一化大学生小微创业团队的优势在于：①小微创业团队既具有较强的专业知识作为理论指导，也有较强的技术能力作为行动指导，团队有较强的战斗力。②团队成员学历、专业知识背景相同，因此更容易达成共识，决策效率高。但由于专业过于单一，此类小微创业团队也有很多的劣势，首先小微创业团队在其他方面缺少专业性人才，遇到问题需要花费更多的时间解决；其次，成员专业相似，其能担任的职务也大致相同，组织内部很难进行职能分配；最后，成员专业结构的同质性也会导致小微创业团队社会资源的单一性，成员间的社会资源叠加多于互补①。

尽管每种形式的小微创业团队都有其优势和劣势，但是在实际运用中，一个小微创业团队的组建并不拘泥于一种形式，其可能是集聚型和多元化小微创业团队的结合，也可能是分散型和目的型小微创业团队的组合。创业者们在组建团队时，应对团队的形式、特点、优势和劣势以及团员个人的特点有清晰的认识，才能充分发挥人的主观能动性，扬长避短，将个人的优势发挥到极致；才能使团队汲取每个人的能量，凝聚每个人的力量而尽可能地规避冲突和纠纷，保持团队的稳定和长久发展。

4.4　条件限制下的小微创业团队数学模型

首先创设条件限制下的小微创业团队静态数学模型。假设小微创业团队的生产函数 y 只有创业者的创业能力 a 和其投入的资本水平 k 这两个因变量，如式(4.1)所示：

$$y = ak^{\delta}, \quad \delta \in (0,1) \tag{4.1}$$

随着投入资本总量的上升，所创办企业的产出也随之增加，不过其边际产出随着资本投入的增加而减少；假设创业者投入的资本水平是恒定不变的，企业的产出随着创业能力的提高而上升②。假设家庭的初始财富水平为 c，则为了满足创业的初始投入资本量 k，创业者需要进行的融资量为 $k-c$，假设融资成本为 r。那么在存在融资的情况下，创业者的净利润函数可以用以下公式表达，即式(4.2)：

$$\pi = a \times k^{\delta} - (1+r) \times (k-c) \tag{4.2}$$

如果 $k>c$，则创业者从信贷市场上进行融资。假如信贷市场的交易成本可忽略不计，且创业者的风险偏好又是风险中性的，那么创业者将为企业投入的资本量必定是其净利润最大化时的资本投入水平，即得式(4.3)：

$$\max[a \times k^{\delta} - (1+r) \times (k-c)] \tag{4.3}$$

对净利润函数求导，即得式(4.4)：

---

① Varadarajan P R, Yadav M. Marketing strategy and the internet: An organizing framework[J]. Academy of Marketing Science Journal, 2002, 30(4): 276-312.

② Tullio J, Marco P. Saving growth and liquidity constraints[J]. The Quarterly Journal of Economics, 1994, 109(1): 83-109.

$$\frac{\mathrm{d}\pi}{\mathrm{d}k} = a \times \delta \times k^{\delta-1} - (1+r) = 0 \tag{4.4}$$

这样，创业家的最优资本投入水平 k^* 如下，即得式(4.5)：

$$k^* = \left(\frac{a \times \delta}{1+r}\right)^{\frac{1}{1-\delta}} \tag{4.5}$$

接着，在模型中加入创业时存在创业门槛资金与其受到条件限制两个约束条件。首先，小微创业团队存在上述允许融资的产出函数必须以其满足一定的初始资本 x 为条件，不然小微创业团队只能用自有资金进行生产获得利润。不妨假设小微创业团队拥有的自有资金为0。其次，小微创业团队受到信贷市场的条件限制。

假设小微创业团队能够获得的最大融资规模取决于其所拥有的初始财富水平 c，那么小微创业团队的净收益函数不再是连续的，具体表示为式(4.6)：

$$\pi = \begin{cases} \theta, & \text{如果 } \lambda \times c < x \\ a \times k^{\delta} - (1+r) \times (k^* - c), & \text{如果 } \lambda \times c > x\text{，且 } k^* \leqslant \lambda \times c \\ a \times (\lambda \times c)^{\delta} - (1+r) \times (\lambda \times c - c), & \text{如果 } \lambda \times c > x\text{，且 } k^* > \lambda \times c \end{cases} \tag{4.6}$$

式(4.6)中，第一个等式意味着由于受到条件限制，小微创业团队最低创业要求无法得到满足因而潜在的创业者只能维持其基本生产生活，这种情况定义为第一类创业条件限制；第二个等式表示的是创业者不受到流动性的约束，能够取得其想得到的任意数量的资金，可以在最优的资本投入条件下进行创业；第三个等式表示，虽然小微创业团队能够得以创办，但却受制于其流动性只能在可获得的资金水平下进行生产，本节将这种情况定义为第二类创业条件限制。

从以上分析看出，第一类创业条件限制所带来的结果是无法实施创业行为；第二类创业条件限制影响的是其投资资本的水平，则上式可转化为

$$\begin{cases} \lambda \times c > x, & \text{不受第一类创业流动性约束} \\ k^* \leqslant \lambda \times c, & \text{不受第二类创业流动性约束} \end{cases} \tag{4.7}$$

将式(4.5)带入并变形后可以得式(4.8)：

$$\begin{cases} c > \dfrac{x}{\lambda}, & \text{不受第一类创业流动性约束} \\ c > \dfrac{1}{\lambda} \times \left(\dfrac{a \times \delta}{1+r}\right)^{\frac{1}{1-\delta}}, & \text{不受第二类创业流动性约束} \end{cases} \tag{4.8}$$

假设小微创业团队的创业能力 a 是恒定并且是已知的，那么创业者可以对是否选择创业所带来的不同收益进行对比来做出是否创业的决定。具体来说，如果创业的收入高于自身工资水平，那么创业者将会选择创业。将模型所代表的范围进一步拓展，即小微创业团队不能完全自主决定其资本投入的水平，创业者选择创业的条件将变为如式(4.9)所示：

$$a \times (\lambda \times c)^{\delta} - (1 + r) \times (\lambda \times c - c) \geqslant 0 \tag{4.9}$$

因此,小微创业团队选择创业时的创业能力必须满足式(4.10):

$$a \geqslant \frac{\theta + (1 + r) \times (\lambda \times c - c)}{(\lambda \times c)^{\delta}} \tag{4.10}$$

对 $f(c) = \frac{\theta + (1+r) \times (\lambda \times c - c)}{(\lambda \times c)^{\delta}}$ 求一阶导数,可以获得式(4.11):

$$\frac{\mathrm{d}f(c)}{\mathrm{d}c} = \frac{(1 + r) \times (\lambda - 1) \times (\lambda \times c)^{\delta} - \lambda \times \delta \times (\lambda \times c)^{\delta - 1} \times [\theta + (1 + r) \times (\lambda - 1) \times c]}{(\lambda \times c)^{2\delta}} \tag{4.11}$$

观察式(4.11)的分子,可以发现创业者的初始财富水平对创业所要求的能力的影响并不单调。对 $\frac{\mathrm{d}f(c)}{\mathrm{d}c} = 0$ 进行求解,可得式(4.12):

$$c^{*} = \frac{\delta \times \theta}{(1 + r) \times (\lambda - 1) \times (1 - \delta)} \tag{4.12}$$

当 $c < c^{*}$ 时,初始财富的上升能够减少创业对创业者能力的要求,从而随着初始财富值上升,在一定创业能力条件下创业者更容易创业成功;当 $c > c^{*}$ 时,财富值的上升使得创业活动的质量和档次上了一个新的台阶,企业家必须拥有出众的创业能力才能成功创业。通过式(4.8)和式(4.10),可以划分出小微创业团队创业选择与条件限制的条件区间。$f(c)$ 曲线是小微创业团队的创业能力曲线,在曲线上方的小微创业团队拥有成功创业必要的创业能力,而在曲线下方的小微创业团队并不具有创业成功所需的创业能力;$f(c)$ 曲线代表决定小微创业团队是否受到条件限制的初始财富条件,曲线右边的小微创业团队拥有足够的资源去获取信贷资金,使自己不受条件限制,自由地决定小微创业团队类型和投资水平,但处于曲线左边的小微创业团队只能在受到条件限制的条件下做出决策。同时,创业具有最低的财富要求;这样,两条曲线将小微创业团队的投资和创业决策分割为 A、B、C、D 4 个区域。在 A 区域,因为受到所需能力与必要资本金的限制,所以劳动者只能选择传统的工作以满足其基本生活;在 B 区域,随着小微创业团队财富的增加,小微创业团队具备了一定的创业能力,但因为财富水平的限制其可融资的资金规模也有限,如果劳动者所拥有的资本无法满足创业所需要的最低资本金的要求,那么劳动者也只能选择就业来满足生活需求;在 C 区域,小微创业团队创业活动不再受到资金的约束,而且其可以自由的选择创业的模式与投资的规模;在 D 区域,虽然小微创业团队的创业能力已经很高,它有更高水平的创业要求,但受限于条件,以至于其投资规模无法达到最优投资的水平,因此 D 区域的劳动者将控制其创业投资规模,逐步接近于 C 区域的投资水平,最终创业投资水平收敛于 E 点。

按照我国的《中小企业划型标准规定》,用 Stata 软件进行统计分析工商业生产经营项目的企业类型,如表 4.1 所示。

表 4.1 企业类型统计分析表

企业类型	频数	百分比/%
小型企业	787	77.08
微型企业	234	22.92
总　计	1 021	100.00

由表 4.1 分析可知：家庭创业从事工商业生产经营项目均为小微创业团队。因此，下面所研究的小微创业团队以家庭创业为主。按照中国家庭金融调查的问卷设计界定家庭创业为“家庭从事工商业生产经营项目(包括个体小手工业经营和企业经营)”。注意，由于农户本就是以农业生产经营为主的自顾群体，因此，“家庭从事农业生产经营项目(包括农、林、牧、渔，但不包括受雇于他人的农业生产经营)”不属于所定义的创业范畴。

家庭创业是一个动态的选择过程，它本身依次循环经过“意愿—筹备—施行”等一系列阶段，并且与家庭的生命周期有着极大的关联程度。家庭创业发展，即小微创业团队成长则更是一个持续性的问题[①]。

在被访问的 8 438 户家庭中，共有 8 436 户家庭提供了上一年是否从事工商业生产经营项目的信息，详细信息如表 4.2 所示。

表 4.2 家庭从事工商业生产经营项目情况表

	农村家庭	城镇家庭	总计
样本户数	4 441	3 995	8 436
占比/%	52.64	47.36	100
从事工商业生产经营项目户数	650	474	1 124
各自占比/%	14.64	11.86	26.5
仅从事一种项目的户数	606	415	1 021
从事两种及以上项目的户数	44	59	103

这里“工商业生产经营项目”包括个体小手工业经营和企业经营等，项目(家庭最主要的一个项目)所属行业根据中国家庭金融调查的问卷设计的调查结果进行描述统计，如表 4.3 所示。

① Stewart A. A prospectus on the anthropology of entrepreneurship[J]. Entrepreneurship Theory and Practice, 1991, 16(2): 71-91.

表 4.3　工商业生产经营项目所属行业描述统计

项目所属行业	频数	百分数/%
采矿业	10	0.89
制造业	128	11.40
电力、煤气及水的生产和供应业	8	0.71
建筑业	52	4.63
交通运输、仓储及邮政业	43	3.83
信息传输、计算机服务和软件业	22	1.96
批发和零售业	460	40.96
住宿和餐饮业	135	12.02
金融业	4	0.36
房产业	7	0.62
租赁和商务服装业	33	2.94
科学研究、技术服务和地质勘察业	1	0.09
水利、环境和公共设施管理业	6	0.53
居民服务和其他服务业	94	8.37
教育业	5	0.45
卫生、社会保障和社会福利业	21	1.87
文化、体育和娱乐业	29	2.58
公共管理和社会组织	1	0.09
国际组织	0	0.00
其他	64	5.70
共计	1 123	100.00

通过表 4.3 分析得，家庭创业从事工商业生产经营项目所在行业多分布在批发和零售业、住宿和餐营业、制造业以及居民服务和其他服务业等。

工商业生产经营项目的组织形式统计在表 4.4 中，显然个体户/个体工商户是最常见的组织形式。

表 4.4 工商业生产经营项目组织形式描述统计

项目组织形式	频数	百分比/%
股份有限公司	30	2.67
有限责任公司	42	3.74
合伙企业	50	4.45
独资企业	31	2.76
个体户/个体工商户	970	86.38
总　计	1 123	100.00

我们从家庭所受的其他约束，比如房贷约束、车贷约束、信用卡约束等，来分析其对创业的影响。家庭若在住房、汽车、信用卡方面受到条件限制，那么就会挤占家庭进行创业的自由资金，进而使家庭在创业时受到更大的条件限制。当然，这样处理将使得家庭是否拥有住房、汽车、信用卡等变得非常关键，为了消除家庭的住房、汽车、信用卡对回归结果带来的影响，本节在回归中将同时控制家庭的住房资产、汽车资产以及信用卡的拥有情况。表 4.5 是本节主要关注的家庭各类贷款分布及条件限制家庭的占比情况。

表 4.5 主要关注的家庭各类贷款分布及条件限制家庭的占比情况

家庭各类贷款名	有	没有	总计
工商业经营项目贷款	137	982	1119
住房贷款 1	696	6 961	7 657
住房贷款 2	183	1 014	1 197
住房贷款 3	18	126	144
汽车贷款 1	112	1 108	1 220
汽车贷款 2	7	105	112
信用卡	463	7 248	7 711
工商业信贷约束	172	810	982
占比/%	17.52	82.48	100.00
房贷约束	1 422	6 670	8 092
占比/%	17.57	82.43	100.00
车贷约束	110	1 103	1 213
占比/%	9.07	90.93	100.00
信用卡约束	991	6 254	7 245
占比/%	13.68	86.32	100.00

注：“住房贷款 1”表示购买第一套住房的贷款，“汽车贷款 1”表示购买第一辆汽车的贷款，其他以此类推。

控制变量涵盖人口学特征变量和家庭收入及财富水平。

人口学特征变量包括：①家庭户主年龄(age)，考虑到户主年龄对家庭创业的非线性影响，本节引入户主年龄平方；②家庭户主性别(gender)，户主为女性赋值为1，户主为男性赋值为0；③家庭户主婚姻状况(married)，户主已婚赋值为1，户主未婚、同居、分居、离婚或丧偶赋值为0；④家庭户主的文化程度(edu)，依次为没上过学、小学学历、初中学历、高中学历、中专/职高学历、大专/高职学历、大学本科学历、硕士研究生学历、博士研究生学历，分别将学历换算为受教育年限，依次为0、6、9、12、13、14、16、19、22年；⑤家庭规模(scale)，即家庭成员人数；⑥家庭户口属性(rural)，非农业户口赋值为1，农业户口赋值为0；⑦户主风险偏好(risk)，若户主更愿意选择投资高风险、高回报的项目和略高风险、略高回报的项目，则属于风险偏好型，赋值为1，其他赋值为0；⑧户主所属地区(east，west)，为避免多重共线性将样本划分为东、中、西部地区，中部地区未作为虚拟变量参与回归；⑨家庭有房与否(own house)，家庭有房赋值为1，其他赋值为0；⑩家庭是否有两套(及以上)房屋(house2)，家庭有两套(及以上)房屋赋值为1，其他赋值为0；⑪家庭有车与否(own car)，家庭有车赋值为1，其他赋值为0；⑫家庭有信用卡与否(own card)，家庭有信用卡赋值为1，其他赋值为0。家庭收入及财富水平变量(lns)取家庭总收入的对数函数，家庭总收入即为工资薪金类收入、财产类收入、经营性收入、转移性收入及其他收入的总和，如表4.6所示。

表4.6　控制变量的定义与描述统计

变量名	变 量 含 义	最小值	最大值
age	户主年龄的平方	2	99
gender	户主为女性＝1，男性＝0	0	1
married	户主已婚＝1，其他＝0	0	1
edu	户主受教育年限	0	22
scale	家庭规模	0	1
rural	农村户口＝1，城市户口＝0	0	1
risk	户主偏好风险＝1，城市户口＝0	0	1
east	东部地区＝1，其他＝0	0	1
west	西部地区＝1，其他＝0	0	1
own house	有房＝1，其他＝0	0	1
house2	有两套(及以上)房＝1，其他＝0	0	1
own car	有车＝1，其他＝0	0	1
own card	有信用卡＝1，其他＝0	0	1
lns	家庭总收入的自然对数	0	19.11

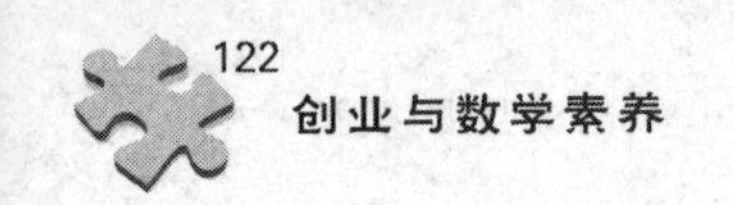

经实证分析，得出以下结论。

第一，受到房贷约束的家庭的创业概率将降低。具体来说，在控制人口学变量、家庭财富与收入变量、家庭有房与否、家庭是否拥有多套住房这些哑变量后，在10%的显著性水平下，受到房贷约束的家庭其创业概率降低2.14%。

第二，受到车贷约束的家庭的创业概率将降低。具体来说，在控制人口学变量、家庭财富与收入变量、家庭是否有车这些哑变量后，在10%的显著性水平下，受到房贷约束的家庭其创业概率降低4.59%。

第三，受到信用卡约束的家庭的创业概率将降低。具体来说，在控制人口学变量、家庭财富与收入变量、家庭是否有信用卡这些哑变量后，在5%的显著性水平下，受到信用卡约束的家庭其创业概率下降19.16%。

第四，家庭若受到房贷约束、车贷约束、信用卡约束中的任意一种条件限制，家庭创业的概率将降低。具体来说，在控制人口学变量、家庭财富与收入变量以及家庭是否有房、有车、有信用卡这些哑变量后，在10%的显著性水平下，家庭创业的概率将降低3.08%。

综上所述，条件限制会阻碍家庭创业，降低家庭的创业活力。

除此之外，家庭若有两套房、有车或有信用卡，则家庭创业的活力将显著提升。户主若为男性，则家庭偏向于创业。户主的年龄、受教育年限，都会影响家庭创业的活力。家庭规模越大，即家庭人数越多，越倾向于创业。户主风险偏好程度越高，越偏向于创业。地处西部地区的家庭比地处东中部地区的家庭更不愿意创业。家庭的收入越多，越促进家庭创业行为。而家庭户主的婚姻状况及家庭户主的户口所在地状况对家庭创业的影响并不显著，如表4.7所示。

表4-7 控制变量的定义与描述统计

变 量	(1) 全样本	(2) 加入是否有车哑变量
lcc	0.234 1 (0.145 90)	−0.251 5* (0.151 22)
owncar		0.620 9*** (0.053 32)
age	−0.000 1*** (0.000 02)	−0.000 1*** (0.000 02)
gender	−0.083 5** (0.041 26)	−0.071 2* (0.041 81)
married	−0.053 6 (0.062 33)	−0.080 9 (0.062 98)
edu	−0.016 0*** (0.006 15)	−0.025 2*** (0.006 25)

续表

变　量	(1) 全样本	(2) 加入是否有车哑变量
scale	0.080 7** (0.013 70)	0.069 7*** (0.013 87)
rural	0.001 1 (0.048 21)	0.039 9 (0.049 01)
risk	0.164 1*** (0.053 08)	0.121 7*** (0.053 92)
east	−0.009 8 (0.043 30)	−0.093 7** (0.044 60)
west	−0.248 9*** (0.062 05)	−0.241 69*** (0.062 35)
Ins	0.207 6*** (0.010 46)	0.191 9*** (0.010 44)
observations R^2	6 505 0.125 9	6 505 0.148 4

其中，第 1 列是对全样本的回归结果。从实证结果分析得，在控制家庭户主年龄(age)、家庭户主性别(gender)、家庭户主婚姻状况(married)、家庭户主的文化程度(edu)、家庭规模(scale)、家庭户口属性(rural)、户主风险偏好(risk)、户主所属地区(east，west)、家庭收入及财富水平变量(Ins)10 个变量后，受到车贷约束的家庭对创业概率的影响并不显著。在第 1 列基础上，加入家庭是否有车这一哑变量，得到第 2 列，在控制家庭户主午龄(age)、家庭户主性别(gender)、家庭户主婚姻状况(married)、家庭户主的文化程度(edu)、家庭规模(scale)、家庭户口属性(rural)、户主风险偏好(risk)、户主所属地区(east，west)、家庭收入及财富水平变量(Ins)、家庭有车与否(owncar)11 个变量后，受到车贷约束的家庭其创业概率降低。由于这是 probit 模型，所以条件限制对家庭创业概率的影响无法直接从表 4.7 中得出。

上面的实证分析已经表明，条件限制将阻碍家庭创业的活力，降低家庭创业的概率。可以建立如下回归方程：

$$\text{income} = \alpha + \beta\text{const} + \gamma X + u$$

其中，income 是营业收入，即因变量，衡量家庭创业发展；const 是家庭是否受到条件限制的虚拟变量，其中，条件限制分别定义为家庭在其他方面所受的条件限制、家庭在工商业生产经营项目上所受的条件限制和家庭的总条件限制；X 是与家庭特征和户主信息相关的控制变量。其中，β 表示条件限制对创业的影响。

然后，建立如下回归方程：

$$\text{prob}(\text{profit} = 1) = \alpha + \beta\text{const} + \gamma X + u$$

其中，profit 是盈利状况，即因变量，为哑变量，衡量家庭创业发展；const 是家庭是否受到条件限制的虚拟变量，其中，条件限制分别定义为家庭在其他方面所受的条件限制、家庭在工商业生产经营项目上所受的条件限制和家庭的总条件限制；X 是与家庭特征和户主信息相关的控制变量。其中，β 表示条件限制对创业的影响。

高科技小微创业团队具有三个特点：一是相对性，高科技小微创业团队中的高新技术产业、高新技术产品是相对的概念，是某几类行业或产品相对于另几类行业或产品而言的；二是科技含量高，研究开发投入密集；三是动态性，高新技术产业、高新技术产品在不断产生，今天的高新技术行业、高新技术产品未必是明天的高新技术产业、高技术产品，随着科技的不断发展，新的产品及产业不断产生。

高科技小微创业团队的优势在于它是一个自我组织的团队，通过团队内各主体间的交互作用，使团队整体知识积累的速度快于各主体，当团队的知识积累水平达到一定的高度，又能反过来促进各主体的知识积累，所以我们认为高科技小微创业团队技术积累是个体技术积累的重要推动力。

我们可以假设高科技小微创业团队的技术水平为 $L(t)$，它是关于时间 t 的函数，且 $\frac{\partial L}{\partial t}>0$；高科技小微创业团队的管理水平为 $M(t)$，它也是关于时间 t 的函数，且 $\frac{\partial M}{\partial t}>0$。高科技小微创业团队的技术水平和管理水平相互促进，管理水平的提高为技术水平的提高奠定了环境基础，技术水平的进步，驱使管理水平的发展，两者协调发展，共同创造高科技小微创业团队的收益。同时，由于高科技小微创业团队的属性是高科技、创业企业，所以技术水平属于其最核心力，故定义高科技小微创业团队的收益函数 $v=aLM+bL$。

小微创业团队对技术水平、管理水平及其他服务的获取都必须付出一定的代价。小微创业团队创业过程中，其技术水平和管理水平不断提高。因此定义 $L(t)=\delta_1 L(t)+\delta_2 M(t)$。

定义 $L(0)=L_0$ 为小微创业团队在创业初期的技术水平，L_0 不一定等于 0；$L(t)=L_t$ 为在时间 t 时，小微创业团队所拥有的技术水平。

高科技小微创业团队的创业管理水平、技术水平的提升促进高科技小微创业团队的发展壮大。创业管理水平的提高可以为小微创业团队创造更多潜在技术的机会，反过来小微创业团队自身技术水平的提高，技术资源逐步积累，将提升小微创业团队提高创业管理水平；技术水平的提高，将使企业有能力有机会提高自身的管理水准。小微创业团队技术水平所具有的集中性和方向性需要创业管理来指导与保障。高科技小微创业团队的关键是在合适的时间 t，运用合适的管理水准 $M(t)$，管理合适的技术水准 $L(t)$，付出合适的成本 C，赢得合适的利润 V。

假设一个高科技小微创业团队在每个时期都可以从几个可能的技术 $A_1, A_2, \cdots, A_n$ 中选择一项，并假设这些行动均能优化或劣化它过去已采取的行动。设 A_j 的回报为 $\pi_j(k)$，

其中，k 是以前选择 A_j 的次数，其贴现率为 $\beta_j(0<k<n,0<j<n)$。

(1) 如果 $\beta_j>\beta_i(=1,2,\cdots,n,i\neq j)$，那么高科技小微创业团队最初将选择 A_j；

(2) 如果采用技术 A_j 的回报 $\pi_j(k)$ 随 k 单调增加，那么以后高科技小微创业团队每次都将继续选择 A_j。

这样，增加的回报越多，该项技术就越被更多地采用(由于学习效应)。一般而言，路径依赖理论中的正反馈机制主要源于规模经济、学习效应、配套产业的发展及在选择路径上的资源开发等。在现实世界中，以知识为基础的技术具有规模报酬递增的特性，尽管它需要高昂的建立成本，但这些技术一旦投产，使可因技术改进和市场可接受性的提高而进入正反馈，形成高科技小微创业团队的核心技术能力，决定高科技小微创业团队技术演进的方向；高科技小微创业团队的生存与发展就会朝技术轨道所指示的方向进行竞争，进而影响高科技小微创业团队的边界。高科技小微创业团队的效率边界取决于高科技小微创业团队核心技术的张力。生产什么，是由高科技小微创业团队的技术能力决定的；生产多少，则是由市场需求决定的。根据路径依赖理论，不同的高科技小微创业团队将具有不同的核心技术能力，现实的市场只能是垄断竞争的，高科技小微创业团队生产的只能是有差别的商品。但是，随着技术进步的加快，核心技术能力可能因为新的技术创新而成为一般技术。

大学生小微创业团队中，每个成员都担当不同的角色，因为各自所拥有的知识、技能、阅历等不同，因此所发挥的作用也因人而异。团队成员知识共享是小微创业团队成长和发展的基础。每个成员需要通过分享资源、共享知识来协调完成各自的工作。而知识共享是每个团队成员应尽的义务和责任。然而小微创业团队中也可能出现个别成员因为不相信其他合作伙伴，怀疑其他合作伙伴提供知识和信息的价值，担心对方不能够做到知识共享，而自己毫无保留地分享知识会使自己的利益受到损害；也有可能团队中的个别成员本身就有脱离团队自己单干的想法，因而不愿意过多贡献有价值的知识和信息。

大学生小微创业团队的组成方式不同，其合作方式也会有所差异，而个人在团队中所扮演的角色会影响最终的利益分配。因此团队成员在知识分享时会更多地考虑个人的利益。在团队中，每个人都会计较个人的付出和得失，其核心人物和领导者在团队中所获得的利益分配基本上是最多的，他们当然会选择分享知识和信息以求获得更多的资源和发展机会；而团队中的协助者、支持者以及离核心层较远的人，在利益分配中所占的比例偏小，或许会有收获小于付出的想法，从而保留自身的知识和其他资源，以求得付出和收获的平衡，如此便会使得团队知识共享不顺畅[①]。

---

① Ireland R D, Hitt M A, Camp S M, Sexton D L. Integrating entrepreneurship and strategic management actions to create firm wealth[J]. Academy of Management Executive, 2001, 15(1): 49-63.

团队内成员既希望团队得到更好的发展,又期望自身利益最大化,每个人都会在团队发展和个人利益之间做出权衡。因此,大学生小微创业团队之间存在着知识分享的博弈。通过分析,我们可以提出一个假设:在外部环境良好,不会对团队的稳定和发展造成很大的干扰的情况下,团员之间进行合作博弈,则团队能够顺畅地进行知识共享。

纳什均衡表明至少有这样一个稳定状态,即当所有博弈方对其他各博弈方的策略有一个正确预期时,没有一个博弈方可以通过选择其他策略来改善自己的结果,由此产生了小微创业团队成员间的合作博弈。小微创业团队具有一定的稳定性,其内部成员有共同的利益,但由于个人所拥有的知识、技能等的不同,对各自利益期望也有所不同。因为小微创业团队的成员知识共享获得的利益是不均衡的,因此很难实现完全知识共享。

然而在激烈的市场竞争中,一个小微创业团队,只有团员之间相互信任,相互合作,相互分享知识和信息、资源等,才能提高整个团队的综合实力,才能获得创业的成功[①]。

实现整个团队合作的集体理性,既要尊重个人的利益又能实现集体利益。要实现集体理性,首先要解决知识共享后的利益分配问题。

以两人合作博弈为例,假设双方(A,B)不共享知识时收益分别为R_1和R_2,分享知识后收益为S_1和S_2。若只有一个人分享知识,那么收益为S_1'和S_2'。在合作博弈中,要实现集体理性,即要实现集体利益和个人利益均达到最大化,就是要实现一种利益分配,使得$S=(R_1,R_2)$,S为集体总收益,满足$S_1>R_1$,$S_2>R_2$。如果利益分配后,使得$S_1\leqslant R_1$,$S_2\leqslant R_2$,在知识共享中会使其中一人利益受到损害,那么知识共享就很难实现。

(1) A,B都因为个人原因不愿意分享自己所学的知识,那么团队中完全没有知识和信息流通,每个人对合作都表现出消极的态度,小微创业团队缺乏凝聚力和战斗力,创业最终会走向失败,小微创业团队也会就此解散。

(2) 若A分享知识,而B不愿意分享,或是B不相信A,那么在合作过程中,团队会因为A提供的知识和信息获得一定的收益,同时B也会从中获益,因此$S_B>R_2$,但是对A而言,其所获得的收益并不比他不分享知识所获得的收益多,因此他也不愿意再过多地分享知识,使得团队综合实力下降,获得的收益也会随之降低,不论是集体利益还是个人利益都无法实现最大化。

(3) 若A,B都选择分享知识,那么整个小微创业团队会随着知识和信息的增多而提升其综合实力,从而有助于小微创业团队的发展,使得小微创业团队获得的利益增多,成员所分得的利益也会增多。在公平的利益分配下,每个人都能从对方分享的知识中获益,实现利益最大化。

由以上分析可知,知识共享不仅对每个成员有益,也能使整个团队的收益达到最大。

---

① Lee S M, Peterson S J. Culture, entrepreneurial orientation, global competitiveness[J]. Journal of World Business, 2000, 35(4): 401-416.

虽然理论上而言，只有小微创业团队中每个成员都做到共享知识和信息，才能提高整个团队的战斗力和核心竞争力，使得小微创业团队有更多更好的发展机会，才能增加整个团队以及各个成员的收益，但在实践中，仍然会有人出于个人目的而对团队有所保留，无形中破坏团队的团结和稳定性。因此在小微创业团队的建设中，要充分考虑由知识共享引发的问题，注意提升小微创业团队成员团队意识以及合作精神，充分挖掘个人的隐性知识和潜能，让个人在团队中的效用尽可能达到最大。小微创业团队精神的培养不仅需要规划一个美好的创业远景来激发创业者们的工作动力，还需要有分阶段的目标以及实现每个目标后创业者们所获得的利益。阶段性目标可以让创业者们认为实现目标不是遥不可及的，从而可以更加坚定实现目标的决心，而实现目标之后所获得的利益更能对创业者起到激励作用。

大学生小微创业团队更应该注意创业者们团队精神的培养。现在的大学生普遍存在着心理素质差，承受挫折的能力弱，过于自卑、创业勇气不足，盲目自信等问题。因此，大学生小微创业团队要针对这些问题，加强大学生综合素质的培养和锻炼。在小微创业团队中建立良好的合作氛围，以相互信任、协作、配合、支持来克服创业过程中可能遇到的困难和挫折。团队精神，实质上是一种团队内部和谐的活力，每个成员应该意识到自己身处在一个集体当中，整个团队的运行并不是某个人的行为，必须是所有人统一协调的联动，一个团队也不可能因为一个人或少数人而强大，只有所有的人同心协力才能不断增强小微创业团队的战斗力，使高科技小微创业团队不断发展和进步。既然选择了团队合作，就应该真诚地与他人合作，贡献自己的力量，共享知识和资源，为组织创造更多更好的发展机会，在一个团队中，集体利益最大化是个人利益实现的前提条件，因此不论是个体理性还是集体理性，创业者们都应该选择共享知识，才能"双赢"。

在团队中每个人发挥的作用，贡献的力量各有差异，然而一般大学生小微创业团队会采取平均分配和按投资比例分配的方式进行利益分配，往往忽略了创业者们的隐性知识和资源。如果采用平均分配的方式，那么随着创业收益的增多，小微创业团队中有能力的人会觉得自己创造的收益少于所得，造成心理失衡，可能萌发单干的想法，而其他能力稍差的人即使不努力也能分配到大于自己付出的收益，从而满足于现状，不思进取。长此下去，能力较强的人会因为自己的利益受到损害而放弃合作，离开团队，造成团队的解散。如果采取按投资比例分配的方式，那么出资较少的人所获得的收益也会较少。而团队中有些能力强但出资较少的人，其所学知识和能力为他带来的利益可能会小于其为小微创业团队的付出。在这种情况下，此类小微创业团队成员心理失衡，刻意隐藏自己的知识和能力，从而降低小微创业团队的综合实力，对小微创业团队也会产生消极的影响。合作博弈与非合作博弈的最大的区别就是其以集体理性为出发点。然而集体理性是以个体理性为基础，一旦个体理性无法满足，也就无法实现集体理性。在大学生小微创业团队合作博弈中，个人利益最大化是实现个体理性的关键条件。如果利益分配不合理，那么根据个体理性和个人利益最大化原则，小微创业团队内部的合作也会成为非合作博弈。因此合理的公平的利益分配对小微创业团队非常关键。

1. 合作博弈模型分析

大学生小微创业团队的组成人员一般是三个及以上，由其组成的合作博弈也可称为联盟博弈，因为在团队内部存在着博弈方之间结盟的可能性。基于利益分配的合作博弈分析模型由两个基本要素构成：博弈方集合和特征函数。假设大学生小微创业团队合作博弈由 n 个博弈方构成，用集合 $N=\{1,2,\cdots,n\}$ 表示。博弈中可能出现的个体间的联盟就是 N 的子集 $S\in N$。N 的所有子集构成的集合记为 $P(N)$。因为 N 中有 n 个元素，因此 N 共有个 2^n 子集，包括 N 本身，单元素子集 $\{i\}(1,2,\cdots,n)$ 以及空集 $\varnothing$。在这些子集中非空子集有 2^n-1 个，那么能构成有意义联盟的至少两个元素的子集有 2^n-1-n 个。当然，多人博弈合作（联盟博弈）的参与人数越多，可能形成的联盟就越多，合作博弈也就越复杂。

特征函数建立在联盟博弈中联盟的基础上，反映了联盟的价值和形成联盟的基础。本文中特征函数指的是小微创业团队成员的总收益。大学生小微创业团队中由结盟产生的总收益记为 $V(S)$。$V(S)$ 为定义在 N 的一切子集上的函数，并满足条件：$V(N)\geqslant\sum_{i=1}^{n}V(i)$，则称 $B(N,V)$ 为 n 人合作博弈，$V(S)$ 为其特征函数。

2. 夏普里值法利益分配

夏普里值是用于解决多人合作博弈问题的一种方法。夏普里首先给出了夏普里值基础的 3 个公理。

公理 1（对称公理）：博弈的夏普里值（对应分配）与博弈方的排列次序无关，或者说博弈方排列次序的改变不影响博弈得到的值。

公理 2（有效公理）：全体博弈方的夏普里值之和分隔完相应联盟的价值，即特征函数值。

公理 3（加法公理）：两个独立的博弈合并时，合并博弈的夏普里值是两个独立夏普里值之和。

当 n 个人进行合作时，他们之中若干个人组合的每一种合作形式，都会得到一定的效益，当人们之间的利益活动非对抗时，合作中人数的增加不会引起效益的减少，小微创业团队整体的合作将带来最大效益，夏普里值法是分配此最大效益的一种方案。

在小微创业团队中，每个成员都要从小微创业团队的收益中分得各自应得的份额，用向量可表示为 $p=(p_1,p_2,\cdots,p_n)$，此向量应满足以下条件：

(1) $p_i\geqslant V\{i\},(i=1,2,\cdots,n)$；

(2) $V(N)=\sum_{i=1}^{n}p_i$。

向量 p 称为合作博弈的一个分配，其中，p_i 表示博弈方 i 所获得的收益。

条件(1)称为个体理性条件，即只有博弈方 i 加入合作联盟后所获得的收益高于自己单干所得到的收益时，他才会加入团队合作中。

条件(2)称为集体理性条件，即全部博弈方组成的整体联盟所获得的收益 $V(N)$ 必须完全分配给这 N 个人，而且总的分配额又不能超过集体收益总额，因此需要满足条件(2)。

在夏普里值法中，合作博弈 $B(N,V)$ 的各个成员所得利益分配称为夏普里值，各个博弈方价值的唯一指标是向量 $(\varphi_1,\varphi_2,\cdots,\varphi_n)$，其中

$$\varphi_i=\sum_{S\in N}\frac{(n-k)!(k-1)!}{n!}(V(S)-V(S)/\{i\})$$

φ_i 公式中 n 是博弈数量的总人数，$k=|S|$ 为联盟 S 的规模，即 S 包含的博弈方数量。向量 $(\varphi_1,\varphi_2,\cdots,\varphi_n)$ 称为联盟博弈 $B(N,V)$ 的“夏普里值”，φ_i 是博弈方 i 的夏普里值。$V(S)$ 为子集 S 的效益，$V(S)\backslash\{i\}$ 是子集 S 中除去博弈方 i 后可取得的利益。

这种基于夏普里值的收益分配方式并不是平均分配，也不是基于投资成本的比例分配，而是基于小微创业团队中的成员在创业过程中产生的经济效益以及个人对团队的重要程度来进行收益分配，具有一定的公平性和合理性。

在一个小微创业团队中，虽然每个成员都有其独特的作用，然而每个人对团队的贡献是不一样的，为团队带来的收益也会有所差别，因此，在大学生小微创业团队的建设上，仅强调精神上的团结是不够的，合理的利益分配在维持小微创业团队的稳定中也起着很重要的作用。不论是以哪种形式组建的小微创业团队，都要有科学合理的利益分配方案，才能够对团队成员形成激励作用，使团队中的成员都能发挥自己最大的优势和才能，分享自己的知识、信息、资源、机会等，从而提高整个小微创业团队的凝聚力和战斗力，使小微创业团队得到最好的发展，实现集体和个人利益最大化。

4.5　小微创业团队人口的统计特征

小微创业团队人口的统计数量以及特征不仅体现了创业者自身对创业的态度，同时还能反映出当前社会创业形势，具有非常重要的现实意义。本节以调查问卷的结果为主要的分析依据，从当前我国大学生小微创业团队的现状出发，结合实证分析，找出小微创业团队的人口统计特征。

由于调查范围的条件限制，调查对象主要为大一、大二、大三暑期留校的在读大学生，其中，大一占7.14%，大二占84.13%，大三占8.73%。涉及文、理、工、农、管理、经济、师范类等学科，共计三十多个专业。共发放问卷350份，有效问卷300份，调查的有效率为85.7%。其中，调查对象中男生比例37.3%，女生比例62.7%。调查内容从两方面展开，首先是个人信息基本体现大学生小微创业团队的结构特征，其次以单选、双选形式的创业

信息映射出大学生创业的行为特征。

1. 创业者性别

大学生创业人口统计学特征首先表现为性格差异。男大学生与女大学生由于在个人特性、风险倾向和心理特质等方面的差异,因此对创业的态度也有所区别。根据调查结果的统计,55.32%的女大学生有创业意愿,75.89%的男大学生有创业意愿。男大学生的创业意愿远高于女性,这种结果是由多种因素共同影响形成的。

男女大学生创业意愿分化的原因可以用推拉理论解释。"推"是一种与当前不利形势有关的,使得人们不得不改变现状的创业因素。而"拉"是指吸引人们改变现状而产生创业念头的因素。很多研究表明,男大学生创业主要是为了获取经济利益,其次是他们渴望成为企业家或者不想为他人打工。因此男大学生受"拉"的因素较多,而"推"的因素较少。相比男性而言,女大学生创业是为了追求更灵活的工作环境,属于"拉"的因素。经调查得知,女大学生创业意愿主要受"推"因素的影响。比如,目前大学生在就业时,还存在的男女不平等的现象,"性别歧视"重。即使入职后,由于受传统男尊女卑的思想影响,女大学生在工作中受到许多不平等待遇,职位升迁较难。这是促发女大学生创业的根本原因。

另外,男女大学生在性格上的差异也是导致创业意愿不同的因素之一。一般来说,男大学生比较有自主性、好奇心、创新性,又具有冒险精神,创业极具挑战性、吸引力,这恰恰满足了男大学生的这种自我的精神满足,所以许多男大学生具有浓厚的创业情结。

2. 创业者家庭收支构成比例统计

家庭环境是影响大学生创业行为的重要因素。如图 4.2 所示,在被调查对象的家庭收入中,被调查对象家庭年收入大部分在 5 万元以下,即刚刚达到国家的温饱水平;少数家庭年收入在 5 万~10 万元;极少数的家庭年收入在 10 万元以上。

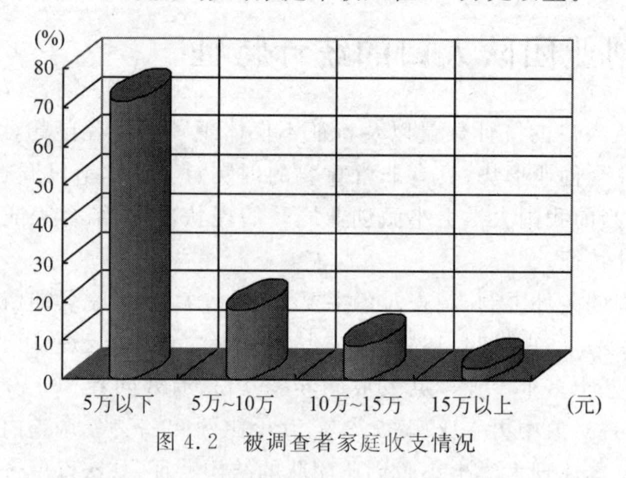

图 4.2　被调查者家庭收支情况

3. 创业认知构成比例统计

大学生之所以选择创业，跟家庭环境是分不开的。其中，大部分大学生走上创业道路其原因在于其家庭收入基本处于温饱水平或者低于温饱水平，创业能改善自己的家庭经济状况和改善自己以后的生活。另外，一部分大学生创业是依托家庭产业背景，成为家族企业的子企业。在大学生对创业的理解的调查中，20.63%的人认为创业就是开办一个企业或公司，59.52%的人认为只要开创一份事业都可以叫创业，这说明“创业”一词在大学生心目中有很重的分量；另外，接近20%的调查对象认为创业不必“大”，策划一个小型项目或开发一个前沿的科技也可称为“创业”。以上调查说明“创业”一词，可大可小，因人而异。

4. 创业者择机构成比例统计

尽管大部分大学生有自主创业的意愿，但自身对创业认识的局限性和盲目性，使大学生创业的成功率总体不高。“今天很残酷，明天更残酷，后天很美好，但是绝大多数人都死在明天晚上，看不到后天的太阳”，这是马云对大学生创业最真实的评价。受各方面因素的影响，绝大多数的大学生对创业的艰难性没有做足够的准备，一旦遇到挫折和风险，便选择放弃。据不完全统计，全国大学生成功创业率不到3%，相比美国等国家的20%有很大的差距。因此，在大学生对创业看法的调查中，44.44%人表示赞同，53.14%的人表示创业要理性，只有2.38%的人认为创业风险太大，对创业持反对意见。

要创业，但更要理性创业，表明了众多大学生对创业的看法。理性创业指对创业有理性的思考，不但考虑创新领域的潜在市场，还要考虑创业项目的可实施性，对时机的把握和创业方向的选择都做到胸有成竹。在创业的最佳时期调查中，55.56%的人认为最佳的创业时机是工作1～3年之后，18.25%的人认为大学三年级和四年级最适合创业，15.08%的人认为大学毕业当年比较适合创业，剩下的一小部分人认为大一、大二或者其他阶段为创业的最佳时期。大部分人之所以选择毕业1～3年内创业，是因为毕业工作踏入社会1～3年，积累了工作经验、社会资源，有了部分积蓄，这些条件都大大提高了创业的成功率。

第5章　创业过程中的非线性模型

由于商业模式的变革，创业公司如果应对不及时，可能出现突然的衰退，甚至是非常彻底的失败[①]；如果应对及时，适应市场的新需求或改变原有市场结构，又容易形成爆发式增长。创业中的非线性动态特征意味着创业过程是一个理性的、反复修正的实践过程[②]。

5.1　创业过程中的非线性回归模型

5.1.1　非线性回归模型的产生

非线性回归模型的产生归功于英国统计学家高尔顿（Francis Galton，1822—1911）（图5.1）。他曾于1845—1852年深入到非洲腹地进行探险和考察，搜集了很多资料，并投入很大精力钻研资料中所隐藏的数学模型及其非线性关系[③]。

图5.1　高尔顿

1870年，高尔顿在研究人类身高的遗传时发现：高个子父母的子女，其身高有低于他们父母身高的趋势；相反，矮个子父母的子女，其身高却往往有高于他们父母身高的趋势；从人口全局来看，高个子的人“回归”于一般人身高的期望值，而矮个子的人则做相反的“回归”，即有“回归”到平均数的趋势，这就是统计学上“回归”的最初含义。

① McIntyre R，Capen M，Minton A. Exploring the psychological foundations of Ethical positions in marketing [J]. Psychology & Marketing，1995，12(6)：569-582.

② Rigatos，G. A derivative-free Kalman Filtering approach to state estimation-based control of nonlinear dynamical systems[J]. IEEE Transactions on Industrial Electronics，2012，59(10)：3987-3997.

③ Galton F. Natural inheritance[M]. London：MacMillan，1889：17-94.

1877 年，高尔顿把父母与子女之间在身高方面的定性认识具体化为定量关系。1886 年，他在其论文《在遗传的身高中向中等身高的回归》中，正式提出了“回归”的概念。

1882 年，高尔顿在度量甜豌豆的大小时，觉察到子代在遗传后有“返于中亲”的现象，因而开设了人体测量实验室。他在接下来的连续 6 年中，共测量了 9 337 人的“身高、体重、阔度、呼吸力、拉力和压力、手击的速率、听力、视力、色觉及每个人的其他相关资料”。他深入钻研那些资料中所隐藏的内在联系，最终于 1888 年得出了“祖先遗传法则”，并在其论文《相关及其主要来自人体的度量》中充分论述了“相关”的统计意义，提出了“高尔顿相关函数(相关系数)”的计算公式，创造了统计相关法。他在 1888 年的论文中定义了相关系数：有两个随机变量(X,Y)，其中一个变量 X 的变化，或多或少会随着另一个变量 Y 的变化而变化。当它们是沿着相同方向变化时，X 与 Y 这两个变量就被定义为“它们是相关的”；但是 X 与 Y 两者间如果没有任何共同因素联系起来的话，它们就不可能相关①。在高尔顿关于相关系数的定义中，他利用统计学的方法，首先把资料点画出来，其次再去画出与这些点最适合的直线，最后再计算这条直线的斜率。高尔顿的定义显示了相关系数的特性：X 与 Y 的关系越紧密，相关系数就越靠近 1；若相关系数为正，则表示其中一个变量增加的时候，另一个变量会跟着增加，它们正相关；当相关系数为负的时候，其中一个变量的增加反而会导致另一个变量的减少，它们为负相关。例如，经过性状编码以后获得的原始生物数据可以看作一个 t 行 n 列的矩阵：

$$\begin{bmatrix} y_{11} & y_{12} & \cdots & y_{1n} \\ y_{21} & y_{22} & \cdots & y_{2n} \\ \vdots & \vdots & \vdots & \vdots \\ y_{t1} & y_{t2} & \cdots & y_{tn} \end{bmatrix}$$

矩阵中的行向量$[y_{i1}\ y_{i2} \cdots\ y_{in}]$$(i=1,\ 2,\ \cdots,\ t)$称为第 i 个分类单位向量；列向量$[y_{1j}\ y_{2j} \cdots\ y_{tj}]$$(j=1,2,\cdots,n)$称为第 j 个性状向量。

上述矩阵经过标准化变换之后获得已标准化原始数值矩阵：

$$\begin{bmatrix} x_{11} & x_{12} & \cdots & x_{1n} \\ x_{21} & x_{22} & \cdots & x_{2n} \\ \vdots & \vdots & \vdots & \vdots \\ x_{t1} & x_{t2} & \cdots & x_{tn} \end{bmatrix}$$

该矩阵仍然与原始数值矩阵一样，t 行代表分类单位，n 列代表性状。矩阵在标准化过程中排除了不具有分类意义的数量关系，因而能正确地反映分类单位之间的相亲性。以后

① Galton F. Co-relations and their measurement, chiefly from anthropological data[J]. Proceedings of the Royal Society of London, 1888, 45: 136-144.

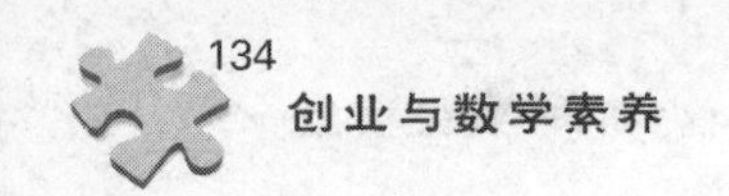

的分类运算分析将在这个矩阵上进行。这样，两个分类单位 i 与 j 之间的相关系数可定义如下：

$$r_{ij}=\frac{\sum_{k=1}^{n}(x_{ik}-\overline{x}_i)(x_{jk}-\overline{x}_j)}{\left[\left(\sum_{k=1}^{n}(x_{ik}-\overline{x}_i)^2\right)\left(\sum_{k=1}^{n}(x_{jk}-\overline{x}_j)^2\right)\right]^{\frac{1}{2}}}$$

其中，$\overline{x}_i=\frac{1}{n}\sum_{k=1}^{n}x_{ik}$，$\overline{x}_j=\frac{1}{n}\sum_{k=1}^{n}x_{jk}$。

1889 年，高尔顿在其著作《自然的遗传》(*Nature Inheritance*)中提出了相关性的概念，构造了回归分析方法，把总体的定量测定法引入遗传研究中，并用百分位数法和四分位偏差法代替离差度量，引进了回归直线、相关系数的概念，提出了“平均数离差法则”，开创了回归分析多维数据的统计方法(此前的统计方法都是单指标性的，不能顾及指标间的相互关系，无法得出符合实际的结论)。他通过总体测量发现，动物或植物的每一个种别都可以决定一个平均类型，而在同一个种别中，所有个体都围绕着这个平均类型，并把它当作轴心向多方面变异。此外，高尔顿在其《自然的遗传》著作中还明确给出了中位数、百分位数、四分位数及四分位偏差等的概念①。

设 X 为随机变量，同时满足 $p\{X\leqslant x\}\geqslant\frac{1}{2}$ 及 $p\{X\geqslant x\}\geqslant\frac{1}{2}$ 的实数 x 被称为 X 的中位数。

对于任何随机变量，中位数都是存在的，它反映了随机变量的取值中心，并在理论和应用上都有较大意义。另外，在有些情况下，中位数可能不唯一。

将中位数的概念进一步推广，就可以得到分位数的概念。

给定 $\alpha(0<\alpha<1)$，随机变量 X 的上 α 分位数是指同时满足下列两个条件的数 x_α：

$$P\{X\leqslant x_\alpha\}=1-\alpha,\qquad P\{X\geqslant x_\alpha\}=\alpha$$

相应地，$x_{1-\alpha}$ 被称为 X 的下 α 分位数。

1895 年，他在达尔文《物种起源》的启发和激励下，把达尔文的进化论直接应用于人类，并将人类学、遗传学、统计学的研究结合在一起，开始了创建优生学的探索。另外，他对人类智能和遗传的关系很感兴趣，曾调查过 300 个人(其中包括法官、政治家、文学家、科学家等)的家谱，并写了《遗传的才能和性格》《遗传的天才》《对人类才能的调查研究》《优生学的定义、范围和目的》《优生学论文集》等一系列论述优生思想和优生学等方面 200 篇论文和十几部专著，而数学在其中始终起着重要作用②。

① Galton F. Natural inheritance[M]. London：Macmillan，1889：77-86.

② 林德光. 生物统计的数学原理[M]. 沈阳：辽宁人民出版社，1982：7-9.

1896 年，高尔顿的学生卡尔·皮尔逊(Karl Pearson，1857—1936)(图 5.2)在《进化论的数理研究：回归、遗传和随机交配》一文中，导出了乘积动差相关系数公式和其他两种等价的公式，提出了线性相关计算公式和一元线性回归方程式以及回归系数的计算公式[①]。他还进一步以三个变量为例，阐述并发展了回归与统计方法论[②]。

图 5.2　卡尔·皮尔逊

5.1.2　非线性回归模型的一般形式

如果创业过程中的变量 $x_1, x_2, \cdots, x_p$ 与随机变量 y 之间存在着相关关系，通常就意味着每当 $x_1, x_2, \cdots, x_p$ 取定值后，便有相应的概率分布与之对应。随机变量 y 与相关变量 $x_1, x_2, \cdots, x_p$ 之间的概率模型为

$$y = f(x_1, x_2, \cdots, x_p) + \varepsilon \tag{5.1}$$

其中，随机变量称为因变量，$x_1, x_2, \cdots, x_p$ 称为自变量。$f(x_1, x_2, \cdots, x_p)$ 为一般变量 $x_1, x_2, \cdots, x_p$ 的确定性关系，ε 为随机变量。正因为随机误差项 ε 的引入，才将变量之间的关系描述为一个随机方程，使得我们可以借助随机数学方法研究 y 与 $x_1, x_2, \cdots, x_p$ 的关系[③]。由于创业过程是错综复杂的，一种创业过程很难用有限个因素来准确说明，随机误差项可以概括由于人们以及其他客观原因的局限而没有考虑的种种偶然因素。随机误差项主要包括下列因素的影响。

(1) 人们认识的局限或时间、费用、数据质量等制约未引入回归模型但对回归因变量有影响的因素；

(2) 样本数据采集过程中变量观测值的观测误差的影响；

(3) 理论模型设定误差影响；

(4) 其他随机因素的影响。

式(5.1)清楚地表达了变量与随机变量的相关关系，它由两部分组成：第一部分是确定性函数关系，由回归函数给出；第二部分是随机误差项。由此可见式(5.1)准确地表达了相关关系那种既有联系又不确定的特点。

当式(5.1)中回归函数为线性函数时，有：

$$y = \beta_0 + \beta_1 x_1 + \cdots + \beta_p x_p + \varepsilon \tag{5.2}$$

其中，$\beta_0, \beta_1, \cdots, \beta_p$ 为未知参数，称为回归系数。线性回归模型的“线性”是针对未知函数 $\beta_i (i=1,2,\cdots,n)$ 而言的。对于回归自变量的线性是非本质的，因为自变量是非线性

---

① Kleinbaum D, Rosner B. Fundamentals of biostatistics[M]. Boston: Duxbury Press, 1982: 132-141.

② 范福仁. 生物统计学(修订本)[M]. 南京：江苏科学技术出版社，1980：12-15.

③ Neyman J, Pearson E S. On the use and interpretation of certain test criteria for purposes of statistical inference[J]. Biometrika, 1928, 20A (3-4): 175-240.

时，常可以通过变量的替换把它转换成线性的。

如果$(x_{i1},x_{i2},\cdots,x_{ip};y)$是式(5.2)中变量$(x_1,x_2,\cdots,x_p;y)$的一组观测值，则线性回归模型可表示为：

$$y_i = \beta_0 + \beta_1 x_{i1} + \beta_2 x_{i2} + \cdots + \beta_p x_{ip} + \varepsilon_i \tag{5.3}$$

为了估计模型参数的需要，古典线性回归模型通常应满足以下几个基本假设。

(1) 解释变量$x_1,x_2,\cdots,x_p$是非随机变量，观测值为$x_{i1},x_{i2},\cdots,x_{ip}$是常数。

(2) 等方差及不相关的假定Gauss-markov条件，简称G-m条件。在此条件下，便可以得到关于回归系数的最小二乘估计及误差项方差σ_2估计的一些重要性质，如回归系数的最小二乘估计是回归系数的最小方差线性无偏估计等。

(3) 在服从正态分布的假定条件下，可得到关于回归系数的最小二乘估计及σ_2估计的进一步结果，如它们分别是回归系数及σ_2的最小方差无偏估计等，并且可以做回归的显著性检验及区间估计。

(4) 通常为了便于数学上的处理，还要求$n>p$，即样本容量的个数要多于自变量的个数。

5.1.3 一元线性回归模型的实际背景

一元线性模型是描述两个变量之间统计关系的最简单模型。我们可以通过相对简单的一元线性模型的建立，了解回归分析方法的基本思想以及它在实际问题中的应用原理。

在研究现实创业过程中的问题时，经常要研究某一个问题和影响它最重要因素的关系。如影响苹果产量的因素有很多，但是在众多的因素中，所施肥的种类是一个最重要的因素，通常我们要着重研究施肥种类这个因素与苹果产量之间的关系。创业者在研究盈利的规律时，把客流量的多少和店铺地理位置作为重要因素，研究客流量与店铺地理位置之间的关系。

上面几个例子都是研究两个变量之间的关系，而且它们都有一个共同点：这两个变量之间存在强烈的联系，但是又不能由一个变量唯一确定另一个变量，所以它们之间的关系是一种非确定性的关系。那么了解它们之间存在的关系就是下一步要研究的问题。

通常，我们要研究一个问题首先要取有关于它的n组数据$(x_i,y_i)(i=1,2,3,\cdots,n)$。为了直观地展现样本数据的分布规律，我们把$(x_i,y_i)$看成平面直角坐标系中的点，然后画出这组数据的散点图，这样就可以看出来两个变量之间的大致关系。但这个关系是粗糙的，要得到更加精确的模型，就需要更加具体的计算方法。

5.1.4 一元回归的总体模型

在回归模型的建立中，如果两个变量之间存在的关系是线性的，则叫作线性回归模型，否则就称为非线性回归模型。其中最简单的形式为一元线性函数关系：

$$y = b_0 + b_1 x$$

但回归模型并不是唯一确定的关系，故用代数式表达就是 $y=f(x,u)$ 或者 $y=f(x_1, x_2, \cdots, x_n, u)$，其中，$u$ 为随机误差项。最简单的形式为一元线性回归模型

$$y = \beta_0 + \beta_1 x + \varepsilon \tag{5.4}$$

其中，β_0，β_1 为回归参数，ε 是随机误差项。

如果对 y 和 x 进行 n 次独立观测，就会得到 n 对数据 $(x_i, y_i)(i=1,2,\cdots,n)$，而且这 n 对数据之间的关系符合模型：

$$y_i = \beta_0 + \beta_1 x_i + \varepsilon_i \qquad (i = 1,2,\cdots,n) \tag{5.5}$$

其中，β_0，β_1 作为总体回归参数，分别为回归实现的截距和斜率，x，y 则是观测时得到的数据，ε_i 是随机误差项。ε_i 是一个随机的变量，它服从高斯-马尔科夫假定，同时它与 x_i 也不存在相关性①。

5.1.5　最小二乘估计方法

一元线性回归方法有很多，比如最小二乘估计法、最大似然估计法、多项式回归法等。其中，最小二乘估计方法是一种最常用且有效的方法，并且这个方法在之后研究多元回归以及非线性回归方法时都有一定的作用，本节重点讨论最小二乘估计方法的计算过程。

最小二乘法的作用就是由数据得到回归参数 β_0，β_1 的理想估计值。对于每一组样本观测值 (x_i, y_i)，最小二乘法希望观测值 y_i 与 $\beta_0+\beta_1 x_i$ 的计算结果即其回归值相差的越小越好。为了计算方便，我们先定义离差平方和，然后用最小二乘法计算得出回归参数 β_0，β_1 的最佳估计值 $\hat{\beta}_0$，$\hat{\beta}_1$，从而使定义的离差平方和达到最小，即寻找 $\hat{\beta}_0$，$\hat{\beta}_1$ 使它们满足 $y_i(i=1,2,\cdots,n)$ 的回归拟合值，简称回归值或者拟合值，称 $e_i = y_i - y_i$ 为 $y_i(i=1,2,\cdots,n)$ 的残差。

5.1.6　多元线性回归模型

一元线性回归是一个主要影响因素作为自变量来解释因变量的变化。在现实问题的研究中，因变量的变化往往受几个这样的重要的因素影响。因此我们往往需要两个以上的影响因素作为自变量来解释因变量的变化，这就是多元回归，也叫作多重回归。当多个自变量和因变量的关系是线性的时候，所进行的回归就是多元线性回归②。

如果我们设随机变量 y 与一般变量 $x_1, x_2, \cdots, x_p$ 的线性回归模型为：

$$y = \beta_0 + \beta_1 x_1 + \beta_2 x_2 + \cdots + \beta_p x_p + \varepsilon \tag{5.6}$$

---

① Tang S Y, Chen L S. Chaos in functional response host-parasitoid ecosystem models[J]. Chaos, Solitons & Fractals, 2002, 13(4): 875-884.

② 潭永基. 数学模型[M]. 上海：复旦大学出版社，1996.

在这当中 $\beta_0,\beta_1,\beta_2,\cdots,\beta_p$ 是 $p+1$ 个未知的参数，β_0 被我们称为回归常数 $\beta_1,\beta_2,\cdots,\beta_p$ 就称作回归系数，y 是因变量，$x_1,x_2,\cdots,x_p$ 称为自变量。当 $p=1$ 时，式(5.6)就变成了式(5.1)。当 $p\geqslant 2$ 时，我们就把式(5.6)称作多元线性回归模型，ε 是随机误差项，与一元线性回归相同。我们称：

$$E(y)=\beta_0+\beta_1x_1+\beta_2x_2+\cdots+\beta_px_p \tag{5.7}$$

为理论回归方程。

多元统计分析方法也有很多，其中包括成分分析、因子分析、典型相关分析、逐步回归分析等①。而我们在这一节主要介绍逐步回归分析的主要思路以及偏最小二乘回归方法。

5.1.7 逐步回归计算方法

在实际问题中，人们总是希望从对因变量 y 有影响的诸多变量中选择一些变量作为自变量，应用多元回归分析的方法建立“最优”回归方程以便对因变量进行预报或控制。所谓“最优”回归方程，主要是指希望在回归方程中包含所有对因变量 y 影响显著的自变量而不包含对 y 影响不显著的自变量的回归方程。逐步回归分析正是根据这种原则提出来的一种回归分析方法。它的主要思路是在考虑的全部自变量中按其对 y 的作用大小、显著程度大小以及贡献大小由大到小地逐个引入回归方程，而对于那些对 y 作用不显著的变量可能始终不被引入回归方程。另外，已被引入回归方程的变量在引入新变量后也可能失去重要性，而需要从回归方程中剔除出去。引入一个变量或者从回归方程中剔除一个变量都称为逐步回归的一步，每一步都要进行 F 检验，以保证在引入新变量前回归方程中只含有对 y 影响显著的变量，而不显著的变量已被剔除②。逐步回归分析的实施过程是每一步都要对已引入回归方程的变量计算其偏回归平方和，然后选一个偏回归平方和最小的变量，在预先给定的 F 水平下进行显著性检验，如果显著则该变量不必从回归方程中剔除，这时方程中其他的几个变量也都不需要剔除(因为其他几个变量的偏回归平方和都大于最小的一个，更不需要剔除)③。相反，如果不显著，则该变量要剔除，然后按偏回归平方和由小到大的顺序依次对方程中其他变量进行 F 检验。将对 y 影响不显著的变量全部剔除，保留的都是显著的。接着再对未引入回归方程中的变量分别计算其偏回归平方和，并选其中偏回归平方和最大的一个变量。同样，在给定 F 水平下做显著性检验，如果显著则将该变量引入回归方程，这一过程一直继续下去，直到在回归方程中的变量都不能剔除而又无新变量可以引入时为止，这时逐步回归过程结束。

---

① Glass G V. Primary, secondary, and meta-analysis of research[J]. Educational Researcher, 1976, 5(10): 3-8.

② Cochrane A L. 1931-1971: a critical review with particular reference to the medical profession. In: Medicines for the year 2000[M]. London: Office of Health Economics, 1979: 1-11.

③ Pool I d S, Kochen M. Contacts and influence[J]. Social Networks, 1978, 1(1): 5-51.

5.1.8　偏最小二乘方法

偏最小二乘方法是伍德和阿巴诺在 1983 年提出的一种新型的多元回归方法。偏最小二乘回归方法与前面所提到的一般的最小二乘法最大的区别在于它在回归模型的建立过程中采用了更多的信息综合和筛选技术，它不再直接考察因变量和自变量集合的回归建模，而是转而在变量系统中提取出若干对系统具有最佳解释能力的新的综合变量（即成分提取），然后用这些新提取出来的综合变量进行回归建模，这样让整个建模过程变得更加简洁高效。

偏最小二乘回归分析是多元线性回归分析，是主成分分析、成分提取以及典型相关分析的有机结合，它的建模原理也是建立在以上三种方法之上的。

在一般的多元线性回归建模中，存在一组因变量 $\boldsymbol{y}=(y_1,y_2,\cdots,y_q)$ 和一组自变量 $\boldsymbol{x}=(x_1,x_2,\cdots,x_p)$，当 x 中的变量存在非常严重的多重相关性时，或者在 x 中的样本点数与变量的个数相比明显过少的情况下，这个最小二乘估计量就会失效，并将导致一系列的模型应用方面的困难。那么如何解决这个问题呢？偏最小二乘回归分析提出了采取我们上面提到的成分提取的方法。在主成分分析中，对于单个数据表 x，为了能够更好地找到可以概括原数据信息的综合变量，我们在 x 中提取了第一主要成分 f_1，使得 f_1 中包括的原数据变异信息可以达到最大，即 $\mathrm{Var}(f_1)\rightarrow\max$。

在典型分析中，为了从整体上研究两个数据之间的相关关系，则分别在 x 和 y 中提取典型成分 f_1 和 G_1。在能够达到相关度最大的综合变量 f_1 和 G_1 之间，如果存在明显的相关关系，则可以认为在两个集合之间也存在着相关关系。而且，如果问题研究需要的话，无论是主成分分析，还是典型相关分析，都可以提取出更高阶的成分。

下面介绍如何使用最小二乘法，通过以上方法提取的成分来达到有效建模的目的。

假设有 m 个因变量$(y_1,y_2,\cdots,y_m)$和 n 个自变量$(x_1,x_2,\cdots,x_n)$。为了研究因变量和自变量的统计关系，我们观测了 q 个样本点，由此就构成了一个自变量与因变量的数据表 $x=(x_1,x_2,\cdots,x_n)_{q\times n}$ 和 $y=(y_1,y_2,\cdots,y_m)_{q\times m}$。偏最小二乘回归分别在 x 和 y 中提取出成分 a_1 和 b_1，其中，a_1 就是$(x_1,x_2,\cdots,x_n)$的线性组合，b_1 就是$(y_1,y_2,\cdots,y_m)$的线性组合。为了回归分析的需要，我们在提取这两个成分时有下列两个要求。

(1) a_1 和 b_1 要尽量多地带有数据表中的变异信息；

(2) a_1 和 b_1 的相关程度要尽可能地达到最大。

以上两个要求告诉我们，a_1 和 b_1 要尽量能够代表 x 和 y，同时，提取之后的自变量成分 a_1 对因变量 b_1 依然有很强的解释能力。

如果我们提取的第一个成分 a_1 和 b_1 可以在进行了 x 对 a_1 的回归，以及 y 对 b_1 的回归之后使得我们原本的回归方程达到需要的精度，那么算法就结束了。如果没有，将进行第二轮的成分提取，如此反复，直到达到一个满意的精度为止。

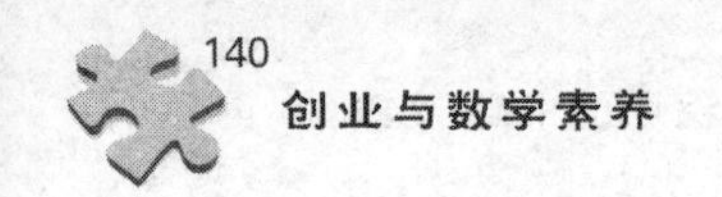

5.1.9 非线性回归模型

非线性回归是在掌握大量观察数据的基础上，利用数理统计方法建立因变量与自变量之间的回归关系函数表达式(称回归方程式)。回归分析中，当研究的因果关系只涉及因变量和一个自变量时，叫作一元回归分析；当研究的因果关系涉及因变量和两个或两个以上自变量时，叫作多元回归分析①。

非线性关系有很多种，可以把它分为三大类：第一类非线性关系可以通过变量替换转换成线性关系，然后通过在 5.1.6 节所了解的方法建立回归模型；第二类是 y 与自变量之间非线性关系的函数形式不明确，这一类的非线性回归问题可以通过 5.1.6 节研究多元线性回归模型时所用到的多元线性逐步回归来求解；第三类方法，y 与自变量的非线性关系是确定的，其回归参数不是线性的，也不能通过变量替换的方法把变量转化成线性的，这类模型称为非线性回归模型，这类非线性回归问题必须用很复杂的拟合方法求解。在许多实际问题中，回归函数往往是比较复杂的非线性函数②。

一般的非线性回归模型可以表示为：

$$y_i = f(x_i, \beta) + \varepsilon \tag{5.8}$$

式(5.8)中的 x_i 是可以观测的独立随机变量，$(x_i, y_i)(i=1,2,3,\cdots,n)$ 是一组观测到的变量，β 是需要估计的参数向量，y 是独立的观测变量，ε 是随机误差③。

设 y 与 $x_1, x_2, \cdots, x_n$ 的 n 次实验数据满足非线性回归模型式(5.8)，给定 $m+n+1$ 个不同的点 $x_0, x_1, \cdots, x_{m+n}$ 和相应的函数值 $f(x_0)$，$f(x_1)$，$\cdots$，$f(x_{m+n})$，在这种有理函数插值问题下，一种较为简单的情形是考虑各维自变量的加法模型，即：

$$y = f_1(x_1) + f_2(x_2) + \cdots + f_p(x_p) + \varepsilon \tag{5.9}$$

这样，式(5.9)的加法模型可以通过样条函数进行转换，得到：

$$y = \varphi_1 x_1 + \varphi_2 x_2 +, \cdots, + \varphi_p x_p + \varepsilon \tag{5.10}$$

由于样条函数是由若干分段多项式组合而成的，因此，式(5.10)是一个拟线性回归模型，可以考虑利用线性回归技术进行模型的参数估计。在对拟线性回归模型用最小二乘回归求解时，常会遇到一些问题。这是因为在经过函数变换后，模型维数会显著增加，这就有可能导致样本点数少于变换后的自变量个数；另一方面，虽然原始非线性数据系统中不存在线性关系，但变换后的新自变量数据之间可能会出现多重相关的情况，此时仍然使

---

① Jones T. Ethical decision making by individuals in organizations: An issue contingent model[J]. Academy of Management Review, 1991, 16(2): 366-395.

② James M. Using the myers-briggs type indicator as a tool for leadership development? Apply with caution[J]. Journal of Leadership & Organizational Studies, 2003, 10(1): 68-73.

③ Cristianini N, Shawe-Taylor J. An Introduction to Support Vector Machines and Other Kernel-Based Learning Methods[M]. Cambridge: Cambridge University Press, 2000: 47-98.

用最小二乘方法来估计模型的参数就无能为力了。解决上述问题的途径之一就是使用偏最小二乘方法做式(5.10)的估计①。

5.1.10　应用案例选粹

1. 创业过程中的保险问题

随着保险种类的多样化,创业过程中购买保险成为一个必要支出项,所以在选择购买保险时就有很多需要考虑的问题。此时,研究人们对保险的风险反感度,以及年平均收入对保险额度的影响就十分有必要,这样可以让保险公司了解更多收入阶层人群最需要的保险种类,也可以在人们购买保险时做出指导②。

比如某 IT 创业公司 30～40 岁白领近两年的平均收入为 x_{i1},风险反感度为 x_{i2},以及人寿保险额度为 y_i(风险反感度是由员工所填的调查表估算得到的)如表 5.1 所示。

表 5.1　调查表

序号	x_{i1}/千元	x_{i2}	y_i/千元
1	66.290	7	196
2	40.964	5	63
3	72.996	10	252
4	45.010	6	84
5	57.204	4	126
6	26.852	5	14
7	38.122	4	49
8	35.840	6	49
9	75.796	9	266
10	37.408	5	49
11	54.376	2	105
12	46.186	7	98
13	46.130	4	77
14	30.366	3	14

① Vapnik V. The Nature of Statistical Learning Theory[M]. New York: SpringerVerlag, 1995: 91-188.

② Pittenger D. Cautionary Comments Regarding the Myers-Briggs Type Indicator[J]. Consulting Psychology Journal: Practice and Research, 2005, 57(3): 210-221.

续表

序号	x_{i1}/千元	x_{i2}	y_i/千元
15	39.060	5	56
16	79.380	1	245
17	52.766	8	133
18	55.916	6	133

我们想要研究给定年龄段内白领的平均收入，以及风险反感度和人寿保险额之间的关系。经过对数据的初步观察，我们预计，白领的收入与人寿保险额之间存在二次关系，并且在经过初步的分析之后认为风险反感度与人寿保险只有线性关系，并没有前者的二次关系，但是，这两者对人寿保险额是否有交互影响是我们通过对数据的观察无法预测的，需要建立一个二次多项式回归模型对结果进行预测：

$$y_i = \beta_0 + \beta_1 x_{i1} + \beta_2 x_{i2} + \beta_{11} x_{i12} + \beta_{22} x_{i22} + \beta_{12} x_{i1} x_{i2} + \varepsilon_i$$

我们先检验是否有交互影响，再检验风险反感度的二次效应。

在研究的过程中采取逐个引入变量的方式，这样方便我们看到各项对于回归的贡献，使得到的每个变量对保险额影响的显著性检验更加明确[①]。通过数学软件对数据进行处理后，可以得到表 5.2。

表 5.2 数据处理结果

变　量	偏平方和	残差平方和	检验系数	偏 F 值
x_1	104 474	3 567	β_1	—
$x_2 x_1$	2 284	1 283	β_1	—
$x_{12} x_1, x_2$	1 238	45	β_{11}	385
$x_{22} x_1, x_2, x_{12}$	3	42	β_{22}	0.93
$x_1 x_2 x_1, x_2, x_{12}, x_{22}$	6	36	β_{12}	2.00
合计	108 005			

该模型的 SST＝108 041，SSE＝36。SSE 的自由度为 12。采用偏 F 的检验，对交互影响系数 β_{12} 显著性检验的偏 F 值＝2.00，临界值为 4.75，那么这个交互的影响系数并不能通过显著性检验，故可以认为这个模型中并没有这个交互影响因素，而且这个结论也符合我们的生活经验：

① Premeaux S, Mondy W. Linking Management Behavior to Ethical Philosophy[J]. Journal of Business Ethics, 1993, 12(5): 349-357.

$$y_i = \beta_0 + \beta_1 x_{i1} + \beta_2 x_{i2} + \beta_{11} x_{i12} + \beta_{22} x_{i22} + \varepsilon_i$$

接下来,需要检验风险度的二次效应是否存在,这就相当于把相关系数 β_{22} 进行如上述相同的显著性检验[①]。这个检验的偏 F 值为 0.93,临界值也为 0.93,由此可得 β_{22} 为 0,并得到简化模型:

$$y_i = \beta_0 + \beta_1 x_{i1} + \beta_2 x_{i2} + \beta_{11} x_{i12} + \varepsilon_i$$

然后用与上面相同的方法检验收入对保险额的二次影响是否存在:计算得这个检验的偏 F 值为 385,临界值为 4.60,二次效应系数为 β_{22} 并不为 0,故这个影响是确实存在的。最后,我们得到正确的回归方程为:

$$y = -62.349 + 0.840x_1 + 5.685x_2 + 0.037x_{12}$$

得到上述回归方程后,就可以进一步预测该创业公司白领年均收入和风险反感度对人寿保险的效应。

2. 牙膏的销售量

某创业公司为了更好地拓展牙膏市场,有效地管理库存,公司董事会要求销售部门根据市场调查,找出公司生产的牙膏销售量与销售价格、广告投入等之间的关系,从而预测出在不同价格和广告费用下的销售量。为此,销售部的研究人员收集了过去 30 个销售周期(每个销售周期为 4 周)公司生产的牙膏的销售量、销售价格、投入的广告费用,以及同期其他厂家生产的同类牙膏的市场平均销售价格,见表 5.3(其中,价格差指其他厂家平均价格与公司销售价格之差)。接下来,我们建立一个数学模型分析牙膏销售量与其他因素的关系,为制订价格策略和广告投入策略提供数量依据[②]。

表 5.3　牙膏销售量与销售价格、广告费用等数据

销售周期	公司销售价格/元	其他厂家平均价格/元	价格差/元	广告费用/百万元	销售量/百万支
1	3.85	3.80	−0.05	5.5	7.38
2	3.75	4.00	0.25	6.75	8.51
3	3.70	4.30	0.60	7.25	9.52
4	3.60	3.70	0.00	5.50	7.50
5	3.60	3.85	0.25	7.00	9.33
6	3.6	3.80	0.20	6.50	8.28
7	3.6	3.75	0.15	6.75	8.75

① Siggelkow N, Rivkin J. Speed and search: Designing organizations for turbulence and complexity[J]. Organization Science, 2005, 16(2): 101-123.

② 董臻圃. 数学建模方法与实践[M]. 北京:国防工业出版社,2006.

续表

销售周期	公司销售价格/元	其他厂家平均价格/元	价格差/元	广告费用/百万元	销售量/百万支
8	3.8	3.85	0.05	5.25	7.87
9	3.8	3.65	−0.15	5.25	7.10
10	3.85	4.00	0.15	6.00	8.00
11	3.90	4.10	0.20	6.50	7.89
12	3.90	4.00	0.10	6.25	8.15
13	3.70	4.10	0.40	7.00	9.10
14	3.75	4.20	0.45	6.90	8.86
15	3.75	4.10	0.35	6.80	8.90
16	3.80	4.10	0.30	6.80	8.87
17	3.70	4.20	0.50	7.10	9.26
18	3.80	4.30	0.50	7.00	9.00
19	3.70	4.10	0.40	6.80	8.75
20	3.80	3.75	−0.05	6.50	7.95
21	3.80	3.75	−0.05	6.25	7.65
22	3.75	3.65	−0.10	6.00	7.27
23	3.70	3.90	0.20	6.50	8.00
24	3.55	3.65	0.10	7.00	8.50
25	3.60	4.10	0.50	6.80	8.75
26	3.70	4.25	0.60	6.80	9.21
27	3.75	3.65	−0.05	6.50	8.27
28	3.75	3.75	0.00	5.75	7.67
29	3.80	3.85	0.05	5.80	7.93
30	3.70	4.25	0.55	6.80	9.26

模块Ⅰ中，我们假设在 x_1 和 x_2 对 y 的影响独立，从而得到了方程：

$$y = \beta_0 + \beta_1 x_1 + \beta_2 x_2 + \beta_3 x_2^2 + \varepsilon$$

在模块Ⅱ中，我们假设 x_1 和 x_2 对 y 的影响有交互作用，进一步得到新的方程：

$$y = \beta_0 + \beta_1 x_1 + \beta_2 x_2 + \beta_3 x_2^2 + \beta_4 x_1 x_2 + \varepsilon$$

模型建立与求解过程如下。

符号说明：

y：公司牙膏销售量；x_1：其他厂家与本公司价格差；x_2：公司广告费用；y：被解释变量(因变量)；x_1，x_2：解释变量(回归变量，自变量)；β_1，β_2，β_3，β_4：回归系数；ε：随机误差(均值为零的正态分布随机变量)。

(1) 模型Ⅰ(基于 x_1 和 x_2 对 y 的影响相互独立)。

制作出图形，如图 5.3 所示。

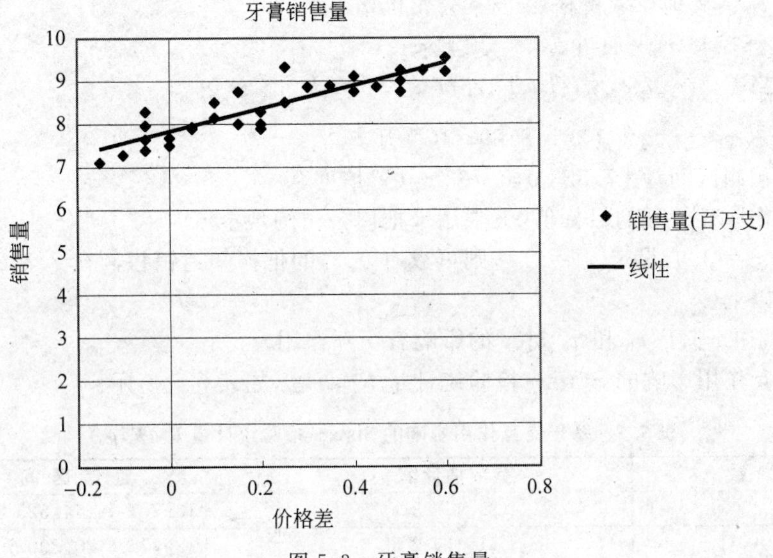

图 5.3　牙膏销售量

由数据 y, x_1, x_2 估计 $\beta[b, \text{bint}, r, \text{rint}, \text{stats}] = \text{regress}(y, x, \text{alpha})$。

输入 $y \sim n$ 维数据向量 $\boldsymbol{x} = [1, x_1, x_2, x_2{}^2] \sim n \times 4$ 数据矩阵，第 1 列为全为 1 向量，α(置信水平，0.05)；输出 $b \sim \beta$ 的估计值，bint$\sim b$ 的置信区间，r ~残差向量 $y - xb$，rint$\sim r$ 的置信区间，如表 5.4 所示。

表 5.4　stats～检验统计量 R^2，F，p

参　数	参数估计值	置信区间
β_0	17.324 4	[5.728 2　28.920 6]
β_1	1.307 0	[0.682 9　1.931 1]
β_2	−3.695 6	[−7.498 9　0.107 7]
β_3	0.348 6	[0.037 9　0.659 4]
$R^2 = 0.905\ 4$　$F = 82.940\ 9$　$p = 0.000\ 0$		

y 的 90.54%可由模型确定，p 远小于 $\alpha=0.05$，β_2 的置信区间包含零点(右端点距零点很近)，x_2^2 项显著。

F 远超过 F 检验的临界值，模型从整体上看成立，x_2 对因变量 y 的影响不太显著，可将 x_2 保留在模型中。

销售量预测方程：

$$\hat{y}=\hat{\beta}_0+\hat{\beta}_1 x_1+\hat{\beta}_2 x_2+\hat{\beta}_3 x_2^2$$

价格差 x_1＝其他厂家价格 x_3－本公司价格 x_4。

估计 x_3→控制 x_1→通过 x_1、x_2 预测 y。

控制价格差 $x_1=0.2$ 元，投入广告费 $x_2=650$ 万元。

$\hat{y}=\hat{\beta}_0+\hat{\beta}_1 x_1+\hat{\beta}_2 x_2+\hat{\beta}_3 x_2^2=8.2933$(百万支)

销售量预测区间为[7.823 0,8.763 6](置信度95%)。

上限用作库存管理的目标值，下限用来把握公司的现金流。

若估计 $x_3=3.9$，设定 $x_4=3.7$，则可以有95%的把握知道销售额在 $7.8320\times3.7\approx29$(百万元)以上。

(2) 模型Ⅱ(基于 x_1 和 x_2 对 y 的影响有交互作用)。

基于交互作用影响的Stats～检验统计量 R^2，F，p，如表5.5所示。

表5.5 基于交互作用影响的Stats～检验统计量 R^2，F，p

参　数	参数估计值	置信区间
β_0	29.113 3	[13.701 3　44.525 2]
β_1	11.134 2	[1.977 8　20.290 6]
β_2	−7.608 0	[−12.693 2　−2.522 8]
β_3	0.671 2	[0.253 8　1.088 7]
β_4	−1.477 7	[−2.851 8　−0.103 7]
$R^2=0.9209$　$F=72.777$　$p=0.0000$		

交互作用影响的讨论如下。

分析 $\hat{y}=\beta_0+\hat{\beta}_1 x_1+\hat{\beta}_2 x_2+\hat{\beta}_3 x_2^2+\hat{\beta}_4 x_1 x_2$

价格差 $x_1=0.1$，$\hat{y}|_{x_1=0.1}=30.2267-7.7558x_2+0.6712x_2^2$

价格差 $x_1=0.3$，$\hat{y}|_{x_1=0.3}=32.4535-8.0513x_2+0.6712x_2^2$

$x_2<7.5357\rightarrow\hat{y}|_{x_1=0.3}>\hat{y}|_{x_1=0.1}$

因此，价格优势会使销售量增加；同时，加大广告投入也能让销售量增加($x_2\geqslant6\times10^6$元)；由于价格差较小时增加的速率更大，所以价格差较小时更需要靠广告来吸引顾客的眼球①。

---

① 暴奉贤，陈宏立. 经济预测与决策方法[M]. 广州：暨南大学出版社，2002.

(3) 上述两个模型关于销售量预测的比较分析。

如果控制价格差 $x_1=0.2$ 元,投入广告费 $x_2=6.5\times10^6$ 元,那么

模型Ⅰ:$\hat{y}=\hat{\beta}_0+\hat{\beta}_1x_1+\hat{\beta}_2x_2+\hat{\beta}_3x_2^2$,$\hat{y}=8.2933$(百万支),区间[7.823 0,8.763 6]。

模型Ⅱ:$\hat{y}=\hat{\beta}_0+\hat{\beta}_1x_1+\hat{\beta}_2x_2+\hat{\beta}_3x_2^2+\hat{\beta}_4x_1x_2$,$\hat{y}=8.3272$(百万支),区间[7.895 3,8.759 2]。

容易发现:模型Ⅱ得出的$\hat{y}$略有增加,预测区间长度更短。

5.2　创业过程中的非线性积分方程模型

随着非线性方程在创业过程分析中的广泛应用,其正解的存在性是非线性分析的一个重要研究内容。大量的非线性方程不能用初等解法求出其通解,而实际问题中所需要的往往是要求满足某种初始条件的解,因此初值问题的研究就显得十分重要,其解不一定是唯一的,必须满足一定的条件才能保证初值问题正解的存在性与唯一性,而讨论初值问题正解的存在性与唯一性在非线性方程中占有很重要的地位①。

假设 $g(x)$ 是定义在 $x_0\leqslant x\leqslant x_0+h$ 的非负连续函数,$g(x)=|\varphi(x)-\psi(x)|$,其中,$\varphi(x)=y_0+\int_{x0}^{x}f(\xi,\varphi(\xi))\mathrm{d}\xi$,$\psi(x)=y_0+\int_{x0}^{x}f(\xi,\psi(\xi))\mathrm{d}\xi$。

如果 $f(x,y)$ 满足 Lipschitz 条件,则可得

$$\begin{aligned}g(x)=|\varphi(x)-\psi(x)|&=\left|\int_{x_0}^{x}[f(\xi,\varphi(\xi))-f(\xi,\psi(\xi))]\mathrm{d}\xi\right|\\&\leqslant\int_{x_0}^{x}|f(\xi,\varphi(\xi))-f(\xi,\psi(\xi))|\,\mathrm{d}\xi\\&\leqslant L\int_{x_0}^{x}|\varphi(\xi)-\psi(\xi)|\,\mathrm{d}\xi=L\int_{x_0}^{x}g(\xi)\mathrm{d}\xi\end{aligned}$$

假设 $u(x)=L\int_{x_0}^{x}g(\xi)\mathrm{d}\xi$,则 $u(x)$ 是 $x_0\leqslant x\leqslant x_0+h$ 的连续可微函数,且 $u(x_0)=0$,$0\leqslant g(x)\leqslant u(x)$,$u'(x)=Lg(x)$,$u'(x)\leqslant Lu(x)$,$(u'(x)-Lu(x))e^{-Lx}\leqslant0$,即 $(u(x)e^{-Lx})'\leqslant0$,于是在 $x_0\leqslant x\leqslant x_0+h$ 上,$u(x)e^{-Lx}\leqslant u(x_0)e^{-Lx_0}=0$。故 $g(x)\leqslant u(x)\leqslant0$,即 $g(x)\equiv0$,$x_0\leqslant x\leqslant x_0+h$,其中,$h=\min\left(a,\frac{b}{M}\right)$。

在矩形域 R 中 $|f(x,y)|\leqslant M$,故非线性方程过 (x_0,y_0) 的积分曲线 $y=\varphi(x)$ 的斜率必介于 $-M$ 与 M 之间。当 $M\leqslant\frac{b}{a}$ 时,即 $a\leqslant\frac{b}{M}$,非线性方程的解 $y=\varphi(x)$ 在 $x_0-a\leqslant x\leqslant$

① Nesemann T. Positive nonlinear difference equations: Some results and applications[J]. Nonlinear Analysis Theory Methods & Applications, 2001, 47(7): 4707-4717.

x_0+a 上有定义;当 $M\geqslant\frac{b}{a}$时,即$\frac{b}{M}\leqslant a$,不能保证非线性方程的解在 $x_0-a\leqslant x\leqslant x_0+a$ 上有定义,它有可能在区间内就跑到矩形 R 外去,只有当 $x_0-\frac{b}{M}\leqslant x\leqslant x_0+\frac{b}{M}$才能保证解 $y=\varphi(x)$在 R 内,故要求非线性方程解的存在范围是$|x-x_0|\leqslant h$。

非线性方程正解的存在性能够很好地解释创业过程中的目标一致性现象:如果非线性方程的正解本身不存在,则近似求解就失去了意义;如果非线性方程的正解存在,但不唯一,则不能确定所求的是哪个解。

5.2.1 证明依据

如果函数 $f(x,y)$满足以下条件:

(1) 在 R 上连续;

(2) 在 R 上关于变量 y 满足 Lipschitz 条件,即存在常数 $L>0$,使对于 R 上任何一对点(x,y_1),(x,y_2)均有不等式$|f(x,y_1)-f(x,y_2)|\leqslant L|y_1-y_2|$成立,则方程$\frac{\mathrm{d}y}{\mathrm{d}x}=f(x,y)$存在唯一的解 $y=\varphi(x)$,在区间$|x-x_0|\leqslant h$ 上连续,而且满足初始条件

$$\varphi(x_0)=y_0$$

其中,$h=\min\left(a,\frac{b}{M}\right)$,$M=\max\limits_{x,y\in R}|f(x,y)|$,$L$ 称为 Lipschitz 常数。

5.2.2 最优映射的存在性

设创业过程中的成本函数 C: $\mathbb{R}^d\to[0,\infty)$是严格凸函数,$\rho_0,\rho_1\in P_a(\Omega)$。存在函数 v: $\overline{\Omega}\to\mathbb{R}^d$,这样当 $u(x)=\inf_{y\in\overline{\Omega}}\{c(x-y)-v(y)\}$,$x\in\overline{\Omega}$ 时,函数 T: $\overline{\Omega}\to\overline{\Omega}$,$T$:$=\mathrm{id}-(\nabla c^*)\circ\nabla u$ 使得 ρ 趋向于 ρ_1。

T 是关于 ρ_0 的蒙日问题的唯一最小值。

$$(\mathrm{M}):\inf\left\{\int_\Omega c(x-T(x))\rho_0(x)\mathrm{d}x,T_{\#\rho_0}=\rho_1\right\}$$

联合检测 γ:$=(\mathrm{id}\times T)_{\#\rho_0}$是解决康特洛维奇(Kantorovich)问题的唯一途径。

$$(\mathrm{K}):\inf\left\{\int_{R^d\times R^d}c(x-y)\mathrm{d}\gamma(x,y),\gamma\in\Gamma(\rho_0,\rho_1)\right\}$$

T 是一对一的,即存在一个映射 S:$=\overline{\Omega}\to\overline{\Omega}$,使得 ρ_1 趋向于 ρ_0,即对于大部分 ρ_1 而言,存在等式 $T(S(y))=y$,且对于大部分 ρ_0 而言,存在等式 $S(T(x))=x$。

此外,$S=\mathrm{id}+\nabla c^*(-\nabla v)$,其中,$v(y)=\inf_{x\in\overline{\Omega}}\{c(x-y)-u(y)\}$,$y\in\overline{\Omega}$。$V$ 称为 U 的创业过程中的成本函数 C 变换,它表示 v:$=u^c$。

分别将 T、S 作为 C-最优映射,使得 ρ_0、ρ_1 分别趋向于 ρ_1、ρ_0,γ,称为在 $\Gamma(\rho_0,\rho_1)$上的 C-最优测量。

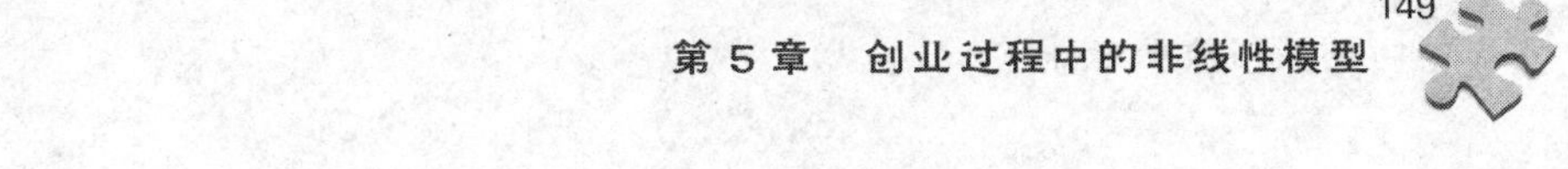

$c:\mathbb{R}^d\to[0,\infty)$是严格凸函数，$h>0$ 且 $\rho_0,\rho_1\in P_\alpha(\Omega)$。定义：

$$(\mathrm{K}):W_c^h(\rho_0,\rho_1):=\inf\left\{\int_{R^d\times R^d}c\left(\frac{x-y}{h}\right)\mathrm{d}\gamma(x,y):\gamma\in\Gamma(\rho_0,\rho_1)\right\}$$

如果 $c(z)=\frac{|z|^q}{q}$，则用 W_q^h 来表示 W_c^h。当 $c(z)=\frac{|z|^2}{2}2$ 且 $h=1$ 时，$d_2:=\sqrt{W_2^h}$即为Wasserstein 度量。

由此可以推断出存在唯一的概率测度 $\gamma\in\Gamma(\rho_0,\rho_1)$和唯一的映射 T，使得 ρ_0 趋向于 ρ_1，反之，也存在唯一的映射 S 使得 ρ_1 趋向于 ρ_0，如

$$\begin{aligned}(\mathrm{K}):W_c^h(\rho_0,\rho_1):&=\int_{R^d\times R^d}c\left(\frac{x-y}{h}\right)\mathrm{d}\gamma(x,y)=\int_\Omega c\left(\frac{x-T(x)}{h}\right)\rho_0(x)\mathrm{d}x\\&=\int_\Omega c\left(\frac{S(y)-y}{h}\right)\rho_1(y)\mathrm{d}y\end{aligned}$$

假设：

(HC1)：$c:\mathbb{R}^d\to[0,\infty)$符合 $0=c(0)<c(z),z\neq0$。

(HC2)：$\lim_{|x\to\infty|}\frac{c(x)}{|x|}=\infty$。也就是说，创业过程中的成本函数 C 是强制函数。

(HC3)：当$\partial,\beta>0$ 且 $q>1$ 时，$\beta|z|^q\leqslant c(z)\leqslant\alpha(|z|^q+1),z\in\mathbb{R}^d$。

(HF1)：要么存在 $\lim_{x\to\infty}\frac{F(x)}{x}=+\infty$，即 $F:[0,\infty]\to\mathbb{R}$ 在$+\infty$处存在一个超线性增长；要么存在 $\lim_{x\to\infty}\frac{F(x)}{x}=0$ 且 $F'(x)<0,\forall x>0$。

可以利用假设(HF1)来证明 F 的勒让德变换 F^* 在$(-\infty,0)$上是有限的。事实上，(HF1)中 F 的严格凸性以及 $F(0)=0$ 都暗示着 $F^*(x)\in\mathbb{R}^d$适用于 $x<0$ 的情况。则 $F^*(F'(a))$在 $a>0$ 的情况下是有限的。

创业过程中的成本函数 C 和能量密度函数 F 满足假设：

$c(z)=\sum_{i=1}^n A_i|z|^{q_i}$，其中，$q_i>1$且 $A_i>0$(当 $i_0\in\{1,\cdots,n\}$，$\beta=A_{i_0}$ 且 $\alpha=\sum_{i=1}^n A_i$ 时，取 $q=\max_{\{i=1,\cdots,n\}}(q_i)=q_{i_0}$)；

$F(x)=x\ln x$，$F(x)=\frac{x^m}{m-1}$，其中，$m>1$ 或 $1-\frac{1}{d}\leqslant m<1$；

$F(x)=\sum_{i=1}^n A_iF_i(x)$，其中，$A_i>0$ 并且 F_i 与之前的 F 函数相似。

对于抛物型非线性方程：

$$\begin{cases}\dfrac{\partial b(u)}{\partial t}=\mathrm{div}(a(b(u),\nabla u)) & (0,\infty)\times\Omega\\ u(t=0)=u_0 & \Omega\\ a(b(u),\nabla u)\cdot v=0 & (0,\infty)\times\partial\Omega\end{cases}\tag{5.11}$$

其中，$a(b(u),\nabla u):=f(b(u))\nabla c^*[\nabla(u+V)]$，$c^*$ 表示勒让德函数变换：$c:\mathbb{R}^d\to[0,\infty)$ 即：

$$c^*(z)=\sup_{x\in R^d}\{<x,z>-c(x)\}$$

其中，$z\in\mathbb{R}^d$。此处，Ω 是 $\mathbb{R}^d$ 的有界域，v 是 $\partial\Omega$ 正常向外单位，b 是单调非减函数，$V:\overline{\Omega}\to\mathbb{R}^d$ 是一个势能非线性方程，$c:\mathbb{R}^d\to[0,\infty)$ 是一个凸函数，f 是一个非负实函数，$u_0:\Omega\to\mathbb{R}^d$ 是一个可测函数。$u:[0,\infty]\times\Omega\to\mathbb{R}^d$，$u=u(t,x)$ 是未知的。

式(5.11)在满足 $V=0$ 以及 $a(t,z):=f(t)\nabla c^*(z)$ 上的椭圆条件式(5.12)时，其弱解是存在的。

$$\langle a(t,z_1)-a(t,z_2),z_1-z_2\rangle\geqslant\lambda\mid z_1-z_2\mid^p \tag{5.12}$$

其中，$\rho\geqslant 1,\lambda>0,z_1,z_2\in\mathbb{R}^d$。这就意味着 f 是有下界的，创业过程中的成本函数 C 满足椭圆条件

$$\langle\nabla c^*(z_1)-\nabla c^*(z_2),z_1-z_2\rangle\geqslant\lambda\mid z_1-z_2\mid^p \tag{5.13}$$

若 $c(z)=\frac{|z|^q}{q}$ 或 $c^*(z)=\frac{|z|^p}{p}(p>1)$ 是 $q>1,\frac{1}{p}+\frac{1}{q}=1$ 的共轭，当且仅当 $p\geqslant 2$ 时，条件式(5.13)可转化为：

$$\langle\mid z_1\mid^{p-2}z_1-\mid z_2\mid^{p-2}z_2,z_1-z_2\rangle\geqslant\lambda\mid z_1-z_2\mid^p \tag{5.14}$$

事实上，当 $1<p<2$，式(5.14)的反向不等式存在。通过时间离散化来逼近式(5.11)，可以证明 $V=0$ 时式(5.11)解的唯一性。

假设式(5.12)成立，则分布导数 $\frac{\partial b(u)}{\partial t}$ 的一个解 u 是式(5.11)的解，且 u 是一个可积函数。使用“加倍变量”方法删除最后的条件，并将每个解视为一个常数 y 以满足其他非线性方程①。

创业过程中的成本函数 C 的增长反向施加条件：

$$\beta\mid z\mid^q\leqslant c(z)\leqslant\alpha(\mid z\mid^q+1) \tag{5.15}$$

此时 $z\in\mathbb{R}^d,\alpha,\beta>0,q>1$。那么对于创业过程中的成本函数 $c(z)=\frac{|z|^q}{q}$ 或等价的 $c^*(z)=\frac{|z|^p}{p}P$(其中，$\frac{1}{p}+\frac{1}{q}=1,1<p<2$)，当 $1<p<2$ 时，该函数满足式(5.15)但不满足式(5.13)或式(5.14)。事实上，它们在 $1<p<2$ 时满足式(5.13)或式(5.14)的反向不等式。

当式(5.11)作为创业过程中的耗散系统时，引入内能密度函数 $F:[0,\infty)\to\mathbb{R}^d$，它满足 $F'=b^{-1}$。设 $\rho:=b(u),\rho_0:=b(u_0),f(x)=\max(x,0)$，则式(5.11)可以转化为：

---

① Xianyi Li. Global asymptotic stability for a fourth-order rational difference equation[J]. Journal of Mathematical Analysis & Applications, 2005, 312(2): 555-563.

$$\begin{cases} \frac{\partial \rho}{\partial t} = \mathrm{div}(\rho U_\rho) = 0 & (0,\infty)\times\Omega \\ \rho(t=0)=\rho_0 & \Omega \\ \rho U_\rho \cdot v = 0 & (0,\infty)\times\partial\Omega \end{cases} \tag{5.16}$$

其中，$U_\rho := -\nabla c^*[\nabla(F'(\rho)+V)]$在非线性方程式(5.16)中描述了流体的平均速度的矢量场；$\rho_0: \Omega \to [0,\infty)$是流体的初始质量密度；$\rho: [0,\infty)\times\Omega\to[0,\infty)$未知，那么创业过程中的流动要素在 t 时刻($t\in[0,\infty)$)的自由能是其内能和势能的总和：

$$E(\rho(t)) := \int_\Omega [F(\rho(t,x)) + \rho(t,x)V(x)]\mathrm{d}x$$

问题式(5.16)包括：

创业过程中的线性福克-普朗克非线性方程：

$$\frac{\partial \rho}{\partial t} = \Delta\rho + \mathrm{div}(\rho\nabla V)$$

$$\left(c(z) = \frac{|z|^2}{2} \qquad F(x) = x\ln x\right)$$

创业过程中的快速扩散非线性方程：

$$\frac{\partial p}{\partial t} = \Delta\rho^m$$

$$\left(V=0, c(z) = \frac{|z|^2}{2},\quad F(x) = \frac{x^m}{m-1} \quad 1 \neq m \geqslant 1 - \frac{1}{d}\right)$$

创业过程中的广义热非线性方程：

$$\frac{\partial p}{\partial t} = \mathrm{div}(|\Delta\rho^{\frac{1}{\rho-1}}|^{\rho-2}\Delta\rho^{\frac{1}{\rho-1}})$$

$$\left(V=0, c(z) := \frac{|z|^q}{q}, \frac{1}{p}+\frac{1}{q}=1 \qquad F(x) = \frac{1}{p-1}x\ln x \qquad p>1\right)$$

创业过程中的抛物型 p-拉普拉斯非线性方程[①]：

$$\frac{\partial \rho}{\partial t} = \mathrm{div}(|\Delta\rho|^{p-2}\Delta\rho)$$

$$\left(V=0, c(z) := \frac{|z|^q}{q}, \frac{1}{p}+\frac{1}{q}, F(x) = \frac{x^m}{m(m-1)}, m := \frac{2p-3}{p-1}, p \geqslant \frac{2d+1}{d+1}\right)$$

创业过程中的双重退化扩散非线性方程：

$$\frac{\partial \rho}{\partial t} = \mathrm{div}(|\Delta\rho^n|^{p-2}\Delta\rho^n) \tag{5.17}$$

---

① Street M, Douglas S, Geiger S, Martinko M. The impact of cognitive expenditure on the ethical decision-making process: The cognitive elaboration model[J]. Organizational Behavior and Human Decision Processes, 1997, 86(2): 256-277.

$$\begin{cases} V=0, c(z):=\dfrac{|z|^q}{q}, \dfrac{1}{p}+\dfrac{1}{q}, F(x)=\dfrac{nx^m}{m(m-1)}, m:=n+\dfrac{p-2}{p-1}, \dfrac{1}{p-1}\neq n \\ \geqslant \dfrac{d-(p-1)}{d(p-1)} \end{cases}$$

上述对 m,n 和 p 的限制是为了使 F 满足假设(HF1)和(HF2)①。

下面研究式(5.16)在什么条件下有解。

假设初始密度 ρ_0 有上界和下界，即 $\rho_0+\dfrac{1}{\rho_0}\in L^\infty(\Omega)$是为了简化证明。相对于 Wasserstein 度量 d_2，福克-普朗克非线性方程可以解释为熵函数的梯度流：

$$H(p):=\int_{R^d}(\rho\ln\rho+\rho V)\mathrm{d}x$$

d_2 是$\mathbb{R}^d$上的概率测度集合的度量标准，它由下式定义：

$$d_2(u_0,u_1):=\left[\inf\left\{\int_{R^d\times R^d}\frac{|x-y|^2}{2}\mathrm{d}\gamma(x,y):\quad \gamma=\Gamma(\mu_0,\mu_1)\right\}\right]^{\frac{1}{2}}$$

其中，μ_0，μ_1 是其临界值。

下面证明式(5.16)的正解的存在性。我们假设 $V=0$，证明包括如下 4 个主要步骤。

步骤 1：我们把式(5.16)理解为一个“最速下降”的内能函数

$$P_a(\Omega)\ni\rho\mapsto E_i(\rho):=\int_\Omega F(\rho(x))\mathrm{d}x$$

此处 $h>0$ 表示一个时间步长的大小，$P_a(\Omega)$表示概率密度函数 $\rho:\Omega\to[0,\infty)$的集合。给定流体在时间 $t_{k-1}=(k-1)h$ 处的质量密度 ρ_{k-1}^h，则 $t_k=kh$ 的质量密度 ρ_k^h 是变分问题的唯一解。

$$(P_k^h):=\inf_{\rho\in P_a(\Omega)}\{hW_c^h(\rho_{k-1}^h,S)+E_i(\rho)\} \tag{5.18}$$

因此，在每一个时间 t，系统尽量减少从状态 $\rho(t)$到状态 $\rho(t+h)$的工作时间，其内部能量 $E_i(\rho)$有减少的趋势。

步骤 2：Euler-Lagrange 方程(P_k^h)(E－L 方程只是泛函有极值的必要条件)，其中，$A_h(h)$趋于 0，h 趋于 0，推导出

$$\frac{\rho_k^h-\rho_{k-1}^h}{h}=\mathrm{div}\{\rho_k^h\nabla c^*[\nabla(F'(\rho_k^h))]\}+A_k(h) \tag{5.19}$$

式(5.19)显示了为什么式(5.18)是式(5.16)的离散化。

步骤 3：定义式(5.16)的近似解 ρ^h，则有：

$$\begin{cases}\rho^h(t,x)=\rho_k^h(x), \\ \rho^h(0,x)=\rho_0(x)\end{cases}\quad t\in((k-1)h,kh],k\in\mathbb{N}$$

---

① Patricia C Kelley, Dawn R Elm. The effect of context on moral intensity of ethical issues: Revising Jones's issue contingent model[J]. Journal of Business Ethics, 2003, 48(2): 139-154.

从式(5.19)推断出 ρ^h 在弱意义上满足式(5.20)。

$$\begin{cases}\dfrac{\partial \rho^h}{\partial t} = \mathrm{div}\{\rho^h \nabla c^* [\nabla (F'(\rho^h))]\} + A(h) & (0,\infty)\times\Omega \\ \rho^h(t=0) = \rho_0 & \Omega\end{cases} \tag{5.20}$$

步骤4：令式(5.20)中的 h 趋向于0，$(\rho^h)_h$ 收敛到一个函数 ρ，在弱意义上证明式(5.16)的正解的存在性。

接下来，对公式(5.16)离散化：

$$(P) := \inf\{I(\rho) := hW_c^h(\rho_0,\rho) + E_i(p): \rho \in P_\alpha(\Omega)\} \tag{5.21}$$

事实上，目前 Euler-Lagrange 方程只是公式(5.16)的离散化形式。考虑不等式：

$$E_i(\rho_0) - E_i(\rho_1) \geqslant \frac{\mathrm{d}E(\rho_{1-t})}{\mathrm{d}t}\Big|_{t=0} \tag{5.22}$$

其中，ρ_{1-t} 表示沿测地线向 $P_\alpha(\Omega)$ 中用插值法插入 ρ_0 和 ρ_1 所得到的概率密度。我们将公式(5.22)作为内部的能量不等式，它是证明近似序列 $(\rho^h)_h$ 收敛的基本要素，而该证明过程对于解决问题式(5.16)至关重要。

设 $h>0$，$\rho_0 \in P_\alpha(\Omega)$ 且 $\rho_0 \leqslant M$，则函数

$$(P_R): \inf\{I(\rho) := hW_c^h(\rho_0,\rho) + E_i(\rho): \rho \in P_\alpha^{(R)}(\Omega)\} \tag{5.23}$$

在 $R \geqslant M$ 时，存在一个唯一的极小值 ρ_{1R}，且当 $R>2M$ 时，$\rho_{1R} \in P_\alpha^{(M)}(\Omega)$，即 $0 \leqslant \rho_{1R} \leqslant M$。由此可推断出公式(5.21)在 $0 \leqslant p_1 \leqslant M$ 时存在一个唯一的极小值 ρ_{1R}。

令 $R \geqslant M$，并假设创业过程中的成本函数 C 满足(HC1)，那么函数 (P_R) 在满足不等式(5.24)时存在一个唯一的极小值 ρ_{1R}：

$$|\Omega| F\left(\frac{1}{|\Omega|}\right) \leqslant E_i(\rho_1 R) \leqslant E_i(\rho_0) \tag{5.24}$$

式(5.24)的证明：令 $I_{\inf}$ 表示在 $\rho \in P_\alpha^{(R)}(\Omega)$ 时函数 $I(\rho)$ 的下确界。由于 $\rho_0 \in P_\alpha^{(R)}(\Omega)$，$E_i(\rho_0) < \infty$ 且 $c(0)=0$，可得 $I_{\inf} \leqslant \frac{1}{h}E_i(\rho_0)$。由 Jensen 不等式以及 $c \geqslant 0$、$\rho \in P_\alpha(\Omega)$ 的结论可以推出 $I_{\inf} \leqslant \frac{|\Omega|}{h} F\left(\frac{1}{|\Omega|}\right)$。假设 $I_{\inf}$ 是有限的，令 $(\rho^{(n)})_n$ 是 (ρ_R) 的最小子序列。由于 $(\rho^{(n)})$ 在 $L^\infty(\Omega)$ 上有界，则 $(\rho^{(n)})_n$ 在 $L^\infty(\Omega)$ 上弱收敛于 ρ_{1R}。由于 Ω 是有界的，显然，$\rho_{1R} \in P_\alpha^{(R)}(\Omega)$ 在 $L^1(\Omega)$ 上是弱下半连续的。

因此，公式 $I(\rho_{1R}) \leqslant \liminf\limits_{n\to\infty} I(\rho^{(n)}) = I_{\inf} \leqslant (\rho_{1R})$ 表明 ρ_{1R} 是 (ρ_R) 的极小值。

观察得知 $I(\rho_1 R) \leqslant I(\rho_0)$，由(HC1)可得 $W_c^h(\rho_0,\rho_0)=0$，$W_c^h(\rho_0,\rho_{1R}) \geqslant 0$，推断出 $E_i(\rho_{1R}) \leqslant E_i(\rho_0)$。结合 Jensen 不等式以及 $\rho_{1R} \in P_\alpha^{(R)}(\Omega)$，不难得出结论：$|\Omega| F\left(\frac{1}{|\Omega|}\right) \leqslant E_i(\rho_{1R})$①。

---

① Nesemann T. Positive nonlinear difference equations: Some results and applications[J]. Nonlinear Analysis: Theory, Methods & Applications, 2001, 47(7): 4707-4717.

令 $R>2M$,并令 ρ_0 满足不等式 $N\leqslant\rho_0\leqslant M$。假设 $F:[0,\infty)\to\mathbb{R}^d$ 和 $c:\mathbb{R}^d\to[0,\infty)$ 严格凸且创业过程中的成本函数 C 满足(HC1)。(P_R) 的极小值 ρ_{1R} 满足 $N\leqslant\rho_{1R}\leqslant M$。因此,$\rho_{1R}$ 与 R 无关。

令 γ_R 为 $\Gamma(\rho_0,\rho_{1R})$ 的最优测度,可以得出

$$\gamma_R(E^c\times E)>0 \tag{5.25}$$

其中,$E^c:=\mathbb{R}^d\backslash E$,则可知:

$$M|E|<\int_E\rho_{1R}(y)\mathrm{d}y=\gamma_R(\mathbb{R}^d\times E)=\gamma_R(E\times E)\leqslant\gamma_R(E\times\mathbb{R}^d)$$
$$=\int_E\rho_0(x)\mathrm{d}x\leqslant M|E|$$

考虑到测度 $v:=\gamma_R II_{E^c\times E}$,$\int_{R^d\times R^d}\xi(x,y)\mathrm{d}v(x,y)=\int_{E^c\times E}\xi(x,y)\mathrm{d}\gamma_R(x,y)$ 等价于 $v(F)=\gamma_R[F\cap(E^c\times E)]$,即

$$\int_{R^d\times R^d}[\varphi(x)+\psi(y)]\mathrm{d}v(x,y)=\int_{R^d}\varphi(x)\mathrm{d}v_0(x)+\int_{R^d}\psi(y)\mathrm{d}v_1(y)$$

其中,$\varphi,\psi\in C_o(\mathbb{R}^d)$。

由于 $v=\gamma_R$ 且 $\gamma_R\in\Gamma(\rho_0,\rho_{1R})$,可以推得 $v_0=\rho_0(x)\mathrm{d}x,v_1=\rho_{1R}(y)\mathrm{d}y$。因此,$\nu_0$ 和 ν_1 在勒贝格测度上绝对连续。通过 ν_0 和 ν_1 表示它们各自的密度函数可知:

(1) $0\leqslant v_0\leqslant M$ 且 $0\leqslant v_1\leqslant R$。

(2) 在 E 中 $v_0=0$ 且在 E^c 中 $v_1=0$。

由于 $\xi\in(0,1)$,我们通过下面的公式定义 $\rho_{1R}^{(\varepsilon)}:=\rho_{1R}+\varepsilon(v_0-v_1)$ 以及概率测度 $\gamma_R^{(\varepsilon)}$

$$\int_{R^d\times R^d}\xi(x,y)\mathrm{d}_{\gamma R}^{(\varepsilon)}(x,y):=\int_{R^d\times R^d}\xi(x,y)\mathrm{d}_{\gamma R}(xky)$$
$$+\varepsilon\int_{E^c\times E}[\xi(x,x)-\xi(x,x)]\mathrm{d}_{\gamma R}(x,y)$$

其中,$\xi\in C_0(\mathbb{R}^d\times\mathbb{R}^d)$。根据(1)、(2) 以及结论 $2M<R$,可以推出结论 $0\leqslant\rho_{1R}^{(\varepsilon)}\leqslant R$ 以及 $\int_\Omega\rho_{1R}^{(\varepsilon)}(y)\mathrm{d}y=1+\varepsilon[\gamma_R(E^c\times E)-\gamma_R(E^c\times E)]=1$。

由此可得 $\rho_{1R}^{(\varepsilon)}\in P_a^{(R)}(\Omega)$。此外,由于 $\gamma_R\in\Gamma(\rho_0,\rho_{1R})$ 且 v 存在临界值 $v_0=v_0(x)\mathrm{d}x,v_1=v_1(y)\mathrm{d}y$,我们得出 $\gamma_R^{(\varepsilon)}\in\Gamma(\rho_0,\rho_{1R}^{(\varepsilon)})$,此时,可以发现当 ε 足够小时,存在不等式关系 $I(\rho_{1R}^{(\varepsilon)})<I(\rho_{1R})$,且有

$$I(\rho_{1R}^{(\varepsilon)})-I(\rho_{1R})=h[W_c^h(\rho_0,\rho_{1R}^{\varepsilon})-W_c^h(\rho_0,\rho_{1R}^{(\varepsilon)})]$$
$$+\int_\Omega[F(\rho_{1R}^{(\varepsilon)})-F(\rho_{1R})] \tag{5.26}$$

由于 $\gamma_R^{(\varepsilon)}\in\Gamma(\rho_0,\rho_{1R}^{(\varepsilon)})$,$c(0)=0$,则可得:

$$W_c^h(\rho_0,\rho_{1R}^{(\varepsilon)})-W_c^h(\rho_0,\rho_{1R})\leqslant\int_{R^d\times R^d}c\left(\frac{x-y}{h}\right)\mathrm{d}_{\gamma R}^{(\varepsilon)}(x,y)$$

$$-\int_{R^d\times R^d} c\left(\frac{x-y}{h}\right)\mathrm{d}_{\gamma R}(x,y) \tag{5.27}$$

另一方面，根据(1)和(2)，且 ε 足够小，则在 E 范围内存在不等式：

$$\rho_{1R}^{(\varepsilon)}=\rho_{1R}-\varepsilon v_1\geqslant M-\varepsilon v_1>0 \tag{5.28}$$

在 $E^c\cap[v_0>0]$ 范围内存在不等式：

$$\rho_{1R}^{(\varepsilon)}=\rho_{1R}+\varepsilon v_0\geqslant \varepsilon v_0>0 \tag{5.29}$$

结合(1)，(2)，式(5.28)，式(5.29)，以及 $F\in C^1(0,\infty)$ 为凸的特性，且 $v=\gamma_R\Pi_{E^c\times E}$ 有临界值 $v_0=v_0(x)\mathrm{d}x,v_1=v_1(y)\mathrm{d}y$，可得：

$$\int_\Omega[F(\rho_{1R}^{(\varepsilon)})-F(\rho_{1R})]=\int_{E^c}[F(\rho_{1R}+\varepsilon v_0)]+\int_E[F(\rho_{1R}-\varepsilon v_1)-F(\rho_{1R})]$$

$$\leqslant\varepsilon\left[\int_{E^c\cap[v_0>0]}F'(\rho_{1R}+\varepsilon v_0)v_0-\int_E F'(\rho_{1R}-\varepsilon v_1)v_1\right]$$

根据 $F\in C^2[(0,\infty)]$ 与(1)，以及上述不等式可以得出

$$\int_\Omega[F(\rho_{1R}^{(\varepsilon)}-F(\rho_{1R}))]=0(\varepsilon^2) \tag{5.30}$$

结合式(5.26)、式(5.27)和式(5.30)，(HC1)和式(5.25)可知当 ε 足够小时存在不等式：

$$I(\rho_{1R}^{(\varepsilon)})-I(\rho_{1R})\leqslant-\varepsilon h\int_{E^c\times E}c\left(\frac{x-y}{h}\right)\mathrm{d}_{\gamma R}(x,y)<0$$

假设创业过程中的成本函数 C 满足条件(HC1)，此时，$\rho_1:=\rho_{1R}$，那么它对于(P)而言就是唯一的极小值。因此可得：

$$N\leqslant\rho_1\leqslant M \tag{5.31}$$

$$|\Omega|F\left(\frac{1}{|\Omega|}\right)\leqslant E_i(\rho_1)\leqslant E_i(\rho_0) \tag{5.32}$$

不等式(5.32)的证明：令 $\rho\in P_\alpha(\Omega)$，$(\rho^{(R)})_{R>2M}$ 为 $P_\alpha^{(R)}(\Omega)$ 中一个收敛于 ρ 的序列，则存在：

$$\int_\Omega F(\rho^{(R)})\leqslant\int_\Omega F(\rho) \tag{5.33}$$

因为 ρ_1 是(P_R)的极小值(命题2.2)，通过式(5.33)可得：

$$hW_c^h(\rho_0,\rho_1)+\int_\Omega F(\rho_1)\leqslant hW_c^h(\rho_0,\rho^{(R)})+\int_\Omega F(\rho) \tag{5.34}$$

因为 $(\rho^{(R)})_R$ 在 $L^1(\Omega)$ 处收敛于 ρ，可知：

$$\lim_{R\uparrow\infty}W_c^h(\rho_0,\rho^{(R)})=W_c^h(\rho_0,\rho) \tag{5.35}$$

令式(5.34)中的 R 趋向于 ∞，结合式(5.35)可知 ρ_1 是(P)的极小值，概率密度 ρ_{1-t}，$t\in[0,1]$ 在有界概率密度 ρ_0 和 ρ_1 之间时是有界的。

令 $\rho_0,\rho_1\in P_\alpha(\Omega)$ 且 $\rho_0,\rho_1\leqslant M$。假设 c：$\mathbb{R}^d\to[0,\infty)$ 为 C^1 类的严格凸函数，且满足

条件 $c(0)=0$ 以及(HC3)。最优映射 C 通过 S 使 ρ_1 趋向于 ρ_0。当 $t\in[0,1)$时定义插值映射 $S_t:=(1-t)\mathrm{id}+tS$,当 $\xi\in C_c(\mathbb{R}^d)$,$\xi\geqslant 0$ 时

$$\int_\Omega \xi(S_t(y))\rho_1(y)\mathrm{d}y \leqslant M\int_{R^d}\xi(x)\mathrm{d}x \tag{5.36}$$

上述结论的证明过程分两步完成:步骤1证明式(5.36)为充分正则成本函数。当 c,$c^*\in C^2(\mathbb{R}^d)$且 $A\mapsto(\det)^{1/d}$ 在含有正特征值的可对角化矩阵 $d\times d$ 上为凹时,∇S 为可对角化的正特征值;步骤2通过正规成本函数 c_k 来近似得到一般创业过程中的成本函数 C,且获得了式(5.36)在 k 趋近于无穷时的极限值,详细证明过程如下所示。

步骤1:因为创业过程中的成本函数 C 是严格凸函数,且 $c,c^*\in C^2(\mathbb{R}^d)$,则 $\mu_{1-t}:=(S_t)_{\#\rho_1}$ 在 $t\in[0,1]$时关于勒贝格绝对连续。用 ρ_{1-t} 替换 μ_{1-t},则式(5.36)可改写为:

$$\int_\Omega \xi(x)\rho_{1-t}(x)\mathrm{d}x \leqslant M\int_{R^d}\xi(x)\mathrm{d}x$$

因此可得 $\rho_{1-t}\leqslant M$,$\mu_1:=\rho_1(y)\mathrm{d}y$ 存在一个充分测度集合 $K\subset\Omega$,使 S_t 是在 K 上的内射,当 $y\in K$ 且 $t\in[0,1]$时,$\nabla S(y)$是可对角化的正特征值,且当$\nabla S_t(y)=(1-t)\mathrm{id}+t\nabla S(y)$时存在

$$0\neq\rho_1(y)=\rho_{1-t}(S_t(y))\det[\nabla S_t(y)] \tag{5.37}$$

由于 ρ_0,$\rho_1\leqslant M$,$S_{\#\rho_1}=\rho_0$,我们选择 K,使当 $y\in K$ 时,有 $\rho_1(y)$,$\rho_0(S(y))\leqslant M$。在式(5.37)中令 $t=1$,则根据 $\rho_0(S(y))\leqslant M$ 可以推出:

$$\det[\nabla S(y)]\geqslant\frac{\rho_1(y)}{M} \tag{5.38}$$

由于 $A\mapsto(\det A)^{\frac{1}{d}}$ 在具有正特征值的可对角化矩阵 $d\times d$ 中是凹的,可得

$$[\det\nabla S_t(y)]^{\frac{1}{d}}\geqslant(1-t)+t(\det[\nabla S(y)])^{\frac{1}{d}} \tag{5.39}$$

根据式(5.38),式(5.39)和结论 $\rho_1(y)\leqslant M$,可得

$$\det[\nabla S(y)]\geqslant\frac{\rho_1(y)}{M} \tag{5.40}$$

结合式(5.37),式(5.40)以及 S_t 在 K 上内射的结论,可推导出在 $S_t(K)$上,$\rho_{1-t}\leqslant M$。但是,由于 $\mu_1(K^c)=0$ 且 $\mu_{1-t}=(S_t)_{\#\mu_1}$,所以 $\mu_{1-t}[(S_t(K))^c]=0$ 且在$[S_t(K)]^c$ 上 $\rho_{1-t}=0$。由此可以得出结论:$\rho_{1-t}\leqslant M$。

步骤2:对于满足命题假设的创业过程中的成本函数 C,首先让$(c_k)_k$ 为严格凸函数中的一个序列

$$\begin{cases} c_k,c_k^*\in C^2(\mathbb{R}^d), \\ c_k\to c \qquad C^1(\mathbb{R}^d),k\to\infty \\ 0=c_k(0)<c_k(z)\quad z\neq 0 \end{cases} \tag{5.41}$$

最佳映射 c_k 通过 S_k 使 ρ_1 趋向于 ρ_0。当 $t\in[0,1]$时,设 $S_k^{(t)}:=(1-t)\mathrm{id}+tS_k$,则$(S_k^{(t)})_k$ 中$[\rho_1\neq 0]$的子序列关于 S_t 收敛,并且根据步骤1,我们有

$$\int_{\Omega} \xi(S_k^{(t)}(y))\rho_1(y)\mathrm{d}y \leqslant M\int_{R^d} \xi(x)\mathrm{d}x \tag{5.42}$$

不妨设式(5.42)中的 k 趋向于∞,那么利用条件 $0\leqslant\xi\in C_c(\mathbb{R}^d)$和 Fatou 引理可得式(5.36)。

接下来证明式(5.16)中的近似解的$(\rho^h)_h$ 在 $L^1((0,T)\times\Omega)$,$0<T<\infty$的条件下具有强收敛性:

令 $M,\delta>0$,$p,q>1$,首先定义

$$A_{M,\delta}:=\{(\mu_1,\mu_2)\in L^q(\Omega)^2:P\mu_j P_{L^q(\Omega)}\leqslant M,Pg'(\mu_j)P_{W^{1,p(\Omega)}}\leqslant M$$
$$\int_{\Omega}[f'(\mu_2)-f'(\mu_1)][\mu_2-\mu_1]\leqslant\delta,(j=1,2)\}$$

令 $\wedge_M(\delta):=\sup\limits_{(\mu_1,\mu_2)\in A_{M,\delta}} P\mu_2-\mu_1 P_{L^1(\Omega)}$,则有$\lim\limits_{\delta\downarrow 0}\wedge_M(\delta)=0$。

假设 $k>0$ 以及$(u_j^\delta)_{\delta\downarrow 0}$,$(j=1,2)$,则有$(u_1^\delta,u_2^\delta)\in A_{M,\delta}$,并且

$$Pu_2^\delta-u_1^\delta P_{L^1(\Omega)}>k \tag{5.43}$$

利用索伯列夫嵌入定理可知$(g'(u_j^\delta))_\delta$ 在 $L^p(\Omega)$中强收敛,此时它是一个(非重新标记)序列。由于 $g\in C^1(\mathbb{R}^d)$是严格凸的,并且在∞上线性超增长,所以$(g')^{-1}$是连续的。由此推断出:

$(u_j^\delta)_\delta$ 在 $j=1,2$ 时收敛于一些函数 u_j

通过上述(i),$\| u_j^\delta \|_{L^q(\Omega)}\leqslant M$ 以及 $q>1$ 的结论可以推出$(u_j^\delta)_\delta$ 在 $L^1(\Omega)$强收敛于 u_j,并且,由 $\| u_1^\delta-u_2^\delta \|_{L^1(\Omega)}>k$,我们得出:

$$\| u_1-u_2 \|_{L^1(\Omega)}>k \tag{5.44}$$

现在,通过(i)、f 的凸性以及结论$\int_{\Omega}[f'(u_2^\delta)-f'(u_1^\delta)][u_2^\delta-u_1^\delta]\leqslant\delta$,得:

$$0\leqslant\int_{\Omega}[f'(u_2)-f'(u_1)][u_2-u_1]\leqslant\liminf_{\delta\downarrow 0}\int_{\Omega}[f'(u_2^\delta)-f'(u_1^\delta)][u_2^\delta-u_1^\delta]\leqslant 0$$

这就意味着:

$$[f'(u_2(x))-f'(u_1(x))][u_2(x)-u_1(x)]=0 \tag{5.45}$$

因为 $f\in C^1(\mathbb{R}^d)$是严格凸的,则 f'是一对一的,并且通过式(5.45)可知,当 $x\in\Omega$ 时 $u_1(x)=u_2(x)$,这与式(5.44)产生矛盾。

前面,我们在式(5.21)中建立了 Euler-Lagrange 方程(P),得到了关于此问题中极小值的一些性质,并且(P)其实是式(5.16)的离散化形式,或者换句话说,式(5.16)是关于 W_c^h 的内部能量泛函 E_i 的最陡下降形式。

令 $\rho_0\in P_\alpha(\Omega)$满足 $N\leqslant\rho_0\leqslant M$。假设 F:$[0,\infty)\to\mathbb{R}^d$是严格凸的,满足 $F\in C^2((0,\infty))$,且 c:$\mathbb{R}^d\to[0,\infty)$是 C^1 类的严格凸函数,同时满足(HC1)与(HC2)。如果 ρ_1 表示(P)的极小值,则当 $\psi\in C_c^\infty(\Omega,\mathbb{R}^d)$时有:

$$\int_{\Omega\times\Omega}\left\langle \nabla C\left(\frac{x-y}{h}\right),\psi(y)\right\rangle \mathrm{d}\gamma(x,y)+\int_{\Omega}P(\rho_1(y))\mathrm{div}\psi(y)\mathrm{d}y=0 \tag{5.46}$$

其中，$P(x):=P_F(x):=xF'(x)-F(x)x\in(0,\infty)$，并且 γ 是 c_h 在 $\Gamma(\rho_0,\rho_1)$ 的最佳估测。可知 $P(\rho_1)\in W^{1,\infty}(\Omega)$；如果 S 是 c_h 的最佳映射，使得 ρ_1 趋向于 ρ_0，则有：

$$\frac{S(y)-y}{h}=\nabla c^*[\nabla(F'(\rho_1(y)))] \tag{5.47}$$

此时，$y\in\Omega$。当 $\varphi\in C^2(\bar{\Omega})$ 时有：

$$\left|\int_\Omega \frac{\rho_1(y)-\rho_0(y)}{h}\varphi(y)\mathrm{d}y+\int_\Omega \rho_1(y)\langle\nabla c^*[\nabla(F'(\rho_1(y)))],\nabla\varphi(y)\rangle\mathrm{d}y\right|$$
$$\leqslant\frac{1}{2h}\sup_{x\in\bar{\Omega}}|D^2\varphi(x)|\int_{\Omega\times\Omega}|x-y|^2\mathrm{d}\gamma(x,y) \tag{5.48}$$

证明：由于 $c\in C^1(\mathbb{R}^d)$ 是严格凸函数且满足(HC2)，我们有 $c^*\in C^1(\mathbb{R}^d)$ 和 $(\nabla c)^{-1}=\nabla c^*$。接着，我们研究公式(5.49)：

$$\begin{cases}\dfrac{\partial_{\Phi\varepsilon}}{\partial_\varepsilon}=\psi\circ\Phi\varepsilon\\ \Phi_0=\mathrm{id}\end{cases} \tag{5.49}$$

其中，$\psi\in C_c^\infty(\Omega,\mathbb{R}^d)$。

由于 $\det(\nabla_{\Phi\varepsilon})\neq0$ 并且

$$\frac{\partial\det(\nabla_{\Phi\varepsilon})}{\partial_\varepsilon}\Big|_{\varepsilon=0}=\mathrm{div}\psi \tag{5.50}$$

在 Ω 上定义概率测度 $\mu_\varepsilon:=(\Phi_\varepsilon)_{\#\rho_1}$。因为 Φ_ε 是 C^1-微分同胚映射，且 μ_ε 相对于勒贝格绝对连续。令 ρ_ε 表示其密度功能。显然，$\rho_\varepsilon\in P_a(\Omega)$，并且

$$(\rho_\varepsilon\circ\Phi_\varepsilon)\det(\nabla_{\Phi\varepsilon})=\rho_1 \tag{5.51}$$

接着，在 $\Omega\times\Omega$ 上定义概率测度 $\gamma_\varepsilon:=(\mathrm{id}\times\Phi_\varepsilon)_{\#\gamma}$，即有

$$\int_{\Omega\times\Omega}\xi(x,y)\mathrm{d}\gamma_\varepsilon(x,y)=\int_{\Omega\times\Omega}\xi(x,\Phi_\varepsilon(y))\mathrm{d}\gamma(x,y),\qquad\forall\xi\in C(\Omega\times\Omega)$$

我们有 $\gamma_\varepsilon\in\Gamma(\rho_0,\rho_\varepsilon)$。

根据中值定理可知：当 $\theta\in[0,1]$ 时，有

$$\frac{W_c^h(\rho_0,\rho_\varepsilon)-W_c^h(\rho_0,\rho_1)}{\varepsilon}\leqslant\int\frac{1}{\varepsilon}[c_h(x-\Phi_\varepsilon(y))-c_h(x-y)]\mathrm{d}\gamma(x,y)$$
$$=-\int\left\langle\nabla c_h[x-y+\theta(y-\Phi_\varepsilon(y))],\frac{\Phi_\varepsilon-\Phi_0}{\varepsilon}(y)\right\rangle\mathrm{d}\gamma(x,y)$$

根据式(5.49)可得 $\left|\dfrac{\Phi_\varepsilon-\Phi_0}{\varepsilon}\right|\leqslant P\psi P_{L^\infty}$，$\varepsilon>0$，利用 $c\in C^1(\mathbb{R}^d)$、勒贝格支配收敛定理以及式(5.49)，可得

$$\limsup_{\varepsilon\downarrow0}\frac{W_c^h(\rho_0,\rho_\varepsilon)-W_c^h(\rho_0,\rho_1)}{\varepsilon}\leqslant-\int\langle\nabla c_h(x-y),\psi(y)\rangle\mathrm{d}\gamma(x,y) \tag{5.52}$$

另一方面，由式(5.51)可知 $\displaystyle\int_\Omega F(\rho_\varepsilon(x))\mathrm{d}x=\int_\Omega F\left(\frac{\rho_1(y)}{\det\nabla\Phi_\varepsilon(y)}\right)\det\nabla\Phi_\varepsilon(y)\mathrm{d}y$

因为 $F\in C^1((0,\infty))$，我们可推导出中值定理：

$$\int_\Omega \frac{F(\rho_\varepsilon(x))-F(\rho_1(x))}{\varepsilon}\mathrm{d}x=\frac{1}{\varepsilon}\int_\Omega\left[\left(F\left(\frac{\rho_1}{\det\nabla\Phi_\varepsilon}\right)-F(\rho_1)\right)\det\nabla\Phi_\varepsilon\right.$$
$$\left.+F(\rho_1)(\det\nabla\Phi_\varepsilon-1)\right] \tag{5.53}$$

其中，$\theta\in(0,1)$。结合式(5.49)，式(5.50)和式(5.53)，有

$$\lim_{\varepsilon\downarrow 0}\int_\Omega \frac{F(\rho_\varepsilon(y))-F(\rho_1(y))}{\varepsilon}\mathrm{d}y=-\int_\Omega P(\rho_1(y))\mathrm{div}\psi(y)\mathrm{d}y \tag{5.54}$$

通过式(5.52)和式(5.54)，可得：

$$\int_{\Omega\times\Omega}\langle\nabla c_h(x-y),\psi(y)\rangle\mathrm{d}\gamma(x,y)+\frac{1}{h}\int_\Omega P(\rho_1(y))\mathrm{div}\psi(y)\mathrm{d}y\leqslant 0 \tag{5.55}$$

因为 $\nabla c_h(z)=\frac{1}{h}\nabla c\left(\frac{z}{h}\right)$，$\psi$ 是在 $C_c^\infty(\Omega,\mathbb{R}^d)$ 中任意选择的，所以式(5.55)包含式(5.46)。

(1) 由式(5.31)、$N\leqslant\rho_1\leqslant M$。因为 $F\in C^1((0,\infty))$，则有 $P(\rho_1)\in L^\infty(\Omega)$。

假设 $\varphi\in C_c^\infty(\Omega)$，定义 $\psi=(\psi)_{j=1,\cdots,d}\in C_c^\infty(\Omega,\mathbb{R}^d)$，通过 $\psi_j:=\delta_{ij}\varphi$，$\delta_{ij}$ 表示克罗内克符号。因为式(5.46)，则有

$$\left|\int_\Omega P(\rho_1(y))\frac{\partial\varphi}{\partial z_i}(y)\right|=\left|\int_{\Omega\times\Omega}\frac{\partial c}{\partial z_i}\left(\frac{x-y}{h}\right)\varphi(y)\mathrm{d}\gamma(x,y)\right|$$
$$\leqslant\sup_{x,y\in\Omega}\left|\frac{\partial c}{\partial z_i}\left(\frac{x-y}{h}\right)\right|\int_\Omega|\varphi(y)|\rho_1(y)\mathrm{d}y$$
$$\leqslant MP\varphi P_{L^1(\Omega)}\sup_{x,y\in\Omega}\left|\frac{\partial c}{\partial z_i}\left(\frac{x-y}{h}\right)\right|$$

(2) 因为 $P(\rho_1)\in W^{1,\infty}(\Omega)$，根据式(5.46)和 $\gamma\in\Gamma(\rho_0,\rho_1)$ 以及 $S_{\#\rho_1}=\rho_0$ 得到

$$\int_\Omega\left\langle\nabla c\left(\frac{S(y)-y}{h}\right),\psi(y)\right\rangle\rho_1(y)\mathrm{d}y=\int_\Omega\langle\nabla[P(\rho_1(y))],\psi(y)\rangle\mathrm{d}y$$
$$=\int_\Omega\rho_1(y)\langle\nabla[F'(\rho_1(y))],\psi(y)\rangle\mathrm{d}y$$

此时 $\psi\in C_c^\infty(\Omega,\mathbb{R}^d)$，因为 ψ 是任意选择的，则可得：

$$\nabla c\left(\frac{S(y)-y}{h}\right)\rho_1(y)=\nabla[F'(\rho_1(y))]\rho_1(y) \tag{5.56}$$

此时 $y\in\Omega$。我们结合式(5.56)和结果 $(\nabla c)^{-1}=\nabla c^*$ $\rho_1\neq 0$　可以推导出式(5.47)。

接下来，考虑 $\varphi\in C^2(\overline{\Omega})$，取式(5.47)的两边的标量乘积 $\rho_1(y)\nabla\varphi(y)$，借助 $\gamma=(\mathrm{id}\times S)_{\#\rho_1}$，可得：

$$\frac{1}{h}\int_{\Omega\times\Omega}\langle y-x,\nabla\varphi(y)\rangle\mathrm{d}y(x,y)=-\int_\Omega\langle\nabla c^*[\nabla(F'(\rho_1(y))+V(y))],\nabla\varphi(y)\rangle\rho_1(y)\mathrm{d}y \tag{5.57}$$

对于$\frac{1}{h}\int_{\Omega\times\Omega}\langle y-x,\nabla\varphi(y)\rangle \mathrm{d}y(x,y)$中的$\int_\Omega \frac{\rho_1(y)-\rho_0(y)}{h}\varphi(y)\mathrm{d}y$，因为$\gamma\in\Gamma(\rho_0,\rho_1)$，我们有：

$$\int_\Omega \frac{\rho_1(y)-\rho_0(y)}{h}\varphi(y)\mathrm{d}y=\frac{1}{h}\int_{\Omega\times\Omega}[\varphi(y)-\varphi(x)]\mathrm{d}\gamma(x,y)$$

结合φ围绕y的一阶泰勒展开上述等式，可得：

$$\left|\frac{1}{h}\int_{\Omega\times\Omega}\langle y-x,\nabla\varphi(y)\rangle\mathrm{d}\gamma(x,y)-\frac{1}{h}\int_\Omega(\rho_{(1)}(y)-\rho_{(0)}(y))\varphi(y)\right|$$
$$\leqslant\frac{1}{2h}\sup_{x\in\Omega}|D^2\varphi(x)|\int_{\Omega\times\Omega}|x-y|^2\mathrm{d}\gamma(x,y)\tag{5.58}$$

这样，我们建立了创业过程中的内部能量的不等式$E_i(\rho_0)$和$E_i(\rho_1)$两种概密度函数ρ_0和ρ_1。这种不等式被称为创业过程中的能量不等式，用来提高式(5.16)的解的近似序列ρ^h的紧凑性，证明了创业过程中的成本函数C和c^*的不等性，c^*的勒让德变换为C^2。

下面考虑一个更一般的函数G来替代密度函数F，来满足以后要指定的一些假设。内部能量不等式可以表示为：

$$\int_\Omega G(\rho_0(y))\mathrm{d}y-\int_\Omega G(\rho_1(y))\mathrm{d}y\geqslant-\int_\Omega P_G(\rho_1(y))\mathrm{div}(S(y)-y)\mathrm{d}y\tag{5.59}$$

如果$\rho_0,\rho_1\in P_\alpha(\Omega)$，$c,c^*\in C^2(\mathbb{R}^d)$和$S$是$C-$最优映射，使得$\rho_i^h$趋向于$\rho_0$，并且$\nabla S(y)$是可对角化的正特征值。其中，逐点的雅可比行列式$\nabla S(y)$满足：

$$0\neq\rho_1(y)=\det\nabla S(y)\rho_0(S(y))\tag{5.60}$$

然后让$\rho_0,\rho_1\in P_\alpha(\Omega)$是Borel概率测度，$\mu_0,\mu_1$为在$\mathbb{R}^d$上的密度函数，$\bar{c}:\mathbb{R}^d\to[0,\infty)$是严格凸的，这样$\bar{c},\bar{c}^*\in C^2(\mathbb{R}^d)$。

令G：$[0,\infty)\to\mathbb{R}^d$是可微的$(0,\infty)$，凸的且非增，则可得：

$$\int_\Omega G(\rho_0(y))\mathrm{d}y-\int_\Omega G(\rho_1(y))\mathrm{d}y\geqslant\int_\Omega\langle\nabla[G(\rho_1(y))],S(y)-y\rangle\rho_1(y)\mathrm{d}y\tag{5.61}$$

式(5.61)的证明：令$A(x):=x^dG(x^{-d})$，$x\in(0,\infty)$，我们观察到

$$A'(x)=-\mathrm{d}x^{d-1}P_G(x^{-d})\tag{5.62}$$

由于A是非增的，我们有$P_G\geqslant0$。

由于$\nabla S(y)$是可对角化的正特征值，式(5.60)满足u_1为任意值，$y\in\Omega$。所以，$\rho_0((S_y))\neq0$。使用$G(0)=0$，$S_{\#\rho_1}=\rho_0$和式(5.60)，可得：

$$\begin{aligned}\int_\Omega G(\rho_0(x))\mathrm{d}x&=\int_{[\rho_0\neq0]}\frac{G(\rho_0(x))}{\rho_0(x)}\rho_0(x)\mathrm{d}x\\&=\int_\Omega\frac{G(\rho_0(S(y)))}{\rho_0(S(y))}\rho_1(y)\mathrm{d}y\\&=\int_\Omega G\left(\frac{\rho_1(y)}{\det\nabla S(y)}\right)\det\nabla S(y)\mathrm{d}y\end{aligned}\tag{5.63}$$

比较几何平均$(\det \nabla S(y))^{\frac{1}{d}}$和算术平均$\frac{\operatorname{tr} \nabla S(y)}{d}$。我们有

$$\frac{\rho_1(y)}{\det \nabla S(y)} \geqslant \rho_1(y)\left(\frac{d}{\operatorname{tr} \nabla S(y)}\right)^d$$

由上述不等式可推导出：

$$G\left(\frac{\rho_1(y)}{\det \nabla S(y)}\right)\det\nabla S(y) \geqslant \wedge^d G\left(\frac{\rho_1(y)}{\wedge^d}\right) = \rho_1(y) A\left(\frac{\wedge}{\rho_1(y)^{1/d}}\right) \tag{5.64}$$

此时$\wedge := \frac{\operatorname{tr} \nabla S(y)}{d}$。现在，我们使用式(5.62)和 A 的凸性，推出

$$\begin{aligned}\rho_1(y) A\left(\frac{\wedge}{\rho_1(y)^{\frac{1}{d}}}\right) &\geqslant \rho_1(y)\left[A\left(\frac{1}{\rho_1(y)^{\frac{1}{d}}}\right) + A'\left(\frac{1}{\rho_1(y)^{\frac{1}{d}}}\right)\left(\frac{\wedge-1}{\rho_1(y)^{\frac{1}{d}}}\right)\right] \\ &= \rho_1(y)\left[\frac{G_1(\rho_1(y))}{\rho_1(y)} - d(\wedge-1)\frac{P_G(\rho_1(y))}{\rho_1(y)}\right] \\ &= G_1(\rho_1(y)) - P_G(\rho_1(y))\operatorname{tr}(\nabla S(y) - \mathrm{id})\end{aligned} \tag{5.65}$$

结合式(5.63)～式(5.65)，我们得出结论

$$\begin{aligned}\int_\Omega G(\rho_0(y))\mathrm{d}y - \int_\Omega G(\rho_1(y))\mathrm{d}y &\geqslant -\int_\Omega P_G(\rho_1(y))\operatorname{tr}(\nabla S(y) - \mathrm{id})\mathrm{d}y \\ &= -\int_\Omega P_G(\rho_1(y))\operatorname{div}(S(y) - y)\mathrm{d}y\end{aligned}$$

假定 $P_G(\rho_1) \in W^{1,\infty}(\Omega)$和 $\rho_1 > 0$。由于 $P_G \geqslant 0$，所以可近似 $P_G(\rho_1)$的非负函数于 $C_c^\infty(\mathbb{R}^d)$。由此可得：

$$\begin{aligned}-\int_\Omega P_G(\rho_1(y))\operatorname{div}(S(y) - y)\mathrm{d}y \geqslant -\int_\Omega G(\rho_1(y))\mathrm{d}y &\geqslant \int_\Omega \langle \nabla[P_G(\rho_1(y))], S(y) - y\rangle \mathrm{d}y \\ &= \int_\Omega \langle \nabla[G'(\rho_1(y))], S(y) - y\rangle \rho_1(y)\mathrm{d}y\end{aligned} \tag{5.66}$$

我们结合式(5.59)及式(5.66)得出结论式(5.61)。

接下来，我们将创业过程中的能量不等式(5.61)推广到一般成本函数 C。

如果 $\rho_0, \rho_1 \in P_\alpha(\Omega)$，那么

$\overline{M}(\Omega, T, F, \rho_0, q, \alpha) := M(\alpha, q)\left(E_i(\rho_0) - |\Omega| F\left(\frac{1}{|\Omega|}\right) + \alpha T |\Omega| \|\rho_0\|_{L^\infty(\Omega)}\right) c: \mathbb{R}^d \to [0, \infty)$是 C^1 类的严格凸函数，满足 $c(0) = 0$ 和(HC3)。$G: [0, \infty) \to \mathbb{R}^d$是可微的$(0, \infty)$，使得$G(0) = 0$ 是凸和非增的，和$\nabla(G'(\rho_1)) \in L^\infty(\Omega)$，以及 $P_\Omega(\rho_1) \in W^{1,\infty}(\Omega)$。利用 S 与 C－最优映射，使得 ρ_1 趋向于 ρ_0，则可得

$$\int_\Omega G(\rho_0(y))\mathrm{d}y - \int_\Omega G(\rho_1(y))\mathrm{d}y \geqslant \int_\Omega \langle \nabla[G'(\rho_1(y))], S(y) - y\rangle \rho_1(y)\mathrm{d}y \tag{5.67}$$

式(5.67)的证明：令$(c_k)_k$ 为满足式(5.41)的常规成本函数的一个序列，则有：

$$\int_\Omega G(\rho_0(y))\mathrm{d}y - \int_\Omega G(\rho_1(y))\mathrm{d}y \geqslant \int_\Omega \langle \nabla(G'(\rho_1(y))), S(y) - y\rangle \rho_1(y)\mathrm{d}y \tag{5.68}$$

在式(5.68)中,我们让 K 趋向于 ∞。根据在 $L_{\rho_1}^2(\Omega,\mathbb{R}^d)$ 中,$(S_k)_k$ 收敛到 S,且 $\nabla(G'(\rho_1))\in L^\infty(\Omega)$,可以得出结论式(5.67)。此时,$L_{\rho_1}^2(\Omega,\mathbb{R}^d)\rho_1$ 表示集合可测函数 φ:$\Omega\to\mathbb{R}^d$的平方,并且测量 $\mu_1:=\rho_1(y)\mathrm{d}y$,即$\int_\Omega|\varphi(y)|^2\rho_1(y)\mathrm{d}y<\infty$①。

假设 $\rho_0+\frac{1}{\rho_1}\in L^\infty(\Omega)$固定,我们用 ρ_i^h 表示其极小值。

$$(\rho_i^h):\inf\{hW_c^h(\rho_{i-1}^h,\rho)+E_i(\rho):\rho\in P_a(\Omega)\}\tag{5.69}$$

假设 ρ^h 为式(5.16)的近似解,则可得:

$$\rho^h(t,x):=\begin{cases}\rho_0(x), & t=0\\ \rho_i^h(x), & t=(t_{i-1},t_i]\end{cases}\tag{5.70}$$

$$\frac{\partial\rho^h}{\partial t}=\mathrm{div}\{\rho^h\nabla c^*[\nabla(F'(\rho^h))]\}+\wedge(h)$$

由此可得:

$$\|\wedge(h)\|_{(W^{2,\infty}(\Omega))^*}=0(h^{\varepsilon(q)})$$

其中,$\varepsilon(q):=\min(1,q-1)$。

假设 F:$[0,\infty)\to\mathbb{R}^d$是严格凸的,并且满足 $F\in C^2((0,\infty))$,c:$\mathbb{R}^d\to[0,\infty)$在 C^1 上是严格凸函数,且满足(HC1)与(HC2)。那么

$$\left|\int_0^T\int_\Omega(\rho_0-\rho^h)\partial_t^h\xi\mathrm{d}x\mathrm{d}t+\int_0^T\int_\Omega\langle\rho^h\nabla c^*[\nabla(F'(\rho^h))],\nabla\xi\rangle\mathrm{d}x\mathrm{d}t\right|$$
$$\leqslant\frac{1}{2}\sup_{[0,T]\times\bar{\Omega}}|D^2\xi(t,x)|\sum_{i=1}^{T/h}\int_{\Omega\times\Omega}|x-y|^2\mathrm{d}\gamma_i^h(x,y)\tag{5.71}$$

并且 γ_i^h 是 c_h 在 $\Gamma(\rho_{i-1}^h,\rho_i^h)$的最优测量。

$$\partial_t^h\xi(t,x):=\frac{\xi(t+h,x)-\xi(t,x)}{h}$$

式(5.71)的证明:由式(5.48)可得:

$$\left|\int_\Omega A_i^h(t,x)\mathrm{d}x\right|\leqslant B_i^h,\text{其中},t\in(0,T)$$

$$A_i^h(t,x):=\frac{\rho_i^h(x)-\rho_{i-1}^h(x)}{h}\xi(t,x)+\langle\rho_i^h(x)\nabla c^*[\nabla[(F'(\rho_i^h(x)))]],\nabla\xi(t,x)\rangle$$

并且

$$B_i^h:=\leqslant\frac{1}{2}\sup_{[0,T]\times\bar{\Omega}}|D^2\xi(t,x)|\int_{\Omega\times\Omega}|x-y|^2\mathrm{d}\gamma_i^h(x,y)$$

综上可知,$t\in(0,T)$时,得到不等式:

---

① Xianyi Li. Qualitative properties for a fourth-order rational difference equation[J]. Journal of Mathematical Analysis & Applications, 2005, 311(1): 103-111.

$$\left|\sum_{i=1}^{T/h}\int_{t_{i-1}}^{t_i}\mathrm{d}t\int_{\Omega}A_i^h(t,x)\mathrm{d}x\right|\leqslant h\sum_{i=1}^{T/h}B_i^h \tag{5.72}$$

不等式(5.72)的右边:

$$h\sum_{i=1}^{T/h}B_i^h=\frac{1}{2}\sup_{[0,T]\times\bar{\Omega}}|D^2\xi(t,x)|\int_{\Omega\times\Omega}|x-y|^2\mathrm{d}\gamma_i^h(x,y) \tag{5.73}$$

对于不等式(5.72)的左边,我们有:

$$\sum_{i=1}^{T/h}\int_{t_{i-1}}^{t_i}\int_{\Omega}A_i^h(t,x)\mathrm{d}x\mathrm{d}t=\sum_{i=1}^{T/h}\int_{t_{i-1}}^{t_i}\int_{\Omega}\frac{\rho_i^h(x)-\rho_{i-1}^h(x)}{h}\xi(t,x)\mathrm{d}x\mathrm{d}t+\int_0^T\int_{\Omega}\langle\rho_i^h\nabla c^*[\nabla(F'(\rho^h))],\nabla\xi\rangle\mathrm{d}x\mathrm{d}t \tag{5.74}$$

直接计算式(5.74)右侧的第一项,可得:

$$\begin{aligned}\sum_{i=1}^{T/h}\int_{t_{i-1}}^{t_i}\int_{\Omega}\frac{\rho_i^h(x)-\rho_{i-1}^h(x)}{h}\xi(t,x)\mathrm{d}x\mathrm{d}t&=\frac{1}{h}\int_0^T\int_{\Omega}\rho^h(t,x)\xi(t,x)\mathrm{d}x\mathrm{d}t\\&-\frac{1}{h}\sum_{i=1}^{T/h}\int_{t_{i-1}}^{t_i}\int_{\Omega}\rho^h(\tau-h,x)\xi(\tau,x)\mathrm{d}x\mathrm{d}\tau\\&-\frac{1}{h}\int_0^T\int_{\Omega}\rho_0(x)\xi(t,x)\mathrm{d}x\mathrm{d}t\end{aligned}$$

使用 $\tau=t+h$ 替代上面的表达式,可得:

$$\begin{aligned}\sum_{i=1}^{T/h}\int_{t_{i-1}}^{t_i}\int_{\Omega}\frac{\rho_i^h(x)-\rho_{i-1}^h(x)}{h}\xi(t,x)\mathrm{d}x\mathrm{d}t&=\frac{1}{h}\int_0^T\int_{\Omega}\rho^h(t,x)\xi(t,x)\mathrm{d}x\mathrm{d}t\\&-\frac{1}{h}\int_0^{T-h}\rho^h(t,x)\xi(t,x)\mathrm{d}x\mathrm{d}t\\&-\frac{1}{h}\int_0^h\int_{\Omega}\rho_0(x)\xi(t,x)\mathrm{d}x\mathrm{d}t\\&=-\int_0^T\int_{\Omega}\rho^h(t,x)\partial_i^h\xi(t,x)\mathrm{d}x\mathrm{d}t\\&+\frac{1}{h}\int_{T-h}^T\rho^h(t,x)\xi(t+h,x)\\&-\frac{1}{h}\int_0^h\int_{\Omega}\rho^0(x)\xi(t,x)\mathrm{d}x\mathrm{d}t\end{aligned}$$

由于 $-\frac{1}{h}\int_0^h\int_{\Omega}\rho_0(x)\xi(t,x)\mathrm{d}t\mathrm{d}x=\int_0^T\int_{\Omega}\rho_0(x)\partial_t^h\xi(t,x)\mathrm{d}x\mathrm{d}t$ 和 $\xi(t+h)=0,t\in(T-h,T)$,可得:

$$\begin{aligned}&\sum_{i=1}^{T/h}\int_{t_{i-1}}^{t_i}\int_{\Omega}\frac{\rho_i^h(x)-\rho_{i-1}^h(x)}{h}\xi(t,x)\mathrm{d}x\mathrm{d}t\\&=\int_0^T\int_{\Omega}(\rho_0(x)-\rho^h(t,x))\partial_t^h\xi(t,x)\mathrm{d}x\mathrm{d}t\end{aligned} \tag{5.75}$$

结合式(5.72)～式(5.75)可以得出结论式(5.71)。

下面研究当 h 趋近于 0 时,式(5.71)的极限值。

当 $\varepsilon(q):=\min(1,q-1)$时存在:

$$\sum_{i=1}^{T/h}\int_{\Omega\times\Omega}|x-y|^2\mathrm{d}\gamma_i^h(x,y)=0(h^{\varepsilon(q)})\tag{5.76}$$

其中,γ_i^h 表示在$\Gamma(\rho_{i-1}^h,\rho_i^h)$的最优测量。$\rho_i^h$ 是式(5.69)唯一的极小值。

假设$\sum_{i=1}^{\infty}W_c^h(\rho_{i-1}^h,\rho_i^h)$ 在 h 处是一致且收敛的,创业过程中的成本函数 C 满足(HC1)。则存在:

$$\sum_{i=1}^{\infty}hW_c^h(\rho_{i-1}^h,\rho_i^h)\leqslant E_i(\rho_0)-|\Omega|F\left(\frac{1}{|\Omega|}\right)\tag{5.77}$$

式(5.77)的证明:

由于 $T>0$,则可得:

$$hW_c^h(\rho_{i-1}^h,\rho_i^h)\leqslant E_i(\rho_{i-1}^h)-E_i(\rho_i^h)$$

把上述不等式的两边同时求和,可得:

$$\sum_{i=1}^{T/h}hW_c^h(\rho_{i-1}^h,\rho_i^h)\leqslant E_i(\rho_0)-\int_{\Omega}F(\rho_{T/h}^h(x))\mathrm{d}x$$

在上述积分项中使用 Jensen 不等式,并让 T 趋于∞,得到结论式(5.77)。

假设创业过程中的成本函数 C 满足初始值 $c(0)=0$。对于 $\beta>0$ 和 $q>1$,有 $c(z)\geqslant\beta|z|^q$,并且对于 $T>0$ 和 $h\in(0,1)$,当 $\varepsilon(q):=\min(1,q-1)$时,可得:

$$\sum_{i=1}^{T/h}\int_{\Omega\times\Omega}|x-y|^2\mathrm{d}\gamma_i^h(x,y)\leqslant M(\Omega,T,F,\rho_0,q,\beta)h^{\varepsilon(q)}\tag{5.78}$$

式(5.78)的证明:因为 $c(z)\geqslant\beta|z|^q$,则有:

$$\sum_{i=1}^{T/h}\int_{\Omega\times\Omega}|x-y|^2\mathrm{d}\gamma_i^h(x,y)\leqslant\frac{h^q}{\beta}hW_c^h(\rho_{i-1}^h,\rho_i^h)\tag{5.79}$$

根据 q 值的不同有下面两种情形。

情形 1:$1<q\leqslant 2$ 时,根据式(5.79)有下面不等式

$$\begin{aligned}\int_{\Omega\times\Omega}|x-y|^2\mathrm{d}\gamma_i^h(x,y)&\leqslant\sup_{x,y\in\bar{\Omega}}|x-y|^{2-q}\int_{\Omega\times\Omega}|x-y|^{(2-q)}\mathrm{d}\gamma_i^h(x,y)\\&\leqslant\frac{(\mathrm{diam}\Omega)^{(2-q)}}{\beta}h^qW_c^h(\rho_{i-1}^h,\rho_i^h)\end{aligned}$$

其中,diamΩ 表示直径。将两边的不等式相加,并结合式(5.77),可以得出结论:

$$\sum_{i=1}^{T/h}\int_{\Omega\times\Omega}|x-y|^2\mathrm{d}\gamma_i^h(x,y)\leqslant M(\Omega,F,\rho_0,q,\beta)h^{q-1}$$

情形 2:$q>2$ 时,由 Jensen 不等式和式(5.79)可得:

$$\int_{\Omega\times\Omega}|x-y|^2\mathrm{d}\gamma_i^h(x,y)\leqslant\left(\int_{\Omega\times\Omega}|x-y|^{(q)}\mathrm{d}\gamma_i^h(x,y)\right)^{2/q}\leqslant\frac{h^2}{\beta^{2/q}}[W_c^h(\rho_{i-1}^h,\rho_i^h)]^{2/q}$$

将两边的不等式相加，则有：

$$\sum_{i=1}^{T/h}\int_{\Omega\times\Omega}|x-y|^2\mathrm{d}\gamma_i^h(x,y)\leqslant\frac{h^2}{\beta^{2/q}}\left(\frac{T}{h}\right)^{1-\frac{2}{q}}\left[\sum_{i=1}^{T/h}W_c^h(\rho_{i-1}^h,\rho_i^h)\right]^{2/q}$$

$$=T^{1-\frac{2}{q}}\frac{h^2}{\beta^{2/q}}\left[\sum_{i=1}^{T/h}hW_c^h(\rho_{i-1}^h,\rho_i^h)\right]^{2/q}\tag{5.80}$$

结合式(5.77)和式(5.80)可以得出结论：

$$\sum_{i=1}^{T/h}\int_{\Omega\times\Omega}|x-y|^2\mathrm{d}\gamma_i^h(x,y)\leqslant M(\Omega,T,F,\rho_0,q,\beta)h$$

通过创业过程中的能量不等式(5.67)证明了当 $0<T<\infty$ 时，$(\rho^h)_h$ 在 $L^1(\Omega_T)$ 上紧致，进而可以在 h 中得到一个统一的上界。

注意到：

$$\overline{M}(\Omega,T,F,\rho_0,q,\alpha):=M(\alpha,q)\left(E_i(\rho_0)-|\Omega|F\left(\frac{1}{|\Omega|}\right)+\alpha T|\Omega|\|\rho_0\|_{L^\infty(\Omega)}\right)$$

其中，$M(\alpha,q)$是一个仅依赖于 α 和 q 的常数。

假定 c：$\mathbb{R}^d\to[0,\infty)$是属于类 C^1 的严格凸函数且满足(HC1)，F：$[0,\infty)\to\mathbb{R}^d$是属于$C^2((0,\infty))$类的严格凸函数。如果 $\rho_0\in P_\alpha(\Omega)\cap L^\infty(\Omega)$，则存在：

$$\|\rho^h\|_{L^\infty((0,\infty);L^\infty(\Omega))}\leqslant\|\rho_0\|_{L^\infty(\Omega)}\tag{5.81}$$

因此，存在 ρ：$[0,\infty)\times\Omega\to\mathbb{R}^d$，$(\rho^h)_{h\downarrow 0}$的子序列在 $0<T<\infty$时，在 $L^1(\Omega_T)$上弱收敛于 ρ。

此外，如果$\dfrac{1}{\rho_0}\in L^\infty(\Omega)$，创业过程中的成本函数 C 满足(HC3)，F 满足 $f(0)=0$ 和(HC2)，则有：

$$\int_{\Omega T}\rho^h|\nabla(F'(\rho^h))|^{q^*}\leqslant\overline{M}(\Omega,T,F,\rho_0,q,\alpha)\tag{5.82}$$

式(5.82)的证明：根据式(5.31)中的结果，不等式 $\rho_i^h\leqslant\|\rho_0\|_{L^\infty(\Omega)}$可以被改写为$\|\rho^h(t)\|_{L^\infty(\Omega)}\leqslant\|\rho_0\|_{L^\infty(\Omega)}$，$t\in[0,\infty)$。通过取不等式在 $t\in(0,\infty)$上的上确界，可以推导出式(5.81)。

根据式(5.81)，当 $0<T<\infty$时，$(\rho^h)_h$ 在 $L^1(\Omega_T)$上准紧致。利用标准对角线可以得出结论：$(\rho^h)_{h\downarrow 0}$作为 $L^1(\Omega_T)$的子序列时关于函数 ρ：$[0,\infty)\times\Omega\to\mathbb{R}^d$弱收敛。

根据式(5.31)，$\nabla(P(\rho_i^h))=\rho_i^h\nabla(F'(\rho_i^h))$，可得：

$P(\rho_i^h)\in W^{1,\infty}(\Omega)$和$\nabla(F'(\rho_i^h))\in L^\infty(\Omega)$。接着在创业过程中的能量不等式(5.67)中选择 $G:=F$ 并且利用式(5.47)可得到：

$$h\int_\Omega\langle\nabla(F'(\rho_i^h)),\nabla cH\times[\nabla(F'(\rho_i^h))]\rangle\rho_i^h\leqslant\int_\Omega F(\rho_{i-1}^h)-\int_\Omega F(\rho_i^h)$$

对上面不等式的两边相加，结合 Jensen 不等式可以得出：

$$\int_{\Omega_T}\langle\nabla(F'(\rho^h)),\nabla cH\times[\nabla(F'(\rho^h))]\rangle\rho^h\leqslant\int_\Omega F(\rho_0)-|\Omega|F\left(\frac{1}{\Omega}\right)\tag{5.83}$$

根据不等式 $c(z)\leqslant\alpha(|z|^q+1)$ 可得：

$$\langle z,\nabla c^*(z)\rangle\geqslant c^*(z)\geqslant M(\alpha,q)|z|^{q^*}-\alpha$$

同时，式(5.83)表明：

$$M(\alpha,q)\int_{\Omega_T}\rho^h|\nabla(F'(\rho^h))|^{q^*}\leqslant\int_\Omega F(\rho_0)-|\Omega|F\left(\frac{1}{|\Omega|}\right)+\alpha\int_{\Omega_T}\rho^h\tag{5.84}$$

结合式(5.81)和式(5.84)可得：

$$M(\alpha,q)\int_{\Omega_T}\rho^h|\nabla(F'(\rho^h))|^{q^*}\leqslant\int_\Omega F(\rho_0)-|\Omega|F\left(\frac{1}{|\Omega|}\right)+\alpha T|\Omega|\,\|\rho_0\|_{L^\infty(\Omega)}$$

上述不等式两边同时除以 $M(\alpha,q)$ 可得式(5.82)。

假设 $c:\mathbb{R}^d\to[0,\infty)$ 是属于类 C^1 的严格凸函数，它满足 $c(0)=0$ 和(HC3)；$F:[0,\infty)\to\mathbb{R}^d$ 是属于类 $C^2((0,\infty))$ 的严格凸函数，满足 $F(0)=0$ 和(HF2)。如果 $\rho_0\in P_a(\Omega)$ 符合 $\rho_0+\frac{1}{\rho_0}\in L^\infty(\Omega)$，当 $\eta\neq0$ 且 $0<T<\infty$ 时有：

$$\int_{\Omega_T^{(\eta)}}|\rho^h(t,x+\eta e)-\rho^h(t,x)|\leqslant M(\Omega,T,F,\rho_0,\alpha,q)|\eta|\tag{5.85}$$

其中，e 是 $\mathbb{R}^d$ 的一个单位向量。由此可得：

$$\Omega^{(\eta)}:=\{x\in\Omega:\operatorname{dist}(x,\partial\Omega)>|\eta|\}\quad\Omega_T^{(\eta)}:=(0,T)\times\Omega^{(\eta)}$$

式(5.85)的证明：因为 $\rho_0+\frac{1}{\rho_0}\in L^\infty(\Omega)$，则由式(5.31)可知 $(\rho^h)_h$ 拥有上下界。接着由 $F\in C^2((0,\infty))$ 可得：

$$\begin{aligned}\|\nabla\rho^h\|_{L^{q^*}(\Omega_T)}^{q^*}&=\int_{\Omega_T}\frac{1}{\rho^h[F''(\rho^h)]^{q^*}}\rho^h|\nabla(F'(\rho^h))|^{q^*}\\&\leqslant M(\Omega,\rho_0,F)\int_{\Omega_T}|\nabla(F'(\rho^h))|^{q^*}\end{aligned}\tag{5.86}$$

由式(5.82)和式(5.86)可知 $(\nabla\rho^h)_h$ 在 $L^{q^*}(\Omega_T)$ 上有界。由此可以推出 $(\rho^h)_h$ 在 $W^{1,q^*}(\Omega_T)$ 上有界。利用 $C^\infty(\Omega_T)$ 函数逼近 ρ^h，利用平均值定理和 $(\nabla\rho^h)_h$ 在 $L^{q^*}(\Omega_T)$ 上有界的结论，我们有：

$$\int_{\Omega_T^{(\eta)}}|\rho^h(t,x+\eta e)-\rho^h(t,x)|\leqslant M(\Omega,T,F,\rho_0,\alpha,q)|\eta|^{q^*}\tag{5.87}$$

由此可得：

$$\overline{\overline{M}}(\Omega,T,F,\rho_0,q,\alpha,\beta):=\frac{\|\rho_0\|_{L^\infty(\Omega)}^{\frac{1}{q^*}}}{\left\|\frac{1}{\rho_0}\right\|_{L^\infty(\Omega)}^{\frac{1}{q^*}}}M(q,\alpha,\beta)(E_i(\rho_0))$$

$$-|\Omega|)F\left(\frac{1}{|\Omega|}\right)+\alpha T|\Omega|\|\rho_0\|_{L^\infty(\Omega)}$$

其中,$M(q,\alpha,\beta)$是一个常数,取值只依赖于 q,α,β。

假定 $c:\mathbb{R}^d\to[0,\infty)$是属于类 C^1 的严格凸函数且满足 $c(0)=0$ 和(HC3),$F:[0,\infty)\to\mathbb{R}^d$是属于类 $C^2((0,\infty))$的严格凸函数且满足 $F(0)=0$ 和(HC2)。如果 $\rho_0\in P_\alpha(\Omega)$满足 $\rho_0+\frac{1}{\rho_0}\in L^\infty(\Omega)$则当 $\tau>0,0<T<\infty$时有:

$$\int_{\Omega_T}[F'(\rho^h(t+\tau,x))-F'(\rho^h(t,x))][\rho^h(t+\tau,x)-\rho^h(t,x)]$$
$$\leqslant\overline{M}(\Omega,T,F,\rho_0,q,\alpha,\beta)\tau \tag{5.88}$$

式(5.88)的证明:为了不失广义性,在此假设 $\tau=Nh$。为简单起见,不妨设

$$L(h,\tau):=\int_{\Omega_T}[F'(\rho^h(t+\tau,x))-F'(\rho^h(tx))][\rho^h(t+\tau,x)-\rho^h(t,x)]$$

$$J(i,h,N):=\int_{\Omega_T}[F'(\rho_{i+N}^h(x))-F'(\rho_i^h(x))][\rho_{i+N}^h(x)-\rho_i^h(x)]$$

显然存在:

$$L(h,\tau)=\sum_{i=1}^{T/h}hJ(i,h,N) \tag{5.89}$$

因为$(W_c^h)^{1/q}$不满足三角不等式,我们引入 q-Wasserstein 度量 $d_q^h:=(W_c^h)^{1/q}$。此度量由式(5.90)给定:

$$d_q^h(\rho_i^h\rho_{i+N}^h):=\left(\int_\Omega\left|\frac{y-S_q^h(y)}{h}\right|^q\rho_{i+N}^h(y)\mathrm{d}y\right)^{1/q} \tag{5.90}$$

其中,S_q^h 表示将 ρ_{i+N}^h 推动到 ρ_i^h 的最优映射。然后给定 $\varphi_{i,N}^h:=F'(\rho_{i+N}^h)-F'(\rho_i^h)$,则可得:

$$J(i,h,N)=\int_\Omega[\varphi_{i,N}^h(y)-\varphi_{i,N}^h(S_q^h(y))]\rho_{i+N}^h(y)\mathrm{d}y$$

由于 $\rho_0+\frac{1}{\rho_0}\in L^\infty(\Omega)$和 $F\in C^2((0,\infty))$,以及 $\rho_i^h\nabla(F'(\rho_i^h))=\nabla(P(\rho_i^h))\in L^\infty(\Omega)$,则可得 $\varphi_{i,N}^h\in W^{1,\infty}(\Omega)$。利用 $C^\infty(\Omega)$函数逼近 $\varphi_{i,N}^h$,并使用$(S_q^h)_\#\rho_{i+N}^h=\rho_i^h$ 和中值定理对 $J(i,h,N)$进行如下变换:

$$J(i,h,N)=\int_\Omega\int_0^1\langle\nabla_{\varphi_{i+N}}^h((1-t)y+tS_q^h(y)),y-S_q^h(y)\rangle\rho_{i+N}^h(y)\mathrm{d}t\mathrm{d}y$$

结合公式(5.90),可以推出:

$$J(i,h,N)\leqslant hd_q^h(\rho_i^h,\rho_{i+N}^h)\left[\int_\Omega\int_0^1|\nabla_{\varphi_{i+N}}^h((1-t)y+tS_q^h(y))|^{q^*}\rho_{i+N}^h(y)\mathrm{d}t\mathrm{d}y \tag{5.91}$$

借助 $\rho_i^h,\rho_{i+N}^h\leqslant\|\rho_0\|_{L^\infty(\Omega)}$和$|\nabla\varphi_{i,N}^h(y)|^{q^*}\in L^\infty(\Omega)$,使用非负函数 $C_c^\infty(\mathbb{R}^d)$来逼近

$|\nabla \varphi_{i,N}^{h}(y)|^{q^*}$，同时利用公式(5.36)可以推出：

$$\int_{\Omega} |\nabla_{\varphi_{i,N}}^{h}((1-t)y+tS_q^h(y))|^{q^*}\rho_{i+N}^{h}(y)\mathrm{d}y$$

$$\leqslant \|\rho_0\|_{L^\infty(\Omega)}\int_{R^d}|\nabla_{\varphi_{i,N}}^{h}(y)|^{q^*}\mathrm{d}y \tag{5.92}$$

结合式(5.89)，式(5.91)和式(5.92)可得：

$$L(h,\tau)\leqslant \|\rho_0\|_{L^\infty(\Omega)}^{\frac{1}{q^*}} h^2\sum_{i=1}^{T/h} d_q^h(\rho_i^h,\rho_{i+N}^h)\|\nabla\varphi_{i,N}^h\|_{L^{q^*}(\Omega)}$$

因为 d_q^h 是一个度量，由三角形不等式可得：

$$L(h,\tau)\leqslant \|\rho_0\|_{L^\infty(\Omega)}^{\frac{1}{q^*}} h^2\sum_{k=1}^{N}\sum_{i=1}^{T/h}\|\nabla\varphi_{i,N}^h\|_{L^{q^*}(\Omega)} d_q^h(\rho_{\rho_{i+k-1}}^{\eta},\rho_{i+k}^h)$$

接着在内部求和中使用 Hölder 不等式，可以推得：

$$L(h,\tau)\leqslant \|\rho_0\|_{L^\infty(\Omega)}^{\frac{1}{q^*}} h^{2-\frac{1}{q^*}}\Big(\sum_{i=1}^{T/h}\|\nabla\varphi_{i,N}^h\|_{L^{q^*}(\Omega)}^{q^*}\Big)^{\frac{1}{q^*}}\sum_{k=1}^{T/h}\Big[\sum_{i=1}^{T/h} d_q^h(\rho_{\rho_{i+k-1}}^{h},\rho_{i+k}^h)^q\Big]^{\frac{1}{q}} \tag{5.93}$$

由公式(5.31)及公式(5.82)，可知$(h^{1/q^*}\|\nabla(F'(\rho_i^h))\|_{L^{q^*}(\Omega)})_{i=1,\cdots,\frac{T}{h}}$属于$l_{q^*}(\Omega)$且$(h^{1/q^*}\|\nabla(F'(\rho_{i+N}^h))\|_{L^{q^*}(\Omega)})_{i=1,\cdots,\frac{T}{h}}$属于$l_{q^*}(\Omega)$。结合 Hölder 不等式、闵可夫斯基不等式、公式(5.31)和公式(5.82)，可以推得：

$$\Big(\sum_{i=1}^{T/h} h\|\nabla\varphi_{i,N}^h\|_{L^{q^*}(\omega)}^{q^*}\Big)^{\frac{1}{q^*}}$$

$$\leqslant\Big(\sum_{i=1}^{T/h} h_{q^*}^{\frac{1}{}}\|\nabla(F'(\rho_{\rho_{i+k-1}}^h))\|_{L^{q^*}(\Omega)}+h^{\frac{1}{q^*}}\|\nabla(F'(\rho_{\rho_i}^h))\|_{L^{q^*}(\Omega)}{}^{q^*}\Big)^{\frac{1}{q^*}}$$

$$\leqslant\Big(\sum_{i=1}^{T/h} h\|\nabla(F'(\rho_{\rho_{i+N}}^h))\|_{L^{q^*}(\Omega)}^{q^*}\Big)^{\frac{1}{q^*}}+\Big(\sum_{i=1}^{T/h} h\|\nabla(F'(\rho_{\rho_i}^h))\|_{L^{q^*}(\Omega)}^{q^*}\Big)^{\frac{1}{q^*}}$$

$$\leqslant\frac{1}{\Big\|\dfrac{1}{\rho_0}\Big\|_{L^\infty(\Omega)}^{\frac{1}{q^*}}}[\overline{M}(\Omega,T,F,\rho_0,q,\alpha)]^{\frac{1}{q^*}} \tag{5.94}$$

另一方面，由于 $c(z)\geqslant\beta|z|^q$，可得$(d_q^h)^q\leqslant\dfrac{1}{\beta}W_c^h$，则有：

$$\sum_{k=1}^{N}\Big[\sum_{i=1}^{T/h} d_q^h(\rho_{\rho_{i+k-1}}^h,\rho_{i+k}^h)^q\Big]^{\frac{1}{q}}\leqslant\frac{1}{(\beta h)^{\frac{1}{q}}}\sum_{k=1}^{N}\Big[\sum_{i=1}^{T/h} hW_c^h(\rho_{\rho_{i+k-1}}^h,\rho_{i+k}^h)\Big]^{\frac{1}{q}}$$

利用公式(5.77)和上述不等式可以推得：

$$\sum_{k=1}^{N}\Big[\sum_{i=1}^{T/h} d_q^h(\rho_{\rho_{i+k-1}}^h,\rho_{i+k}^h)^q\Big]^{\frac{1}{q}}\leqslant\frac{1}{\beta}\Big[E_i(\rho_0)-|\Omega|F\Big(\frac{1}{|\Omega|}\Big)\Big]^{\frac{1}{q}}Nh^{-\frac{1}{q}} \tag{5.95}$$

我们结合公式(5.93)～式(5.95)并利用 $\tau=Nh$，得出结论：

$$L(h,\tau)\leqslant\overline{\overline{M}}(\Omega,T,F,\rho_0,q,\alpha,\beta)\tau$$

如果 $\rho_0\in P_\alpha(\Omega)$ 符合 $\rho_0+\frac{1}{\rho_0}\in L^\infty(\Omega)$，则对于 $0<T<\infty$ 以及 $\tau>0$ 有：

$$\int_{\Omega_T}|\rho^h(t+\tau,x)-\rho^h(t,x)|\leqslant M(R,\Omega,T,F,\rho_0,\alpha,q,\beta)\sqrt{\tau}+T\wedge(\sqrt{\tau})$$

其中，$\wedge$ 满足 $\lim_{\tau\downarrow 0}\wedge(\sqrt{\tau})=0$。

上式的证明：令 $R>0,h,T,\tau$ 的值固定，定义

$$\begin{aligned}E_R:=\{t\in(0,T):\Delta_{h,\tau}(t):=&\|\rho^h(t)\|_{L^q(\Omega)}+\|\rho^h(t+\tau)\|_{L^q(\Omega)}\\&+\|F'(\rho^h(t))\|_{W^{1,q^*}(\Omega)}+\|F'(\rho^h(t+\tau))\|_{W^{1,q^*}(\Omega)}\\&+\frac{1}{\tau}\int_\Omega[F'(\rho^h(t+\tau))-F'(\rho^h(t))][\rho^h(t+\tau)-\rho^h(t)]>R\}\end{aligned}$$

根据式(5.31)、式(5.82)、式(5.88)和结论 $F\in C^2((0,\infty))$，可得 $(0,T)\ni t\mapsto\Delta_{h,\tau}(t)$ 属于 $L^1((0,T))$。因此：

$$|E_R|\leqslant\frac{M(\Omega,T,F,\rho_0,q,\alpha,\beta)}{R}\tag{5.96}$$

结合式(5.81)和式(5.96)，有：

$$\begin{aligned}\int_{E_R}\int_\Omega|\rho^h(t+\tau,x)-\rho^h(t,x)|&\leqslant 2\|\rho_0\|_{L^\infty(\Omega)}|\Omega||E_R|\\&\leqslant\frac{M(\Omega,T,F,\rho_0,q,\alpha,\beta)}{R}\end{aligned}\tag{5.97}$$

另一方面，如果 $t\in E_R^c:=(0,T)\setminus E_R$，设定 $\rho^h(t):=\mu_1$ 和 $\rho^h(t+\tau):=\mu_2$，显然可知在 $i=1,2$ 上有：

$\|\mu_i\|_{L^q(\Omega)}\leqslant R$ 和 $\|F'(\mu_i)\|_{W^{1,q^*}(\Omega)}\leqslant R$ 同时存在 $\int_\Omega[F'(\mu_2)-F'(\mu_1)][\mu_2-\mu_1]\leqslant R_\tau$。

则可得：

$$\int_{E_R^c}\int_\Omega|\rho^h(t+\tau,x)-\rho^h(t,x)|\leqslant\int_{E_R^c}\wedge(R_\tau)\leqslant T\wedge(R_\tau)\tag{5.98}$$

其中，$\wedge(R_\tau):=\wedge_R(R_\tau)$。

结合公式(5.97)和式(5.98)并取 $R=\frac{1}{\sqrt{\tau}}$，即可得出证明。

通过 $(\rho^h)_h$ 的空间紧密度和时间紧密度可知：子序列 $(\rho^h)_h$ 在 $L^1(\Omega_T)(0<T<\infty)$ 上强收敛于 ρ。

假定 $c:\mathbb{R}^d\to[0,\infty)$ 是属于类 C^1 的严格凸函数，满足 $c(0)=0$ 和(HC3)，$F:[0,\infty)\to\mathbb{R}^d$ 是属于类 $C^2((0,\infty))$ 的严格凸函数，满足 $F(0)=0$。如果 $\rho_0\in P_\alpha(\Omega)$ 满足 $\rho_0+\frac{1}{\rho_0}\in$

$L^{\infty}(\Omega)$，则当 $0<T<\infty$ 时，在 $L^{r}(\Omega_T)(1\leqslant r<\infty)$ 上，序列 $(\rho^h)_{h\downarrow 0}$ 存在子序列强收敛于 ρ①。

上述结论的证明：令 $\delta>0$，根据公式(5.81)可得 $(\rho^h)_h$ 在 $L^1(\Omega_T^{(\delta)})$ 上有界。此外，对于 $\varepsilon>0$ 和 $\tau>0$ 和 $\eta\in(0,\delta)$，可得 $\Omega_T^{(\delta)}\subset\Omega_T^{(\eta)}\subset\Omega_T$，$\int_{\Omega_T^{(\delta)}}|\rho^h(t,x+\eta e)-\rho^h(t,x)|<\varepsilon$ 和 $\int_{\Omega_T^{(\delta)}}|\rho^h(t+\tau,x)-\rho^h(t,x)|<\varepsilon$ 在 h 处统一。

由此可以推出：$(\rho^h)_h$ 在 $L^1(\Omega_T^{(\delta)})$ 处准紧致。我们观察到，$\lim_{\delta\to 0}|\Omega/\Omega^{(\delta)}|=0$，使用对角线可知，$(\rho^h)_h$ 在 $L^1(\Omega_T)$ 上作为子序列强收敛于 ρ。

因为 $(\rho^h)_h$ 在 $L^{\infty}(\Omega_T)$ 有界(见式(5.81))，可以推出：在 $1\leqslant r<\infty$ 的情形下，$(\rho^h)_h$ 在 $L^r(\Omega_T)$ 上强收敛于 ρ。

利用创业过程中的能量不等式(5.67)可知，$(\mathrm{div}\{\rho^h\nabla c^*[\nabla(F'(\rho^h))]\})_h$ 作为子序列时，在 Ω_T 处弱收敛于 $\mathrm{div}\{\rho\nabla c^*[\nabla(F'(\rho))]\}$。

$(\rho^h)_h$ 表示(非重新标记)的子序列 $(\rho^h)_h$，它在 $L^r(\Omega_T)$ 处 $(1\leqslant r<\infty)$ 收敛于 ρ，同时有：

$$\sigma^h:=\nabla c^*[\nabla(F'(\rho^h))]$$

假定 $c:\mathbb{R}^d\to[0,\infty)$ 是属于 C^1 类的严格凸函数，满足条件 $c(0)=0$ 和且当 $\beta>0$ 以及 $q>1$ 时存在 $c(z)\geqslant\beta|z|^q$，$F:[0,\infty)\to\mathbb{R}^d$ 是属于 $C^2(0,\infty)$ 类的严格收敛函数。如果 $\rho_0\in P_a(\Omega)$ 符合 $\rho_0+\frac{1}{\rho_0}\in L^{\infty}(\Omega)$，则有：

$$\|\sigma^h\|_{L^q(\Omega_\infty)}^q\leqslant\frac{1}{\beta\left\|\frac{1}{\rho_0}\right\|_{L^{\infty}(\Omega)}}\left[E_i(\rho_0)-|\Omega|F\left(\frac{1}{|\Omega|}\right)\right]\tag{5.99}$$

(1) 存在一个子序列 $(\sigma^h)_{h\downarrow 0}$ 在 $L^q(\Omega_T)(0<T<\infty)$ 上弱收敛于一个函数 σ。

此外，如果创业过程中的成本函数 C 满足(HC3)，F 满足 $F(0)=0$ 和(HF2)，则

(2) 序列 $\{\nabla(F'(\rho^h))\}_{h\downarrow 0}$ 存在一个子序列，它在 $L^{q^{\text{å}}}((0,T)\times\Omega)(0<T<\infty)$ 上弱收敛于 $\nabla F'(\rho)$。

因此，$(\sigma^h)_h$ 在 $L^q(\Omega_\infty)$ 处是有界的，并且 $(\nabla F'(\rho^h))_h$ 作为子序列时在 $L^{q^{\text{å}}}(\Omega_T)$ 上弱收敛于 $\nabla F'(\rho)$。

式(5.99)的证明：由式(5.47)可知：

$$\frac{S_i^h(y)-y}{h}=\nabla c^*[\nabla(F'(\rho_i^h(y)))]\tag{5.100}$$

其中，S_i^h 指 c_h 将 ρ_i^h 推至 ρ_{i-1}^h 的最优映射。通过式(5.31)及式(5.100)可以推出：

① Papaschinopoulos G, Schinas C J. Global asymptotic stability and oscillation of a family of difference equations [J]. Journal of Mathematical Analysis & Applications, 2004, 294(2): 614-620.

$$\| \sigma^h \|^q_{L^q(\Omega_\infty)} = \sum_{i=1}^{\infty} h \int_\Omega | \nabla^* c[\nabla(F''(\rho_i^h(y)))] |^q \mathrm{d}y = \sum_{i=1}^{\infty} h \int_\Omega \left| \frac{S_i^h(y) - y}{h} \right|^q \mathrm{d}y$$

$$\leqslant \frac{1}{\left\| \frac{1}{\rho_0} \right\|_{L^\infty(\Omega)}} \sum_{i=1}^{\infty} \int_\Omega \left| \frac{S_i^h(y) - y}{h} \right|^q \rho_i^h(y) \mathrm{d}y$$

由于 $c(z) \geqslant \beta |z|^q$，可以推得：

$$\| \sigma^h \|^q_{L^q(\Omega_\infty)} \leqslant \frac{1}{\beta \left\| \frac{1}{\rho_0} \right\|_{L^\infty(\Omega)}} \sum_{i=1}^{\infty} h W_c^h(\rho_{i-1}^h, \rho_i^h) \tag{5.101}$$

结合公式(5.77)和式(5.101)可以推出式(5.99)，(1)是式(5.99)的直接结果。令 $0 < T < \infty$，由 $(\rho^h)_h$ 在 $L^1(\Omega_T)$ 上强收敛于 ρ，并结合公式(5.81)以及 F' 在 $(0,\infty)$ 上连续的结论，可得 $(F'(\rho^h))_h$ 在 $L^\infty(\Omega_T)$ 上有界。由此可以推出 $(F'(\rho^h))_h$ 在 $L^{q^\dot{a}}(\Omega_T)$ 上弱收敛于 $F'(\rho)$①。

同时，根据式(5.31)和式(5.82)可知，$\{\nabla F'(\rho^h)\}_h$ 作为子序列时，在 $L^{q^\dot{a}}(\Omega_T)$ 上是有界的，可以推出(2)。

假设 $c: \mathbb{R}^d \to [0,\infty)$ 是属于 C^1 类的严格凸函数，满足 $c(0)=0$ 及(HC3)，$F:[0,\infty) \to \mathbb{R}^d$ 是属于 $C^2((0,\infty))$ 类的严格凸函数，满足 $F(0)=0$，$F \in C^2((0,\infty))$ 和(HC2)。如果 $\rho_0 \in P_\alpha(\Omega)$ 满足 $\rho_0 + \frac{1}{\rho_0} \in L^\infty(\Omega)$ 且 $t \mapsto u(t)$ 在 $C_c^2(\mathbb{R}^d)$ 上是一个非负函数，则有：

$$\int_0^\infty \int_\Omega \langle \rho^h \nabla (F'(\rho^h)), \nabla c^* [\nabla (F'(\rho^h))] \rangle u(t)$$

$$\leqslant \frac{1}{h} \int_0^h \int_\Omega F(\rho_0(x)) u(t) + \int_0^\infty \int_\Omega F(\rho^h) \partial_t^h u(t)$$

其中，$\partial_t^h u(t) := \frac{u(t+h) - u(t)}{h}$。

上式的证明：我们首先在创业过程中的能量不等式(5.67)中取 $G := F$，结合式(5.100)可知：

$$\int_\Omega \frac{F(\rho_i^h(y)) - F(\rho_{i-1}^h(y))}{h} \mathrm{d}y \leqslant -\int_\Omega \langle \nabla [F'(\rho_i^h(y))], \nabla c^* [\nabla (F'(\rho_i^h(y)))] \rangle \rho_i^h(y) \mathrm{d}y$$

因为 $u \geqslant 0$，可以推出：

$$\sum_{i=1}^{T/h} \int_{t_{i-1}}^{t_i} \int_\Omega \frac{F(\rho_i^h(y)) - F(\rho_{i-1}^h(y))}{h} u(t)$$

$$\leqslant -\int_{\Omega_T} \rho^h \langle \nabla (F'(\rho^h)), \nabla c^* [\nabla (F'(\rho^h))] \rangle u(t) \tag{5.102}$$

① 吴建国. 数学建模案例精编[M]. 北京：中国水利水电出版社，2005.

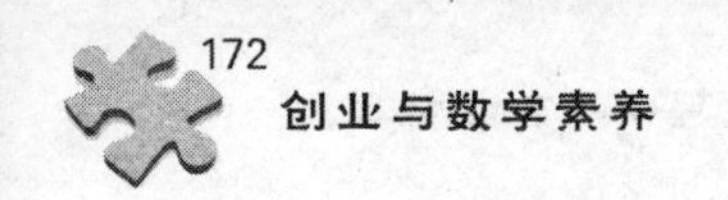

直接计算上述不等式的左边：

$$\sum_{i=1}^{T/h}\int_{t_{i-1}}^{t_i}\int_{\Omega}\frac{F(\rho_i^h(y))-F(\rho_{i-1}^h(y))}{h}u(t)=\frac{1}{h}\int_{\Omega_T}F(\rho^h(t,y))u(t)-$$

$$\frac{1}{h}\int_{\Omega_h}F(\rho_0(y))u(t)-\frac{1}{h}\int_h^T\int_{\Omega}F(\rho^h(t-h))u(t)$$

使用 $\tau=t-h$ 替代上式最后的积分，再结合 $t\in(T-h,T)$ 时 $u(t+h)=0$ 的结论，可以得到：

$$\sum_{i=1}^{T/h}\int_{t_{i-1}}^{t_i}\int_{\Omega}\frac{F(\rho_i^h(y))-F(\rho_{i-1}^h(y))}{h}u(t)$$

$$=-\int_{\Omega_T}F(\rho^h(t,y))\partial_t^h u(t)-\frac{1}{h}\int_{\Omega_h}F(\rho_0(y))u(t) \tag{5.103}$$

结合式(5.102)和式(5.103)，令 T 趋向于∞即可完成证明。

假设 $c:\mathbb{R}^d\to[0,\infty)$是 C^1 类的严格凸函数，满足 $c(0)=0$ 和(HC3)，$F:[0,\infty)\to\mathbb{R}^d$是 $C^2((0,\infty))$类的严格凸函数，满足 $F(0)=0$ 和(HF1)与(HF2)。如果 $\rho_0\in P_a(\Omega)$满足 $\rho_0+\frac{1}{\rho_0}\in L^\infty(\Omega)$，则有：

$$\lim_{h\downarrow 0}\int_{\Omega_\infty}\langle\rho^h\sigma^h,\nabla(F'(\rho^h))\rangle u(t)=\int_{\Omega_\infty}\langle\rho\sigma,\nabla(F'(\rho))\rangle u(t) \tag{5.104}$$

因此，$(\mathrm{div}(\rho^h\sigma^h))_h$ 作为子序列弱收敛于 $\mathrm{div}(\rho\sigma)$，并且存在：

$$\mathrm{div}(\rho\sigma)=\mathrm{div}(\rho\nabla c^*[\nabla(F'(\rho))] \tag{5.105}$$

证明：令 $T>0$，假设在 $t\leqslant 0$ 下存在 $\rho(t)=\rho_0$，$(\rho^h)_h$ 表示$(\rho^h)_h$ 的子序列，那么：

(1) $(\rho^h)_{h\downarrow 0}$恒收敛于 ρ；

(2) $\{\nabla(F'(\rho^h))\}_{h\downarrow 0}$在 $L^q(\Omega_T)$弱收敛于$\nabla(F'(\rho^h))$；

(3) $\{\sigma^h=\nabla c^*[\nabla(F'(\rho^h))]\}_{h\downarrow 0}$在 $L^q(\Omega_T)$弱收敛于 σ。

首先，观察到：

$$\lim_{h\downarrow 0}\int_{\Omega_T}\langle\sigma^h,\rho^h\nabla(F'(\rho))\rangle u(t)=\int_{\Omega_T}\langle\sigma,\rho\nabla(F'(\rho))\rangle u(t) \tag{5.106}$$

$$\lim_{h\downarrow 0}\int_{\Omega_T}\langle\rho^h,\nabla c^*[\nabla(F'(\rho))],\nabla(F'(\rho^h))-\nabla(F'(\rho))\rangle u(t)=0 \tag{5.107}$$

事实上，由于$(\rho^h)_h$ 在 $L^\infty(\Omega_T)$有界(见式(5.81))，且$\nabla(F'(\rho))\in L^{q^*}(\Omega_T)$，则(1)和控制收敛定理显示出$\{\rho^h\nabla(F'(\rho))\}_{h\downarrow 0}$在 $L^{q^*}(\Omega_T)$收敛于 $\rho\nabla(F'(\rho))$。然后，利用(3)和 $u\in C_c^2(\mathbb{R}^d)$的事实，可以得出结论式(5.106)。

根据 $c(z)\geqslant\beta|z|^q$，我们有：

$$|\nabla c^*(z)|^q\leqslant\frac{c(\nabla c^*(z))}{\beta}=\frac{1}{\beta}(\langle z,\nabla c^*(z)\rangle-c^*(z))$$

$$\leqslant \frac{1}{\beta}\langle z, \nabla c^*(z)\rangle \leqslant M(\beta,q) \mid z \mid^{q^*}$$

由此可以推出：

$$\mid \nabla c^*[\nabla(F'(\rho))](z)^q \leqslant M(\beta,q) \mid \nabla F('(p)) \mid^{q^*} \tag{5.108}$$

式(5.108)表明，$\nabla c^*[\nabla(F'(p))] \in L^q(\Omega_T)$。接着使用(1)和控制收敛定理，可得$\{\rho^h \nabla c^*[\nabla(F'(\rho))]\}_{h\downarrow 0}$在$L^q(\Omega_T)$上收敛于$\rho\nabla c^*[\nabla(F'(\rho))]$。由(2)可得结论式(5.107)。

式(5.104)可直接由下面的三个命题证明。

命题 1：

$$\int_{\Omega_T} \langle \rho\sigma, \nabla(F'(\rho))\rangle u(t) \leqslant \lim_{h\downarrow 0}\int_{\Omega_T} \langle \sigma^h\rho^h, \nabla(F'(\rho^h))\rangle u(t)$$

证明：因为 C^{a} 是凸的且 ρ^h 非负，我们得出

$$\int_{\Omega_T} \rho^h \langle \nabla c^*[\nabla(F'(\rho^h))] - \nabla c^*[\nabla(F'(\rho))], \nabla(F'(\rho^\eta)) - \nabla(F'(\rho))\rangle u(t) \geqslant 0$$

和

$$\liminf_{h\downarrow 0}\int_{\Omega_T} \langle \sigma^h, \rho^h \nabla(F'(\rho))\rangle u(t) \leqslant \liminf_{h\downarrow 0}\int_{\Omega_T} \langle \sigma^h\rho^h, \nabla(F'(\rho^h))\rangle u(t) +$$

$$\limsup_{h\downarrow 0}\int_{\Omega_T} \langle \rho^h \nabla c^*[\nabla(F'(\rho))] - \nabla c^*[\nabla(F'(\rho))], \nabla(F'(\rho^h)) - \nabla(F'(\rho^h))\rangle u(t) \tag{5.109}$$

结合式(5.106)～式(5.109)可得命题 1 的结论。

命题 2：

$$\begin{aligned}&\limsup_{h\downarrow 0}\int_{\Omega_T} \langle \rho^h\sigma^h, \nabla(F'(\rho^h))\rangle u(t)\\ &\leqslant \int_{\Omega} [\rho_0 F'(\rho_0) - F^*(F'(\rho_0))] u(0)\\ &\quad + \int_{\Omega} [\rho(t,x)F'(\rho(t,x)) - F^*(F'(\rho(t,x)))] u'(t)\end{aligned}$$

证明：首先，我们观察到

$$\lim_{h\downarrow 0}\int_{\Omega_T} F(\rho^h)\partial_t^h u(t) = \int_{\Omega_T} F(\rho) u'(t) \tag{5.110}$$

此外有：

$$\left|\int_{\Omega_T} F(\rho^h)\partial_t^h u(t) - F(\rho)u'(t)\right| \leqslant \int_{\Omega_T} \mid F(\rho^h) - F(\rho) \mid\mid u'(t) \mid + \int_{\Omega_T} \mid F(\rho^h) \mid\mid \partial_t^h u(t) - u'(t) \mid \tag{5.111}$$

根据式(5.31)和 F 的连续性，可知$(F(\rho^h))_h$ 在 $L^\infty(\Omega_T)$上有界。令公式(5.111)中的 h 趋向于 0，利用(1)、$u \in C_c^2(\mathbb{R}^d)$以及勒贝格控制收敛定理，可以得到结论式(5.110)，进

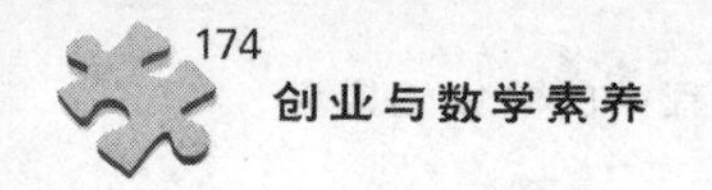

而可知：

$$\limsup_{h\downarrow 0}\int_{\Omega_T}\langle\rho^h\sigma^h,\nabla(F'(\rho^h))\rangle u(t)$$

$$\leqslant \liminf_{h\downarrow 0}\frac{1}{h}\int_0^h\int_\Omega\left[F(\rho_0)u(t)+\limsup_{h\downarrow 0}\int_{\Omega_T}F(\rho^h)\partial_t^h u(t)\right]$$

根据式(5.110)和U的连续性，我们推得：

$$\limsup_{h\downarrow 0}\int_{\Omega_T}\langle\rho^h\sigma^h,\nabla(F'(\rho h))\rangle u(t)\leqslant\int_\Omega F(\rho_0)u(0)+\int_{\Omega_T}F(\rho(t,x))\partial_t^h u'(t)] \quad (5.112)$$

由于$F\in C^1((0,\infty))$严格凸且满足$F(0)=0$和(HF1)，我们有

$$F*(F'(a))=aF'(a)-F(a),\forall a>0 \quad (5.113)$$

将公式(5.113)中的$a=\rho(t,x)$以及$a=\rho_0(x)$代入式(5.112)，可得命题2的结论。

命题3：

$$\int_\Omega[\rho_0F'(\rho_0)-F*(F'(\rho_0))]u(0)+\int_{\Omega_T}[\rho(t,x)F'(\rho(t,x))$$

$$-F*(F'(\rho(t,x)))]u'(t)\leqslant\int_{\Omega_T}\langle\rho\sigma,\nabla(F'(\rho))\rangle u(t)$$

证明：设$\xi(t,x):=F'(\rho(t,x))u(t)$满足$(t,x)\in\mathbb{R}^d\times\Omega$。根据(1)，(2)，式(5.31)以及$F\in C^2((0,\infty))$，可知$F'(\rho)\in L^\infty(\Omega_T)$和$\nabla(F'(\rho))\in L^{q^*}(\Omega_T)$。利用$W^{1,q^*}(\Omega_T)$中的函数$C^\infty(\Omega)$来逼近$F'(\rho)$，将导数$\partial_t^{-h}\xi(t,x):=\dfrac{\xi(t,x)-\xi(t-h,x)}{h}$代入式(5.71)，结合命题3.2可得：

$$\int_{\Omega_T}(\rho_0-\rho^h)\partial_t^{-h}\xi+\int_{\Omega_T}\langle\sigma^h,\rho^h\nabla(F'(p))\rangle u(t)=0(h^{\varepsilon(q)})$$

其中，$\varepsilon(q)=\min(1,q-1)$。令$h$趋近于0并结合式(5.106)可得：

$$\lim_{h\downarrow 0}\int_{\Omega_T}(\rho_0-\rho^h)\partial_t^{-h}\xi+\int_{\Omega_T}\langle\sigma^h,\rho^h\nabla(F'(\rho))\rangle u(t)=$$

$$0(h^{\varepsilon(q)})\limsup_{h\downarrow 0}\int_{\Omega_T}\langle\sigma,\rho\nabla(F'(\rho))\rangle u(t)=0 \quad (5.114)$$

因为$\mathrm{spt}u\subset[-T,T]$，我们有

$$\int_{\Omega_T}\rho_0\partial_t^{-h}\xi=-\frac{1}{h}\int_{-h}^0\int_\Omega\rho_0(x)\xi(t,x)$$

$$\lim_{h\downarrow 0}\int_{\Omega_T}\rho_0\partial_t^{-h}\xi=-\int_\Omega\rho_0(x)\xi(0,x)=-\int_\Omega\rho_0F'(\rho_0)u(0) \quad (5.115)$$

我们结合式(5.114)，式(5.115)和(1)，可得：

$$\int_{\Omega_T}\langle\sigma,\rho\nabla(F'(\rho))\rangle u(t)=\lim_{h\downarrow 0}\int_{\Omega_T}\rho(t,x)\partial_t^{-h}\xi(t,x)+\int_\Omega\rho_0F'(\rho_0)u(0) \quad (5.116)$$

通过直接计算，我们得到：

$$\rho(t,x)\partial_t^{-h}\xi(t,x)=\rho(t,x)F'(\rho(t,x))\partial_t^{-h}u(t)+\frac{1}{h}\rho(t,x)u(t-h)[F'(\rho(t,x))-F'(\rho(t-h,x))]$$

因为 $F\in C^1((0,\infty))$ 严格收敛，并且满足 $F(0)=0$ 和(HF1)，我们有：

$$(F'(b)-F'(a))b\geqslant F*(F'(b))-F*(F'(a))\quad\forall a,b>0$$

然后，我们得出：

$$\rho(t,x)\partial_t^{-h}\xi(t,x)\geqslant\rho(t,x)F'(\rho(t,x))\partial_t^{-h}u(t)+\frac{1}{h}u(t-h)[F*(F'(\rho(t,x)))-F*(F'(\rho(t-h,x)))]$$

对 Ω_T 两边不等式进行整合，当 h 足够小时在区间 $(T-h,T)$ 上 $u=0$，当 $t\in(-h,0)$ 时存在 $\rho(t,x)=\rho_0(x)$，综上可得：

$$\int_{\Omega_T}\rho(t,x)\partial_t^{-h}\xi(t,x)\geqslant\int_{\Omega_T}[\rho(t,x)F'(\rho(t,x))-F*(F'(\rho(t,x)))]\partial_t^{-h}u(t)-\frac{1}{h}\int_0^h u(t-h)\int_\Omega F*(F'(\rho_0))$$

令不等式中 h 趋向于 0，则有：

$$\lim_{h\downarrow 0}\int_{\Omega_T}\rho(t,x)\partial_t^{-h}\xi(t,x)\geqslant\int_{\Omega_T}[\rho(t,x)F'(\rho(t,x))-F*(F'(\rho(t,x)))]u'(t)-\int_0^h u(t-h)\int_\Omega F*(F'(\rho_0))u(0)\tag{5.117}$$

结合式(5.116)和式(5.117)即可总结出命题 3。

综上可得：$\sigma=\nabla c*[\nabla F'(\rho)]$。事实上，令 $\varepsilon>0$，$\varphi\in C^\infty(\Omega)$ 并且令 $\omega_\varepsilon(t,x):-F'(\rho(t,x)-\varepsilon\psi(x))$，很明显 $\nabla\omega_\varepsilon\in L^{q^*}(\Omega_T)$，并且如式(5.107)的证明，存在：

$$|\nabla c*(\nabla\omega_\varepsilon)|^q\leqslant M(\beta,q)\,|\nabla\omega_\varepsilon|^{q^*}$$

由此推断出 $\nabla c*(\nabla\omega_\varepsilon)\in L^{q^*}(\Omega_T)$。根据 c^* 收敛，以及 ρ^h、u 非负，可知：

$$\int_{\Omega_T}\rho^h\langle\nabla c^*[\nabla(F'(\rho^h))]-\nabla c^*(\nabla\omega_e),\nabla(F'(\rho^h))-\nabla\omega_e\rangle u(t)\geqslant 0$$

我们让 h 在上述不等式中趋于 0，得到：

$$\limsup\int_{\Omega_T}\langle\rho^h\sigma^h,\nabla(F(\rho^h))\rangle u(t)-\liminf\int_{\Omega_T}\langle\sigma^h,\rho^h\nabla\omega_e\rangle u(t)-\liminf\int_{\Omega_T}\langle\rho^h\nabla c^*(\nabla\omega_e),\nabla(F(\rho^h))-(\nabla\omega_e)\rangle u(t)\geqslant 0\tag{5.118}$$

正如在式(5.106)及式(5.107)中的证明，我们有：

$$\liminf_{h\downarrow 0}\int_{\Omega_T}\langle\sigma^h,\rho^h\nabla\omega_e\rangle u(t)=\int_{\Omega_T}\langle\sigma,\rho\nabla\omega_e\rangle u(t)\tag{5.119}$$

和

$$\liminf_{h\downarrow 0}\int_{\Omega_T}\langle\rho^h\nabla c^*(\nabla\omega_e),\nabla(F'(\rho^h))-(\nabla\omega_e)\rangle u(t)=$$

$$\int_{\Omega_T}\langle\rho\nabla c^*(\nabla\omega_e),\nabla(F'(\rho))-(\nabla\omega_e)\rangle u(t)\tag{5.120}$$

结合式(5.104)和式(5.118)～式(5.120)，有：

$$\int_{\Omega_T}\langle\rho\sigma-\rho\nabla c^*(\nabla\omega_e),\nabla(F'(\rho))-\nabla\omega_e\rangle u(t)\geqslant 0$$

对不等式中的 ε 进行积分，让 ε 趋向于 0，得到：

$$\int_{\Omega_T}\langle\rho\sigma-\rho\nabla c^*[\nabla(F'(\rho))],\nabla\psi(x)u(t)\rangle\geqslant 0$$

将 $-\psi$ 替换 ψ，我们有：

$$\int_{\Omega_T}\langle\rho\sigma-\rho\nabla c^*(\nabla\omega_e),\nabla(F'(\rho))-\nabla\omega_e\rangle u(t)=0$$

因为 ψ 和 $u\geqslant 0$ 是任意的测试函数，由此可以推导出式(5.105)。这就完成了定理的证明。

假设 $c:\mathbb{R}^d\to[0,\infty)$ 是属于 C^1 类的严格凸函数，满足 $c(0)=0$ 及(HC3)，$F:[0,\infty)\to\mathbb{R}^d$ 是属于 $C^2((0,\infty))$ 类的严格凸函数，并满足 $F(0)=0$ 和(HF1)与(HF2)。如果 $\rho_0\in P_a(\Omega)$ 满足 $\rho_0+\frac{1}{\rho_0}\in L^\infty(\Omega)$，且 $V=0$，则式(5.16)存在唯一的弱解 $\rho:[0,\infty)\times\Omega\to[0,\infty)$。由此可得：

(1) $\rho+\frac{1}{\rho}\in L^\infty((0,\infty);L^\infty(\Omega)),\nabla(F'(\rho))\in L^{q^*}(\Omega_T))$

(2) $$\int_{\Omega_\infty}\left\{-\rho\frac{\partial\xi}{\partial t}+\langle\rho\nabla c^*[\nabla(F'(\rho))],\nabla\xi\rangle\right\}=\int_\Omega\rho_0(x)\xi(0,x)\mathrm{d}x\tag{5.121}$$

式(5.121)的证明：由于 $(\rho^h)_h$ 作为子序列恒收敛到 ρ，且对于任意 h 均存在 $\rho^h\geqslant 0$，由此可以推出 $\rho\geqslant 0$。结合式(5.31)可知 $\rho+\frac{1}{\rho}\in L^\infty((0,\infty);L^\infty(\Omega))$。利用 $\nabla(F'(\rho))\in L^{q^*}(\Omega_T))$ 可得出结论(1)。

由公式(5.108)可知：在 $0<T<\infty$ 下，有 $\nabla c^*[\nabla F'(\rho)]\in L^{q^*}(\Omega_T))$；公式(5.31)表明 $\rho\in L^\infty(\Omega_T)$。我们由此推断 $\rho\nabla c^*[\nabla F'(\rho)]\in L^{q^*}(\Omega_T)$。

令 $0<T<\infty$，可得：

$$\liminf_{h\downarrow 0}\int_{\Omega_T}\{(\rho_0-\rho^h)\partial_t^h\xi+\langle\rho^h\nabla c^*[\nabla(F'(\rho^h))],\nabla\xi\rangle\}=0\tag{5.122}$$

由此可知，$(\rho^h)_h$ 在 $L^1(\Omega_T)$ 上弱收敛到 ρ，子序列 $(\mathrm{div}\{\rho^h\nabla c^*[\nabla(F'(\rho^h))]\})_h$ 弱收敛于 $\mathrm{div}\{\rho^h\nabla c^*[\nabla(F'(\rho^h))]\}$，然后可以推导出：

$$\liminf_{h\downarrow 0}\int_{\Omega_T}\langle\rho^h\nabla c^*[\nabla(F'(\rho))],\nabla\xi\rangle=\int_{\Omega_T}\langle\rho^h\nabla c^*[\nabla(F'(\rho))],\nabla\xi\rangle\tag{5.123}$$

结合式(5.122)和式(5.123)，以及 $\operatorname{spt}\xi(.,x)\subset[-T,T]$ 即可得出结论式(5.121)。

现在证明当 $\frac{\partial\rho}{\partial t}\in L^1((0,T)\times\Omega)(0<T<\infty)$ 时，式(5.16)的解的唯一性。事实上，当 $z_1,z_2\in\mathbb{R}^d$ 时，$\langle\nabla c^*(z_1)-\nabla c^*(z_2),z_1-z_2\rangle\geqslant 0$ 已经足以完成证明。

令 $T>0$，假设 ρ_1 和 ρ_2 是具有相同初始值的式(5.16)的弱解，$N\leqslant\rho_j\leqslant M$ 恒成立，且存在 $\frac{\partial\rho_j}{\partial t}\in L^1(\Omega_T)$，$J=1,2$。

由 $[\nabla F'(\rho_J)]\in L^{q^*}(\Omega_T)$ 和 $|\nabla c^*[\nabla F'(\rho_j)]|^q\leqslant M(\beta,q)|\nabla F'(\rho_j)|^{q^*}$，可得对于 $\delta>0$ 有：$\nabla c^*[\nabla(F'(\rho_j))]\in L^q(\Omega_T)$。现定义：

$$\Omega_T\ni(t,x)\mapsto\zeta_\delta(t,x):=\varphi_\delta(F'(\rho_1(t,x))-F'(\rho_2(t,x)))$$

其中，$\varphi_\delta(\tau):=\begin{cases}0, & \tau\leqslant 0\\ \dfrac{\tau}{\delta}, & 0\leqslant\tau\leqslant\delta\\ 1, & \tau\geqslant\delta\end{cases}$

在满足 ρ_1 和 ρ_2 的微分方程中，将 ξ_δ 的平滑逼近值为测试函数，并且将其推导至极限，可以得到：

$$\int_{\Omega_T}\xi_\delta\partial_t(\rho_1-\rho_2)=-\int_{\Omega_T}\langle\rho_1\nabla c^*[\nabla(F'(\rho_1))]-\rho_2\nabla c^*[\nabla(F'(\rho_2))],\nabla\xi_\delta\rangle$$

它也可以改写为：

$$\begin{aligned}\int_{\Omega_T}\xi_\delta\partial_t(\rho_1-\rho_2)=&-\frac{1}{\delta}\int_{\Omega_{T,\delta}^{(1,2)}}\rho_1\langle\nabla c^*[\nabla(F'(\rho_1))]-\nabla c^*[\nabla(F'(\rho_2))],\nabla(F'(\rho_1)\\&-F'(\rho_2))\rangle-\frac{1}{\delta}\int_{\Omega_{T,\delta}^{(1,2)}}(\rho_1-\rho_2)\langle\nabla c^*[\nabla(F'(\rho_2))],\nabla(F'(\rho_1)\\&-F'(\rho_2))\rangle\end{aligned}$$

其中，$\Omega_{T,\delta}^{(1,2)}=\Omega_T\cap[0<F'(\rho_1)-F'(\rho_2)<\delta]$。因为 C^* 是凸的，上述等式右边的第一个式子是非正的。由于 $F\in C^1((0,\infty))$ 是严格凸函数且满足(HF1)，不等式 $N\leqslant\rho_1,\rho_2\leqslant M$ 恒成立。由此可知，对于 $\Omega_{T,\delta}^{(1,2)}$ 上的任意元素恒有：

$$|\rho_1-\rho_2|=|[(F^*)'\circ F'](\rho_1)-[(F^*)'\circ F'](\rho_2)|\leqslant\delta\sup_{\tau\in[F'(N)-F'(M)]}(F^*)''(\tau)$$

由此推断出：

$$\begin{aligned}\int_{\Omega_T}\xi_\delta\partial_t(\rho_1-\rho_2)\leqslant\sup_{\tau\in[F'(N)-F'(M)]}(F^*)''(\tau)\int_{\Omega_{T,\delta}^{1,2}}|\langle\nabla c^*[\nabla(F'(\rho_2))],\\\nabla(F'(\rho_1)-F'(\rho_2))\rangle|\end{aligned}$$

在上述不等式中，令 δ 趋近于 0，再由 $\varphi_\delta\to II_{[0,\infty)}$，$|\Omega_{T,\delta}^{(1,2)}|\to 0$ 和 $[F'(\rho_1)-F'(\rho_2)\geqslant 0]=[\rho_1-\rho_2\geqslant 0]$ 可以得出：

$$\int_{\Omega_T}\partial_t[(\rho_1-\rho_2)^+]\leqslant 0$$

它可以改写为，当 $0<T<\infty$ 时：

$$\int_{\Omega}[\rho_1(T)-\rho_2(T)]^+\leqslant\int_{\Omega}[\rho_1(0)-\rho_2(0)]^+=0$$

在上述论证中交换 ρ_1 和 ρ_2，即可得出结论 $\rho_1=\rho_2$。

假设 $V:\bar{\Omega}\to[0,\infty)$ 是属于 C^1 类的凸函数，$c:\mathbb{R}^d\to[0,\infty)$ 是属于 C^1 类的严格凸函数，满足 $c(0)=0$(HC3)；假设 $F:[0,\infty)\to\mathbb{R}$ 是 $C^2((0,\infty))$ 类的严格凸函数，且满足 $f(0)=0$(HF1)与(HF2)。如果 $\rho_0\in P_\alpha(\Omega)$ 满足 $\rho_0+\dfrac{1}{\rho_0}\in L^\infty(\Omega)$，那么，式(5.16)有唯一的弱解 $\rho:[0,\infty)\times\Omega\to[0,\infty)$，也就是说：

(1) $\rho+\dfrac{1}{\rho}\in L^\infty((0,\infty);L^\infty(\Omega)),\nabla(F'(\rho))\in L^{q^*}(\Omega_T))0<T<\infty$

(2) $$\int_{\Omega_\infty}\left\{-\rho\frac{\partial\xi}{\partial t}+\langle\rho\nabla c^*[\nabla(F'(\rho)+V)],\nabla\xi\rangle\right\}=\int_{\Omega}\rho_0(x)\xi(0,x)\mathrm{d}x\tag{5.124}$$

前面关于(P)以及式(5.21)的最小化问题的参数可以被替换为：

$$(P^v):\inf\{hW_c^h(\rho_0,\rho)+E(\rho):\rho\in P_\alpha(\Omega)\}$$

和

$$E(\rho):=E_i(\rho)+\int_{\Omega}\rho V\mathrm{d}x$$

则有：

$$\left|\int_{\Omega_T}(\rho_0-\rho^h)\partial_t^h\xi\mathrm{d}x\mathrm{d}t+\int_{\Omega_T}\langle\rho^h\nabla c^*[\nabla(F'(\rho^h)+V)],\nabla\xi\rangle\mathrm{d}x\mathrm{d}t\right|$$
$$\leqslant\frac{1}{2}\sup_{[0,T]\times\bar{\Omega}}|D^2\xi(t,x)|\sum_{i=1}^{T/h}\int_{\Omega\times\Omega}|x-y|^2\mathrm{d}\gamma_i^h(x,y)\tag{5.125}$$

由此可得：

$$\sum_{i=1}^{T/h}\int_{\Omega\times\Omega}|x-y|^2\mathrm{d}\gamma_i^h(x,y)\leqslant M(\Omega,T,F,\rho_0,q,\beta)h^{\varepsilon(q)}\tag{5.126}$$

我们让式(5.125)中的 h 趋向于0，利用式(5.126)即可推断出：

$$\lim_{h\downarrow 0}\int_{\Omega_T}\{(\rho_0-\rho^h)\partial_t^h\xi+\langle\rho^h\nabla c^*[\nabla(F'(\rho^h)+V)],\nabla\xi\rangle\}=0\tag{5.127}$$

命题：对于 $0<T<\infty$，概数

$$\|\rho^h\|_{L^\infty((0,\infty));L^\infty(\Omega)}\leqslant\|\rho_0\|_{L^\infty(\Omega)}\tag{5.128}$$

$$\int_{\Omega_T}\rho^h|\nabla(F'(\rho^h))|^{q^*}\leqslant M(\Omega,T,F,\rho_0,q,\alpha)\tag{5.129}$$

和创业时空过程中的能量不等式

$$\int_{\Omega_T}\langle\rho^h\nabla[(F'(\rho^h)+V)],\nabla c^*[\nabla(F'(\rho^h)+V)]\rangle u(t)\leqslant\frac{1}{h}\int_{\Omega_h}[F(\rho_0)+\rho_0V]u(t)$$
$$+\int_{\Omega_h}[F(\rho^h)+\rho^hV]\partial_t^hu(t)\tag{5.130}$$

式(5.130)在 $C_c^2(\mathbb{R})$ 的函数 u 非负时均成立。

事实上,由式(5.128)可知存在 $\rho:[0,\infty]\times\Omega\rightarrow[0,\infty)$,那么可得结论(3)。

(3) 子序列 $(\rho^h)_h$ 在 $L^1(\Omega_T)$ 上弱收敛于 ρ。

因此,

$$\lim_{h\downarrow 0}\int_{\Omega_T}(\rho_0-\rho^h)\partial_t^h\xi=\int_{\Omega_T}(\rho_0-\rho)\frac{\partial\xi}{\partial t} \tag{5.131}$$

由式(5.128)和式(5.129)可以推导出 $(\rho^h)_h$ 在 $L^1(\Omega_T)$ 中 $V=0$ 时的空间紧密度和时间紧密度。因此有结论(4)。

(4) 子序列 $(\rho^h)_h$ 在 $L^1(\Omega_T)$ 处强收敛于 ρ。利用(4),式(5.130),并且用 $F'(\rho^h)+V$ 代替 $F'(\rho^h)$ 以及用 $F(\rho^h)+\rho^hV$ 代替 $F'(\rho^h)$ 的方法,即可得出下面的结论(5)。

(5) 如果子序列 $(\operatorname{div}\{\rho^h\nabla c^*[\nabla(F'(\rho^h)+V)]\})_h$ 弱收敛于 $\operatorname{div}\{\rho^h\nabla c^*[\nabla(F'(\rho^h)+V)]\}$,那么有:

$$\lim_{h\downarrow 0}\int_{\Omega_T}\langle\rho^h\nabla c^*[\nabla(F'(\rho^h)+V)],\nabla\xi\rangle=\int_{\Omega_T}\langle\rho\nabla c^*[\nabla(F'(\rho)+V)],\nabla\xi\rangle \tag{5.132}$$

结合式(5.127),式(5.131),及式(5.132)即可得出式(5.124)。

命题的证明:当 $\nabla V=0$ 时,$P(p_j^h)\notin W^{1,\infty}(\Omega)$,$\nabla(F'(\rho_i^h))\in L^\infty(\Omega)$。因此取 $G:=F$,内部能量不等式(5.67)可以改写为:

$$\int_\Omega F(\rho_{i-1}^h)-\int_\Omega F(\rho_i^h)\geqslant\int_W\langle\nabla(F'(\rho_i^h)),S_i^h(y)-y\rangle\rho_i^h(y)\mathrm{d}y$$

其中,S_i^h 是 c_h——使得 ρ_i^h 趋向于 ρ_{i-1}^h 的最优映射。取 $(S_i^h)_\#\rho_i^h=\rho_{i-1}^h$,由 $V\in c^1(\Omega)$ 为凸可以推导出创业过程中的势能不等式:

$$\int_\Omega\rho_{i-1}^hV-\int_\Omega\rho_i^hV\geqslant\int_\Omega\langle\nabla V,S_i^h(y)-y\rangle\rho_i^h(y)\mathrm{d}y$$

我们添加上述两个不等式,使用 Euler-Lagrange 方程 (P^V)①:

$$\frac{S_1^h(y)-y}{h}=\nabla c^*[\nabla(F'(\rho_1^h(y))+V(y))]a.e.\,y\in\Omega \tag{5.133}$$

(S_i^h 是 c_h——使得 ρ_1^h 趋向于 ρ_0 的最优映射),由此推导出自由创业过程中的能量不等式:

$$E(\rho_{i-1}^h)-E(\rho_i^h)\geqslant h\int_{\Omega_T}\langle\nabla(F'(\rho_1^h(y)+V),\nabla c^*[\nabla(F'(\rho_i^h)+V)])\rangle\rho_i^h \tag{5.134}$$

在式(5.134)中,对 i 求和,取 V 和 $\rho_{T/h}^h$ 非负,利用 Jensen 不等式,可得:

$$h\int_{\Omega_T}\langle\nabla(F'(\rho^h+V),\nabla c^*[\nabla(F'(\rho^h)+V)]\rangle\rho^h\leqslant E(\rho_0)-|\Omega|F\left(\frac{1}{|\Omega|}\right)$$

由此得出结论,如式(5.82)的证明,即:

---

① McCurdy T. An empirical model of labor supply in a life-cycle setting[J]. Journal of Political Economy, 1981, 89(6): 1059-1085.

$$\int_{\Omega_T} \rho^h \mid \nabla (F'(\rho^h) + V) \mid^{q^*} \leqslant \overline{M}(\Omega, T, F, \rho_0, q, \alpha) \tag{5.135}$$

另一方面,由式(5.128)和$V \in C^1(\Omega)$可得:

$$\| (\rho^h)^{1/q^*} \nabla V \|_{L^{q^*}(\Omega_T)} \leqslant \| \rho_0 \|_{L^\infty(\Omega)}^{1/q^*} \| \nabla V \|_{L^\infty(\Omega)} \tag{5.136}$$

结合式(5.135)和式(5.136),得出结论式(5.129)。

然后,利用自由创业过程中的能量不等式(5.134)代替内部能量不等式(5.67)完成证明。

对于创业过程中的快速扩散非线性方程$\frac{\partial \rho}{\partial t} = \Delta \rho^m$来说,如果$d \geqslant 2$,则$1 - \frac{1}{d} \leqslant m < 1$;如果$d \leqslant 2$,则$\frac{1}{2} m < 1$。

对于创业过程中的非线性方程$\frac{\partial \rho}{\partial t} = \Delta_p \rho^n$来说,如果$d \geqslant p$,则$n \geqslant \frac{d-(p-1)}{d(p-1)}$;如果$d \leqslant p$,则$n \geqslant \frac{1}{p(p-1)}$。当$n=1$时,创业过程中的非线性方程变为$\frac{\partial \rho}{\partial t} = \Delta_p \rho$,此时需要$\frac{2d+1}{d+1} \leqslant p \leqslant d$或者$p \geqslant \max\left(d, \frac{1+\sqrt{5}}{2}\right)$。

第 6 章　两种服务类创业公司数学模型的建立

随着"中国制造"将广大中国人民从"温饱"带向"小康"，"中国服务"开始帮助富裕起来的中国人民让自己的生活更加美好[①]。"中国服务"将会产生大量的服务类创业公司，带来多层次的充分就业[②]。

目前我国城市化人口超过 3 亿，跟美国整个国家的人口差不多。未来我国城市化将达到 50%，城市人口将会超过 6 亿。这些人口基数使我国形成了全球最大的消费国，将会带动世界上最大的服务业产业链[③]。在我国庞大的人口数量带动下，服务业的巨大空间随之显现出来，将会滋养众多服务类创业公司。因此，我国未来创业的机会更多是在服务业。

服务类创业公司不同于制造类创业公司，对能源、土地等资源性生产要素消耗不大，可以缓解制造类创业公司对环境的影响，极大地提高人们的生活质量[④]。"中国制造"已经走到了一个低增长、缓增长的拐点。未来在服务业将有更多机会、更多空间，而且我国的服务类创业公司更有机会成长为世界级的企业、世界级的品牌。

6.1　货运服务创业公司的非线性回归模型

作为一个货运服务创业公司，从获取最大收益这个目的考虑，公司要尽量使已有资源得到充分利用，并且尽量多地吸引客户来托运，还要从公司的实际情况

---

① 唐金湘. 创新创业驱动下中国服务贸易出口影响因素实证分析[J]. 经贸实践，2016，23(14)：27-29.

② 刘馨蔚."中国制造"到"中国创造"依然路漫漫[J]. 中国对外贸易，2016，36(6)：21-22.

③ Djellal F，Gallouj F. Services and the search for relevant innovation indicators：A review of national and international surveys[J]. Science and Public Policy，1999，26(4)：218-232.

④ Baker W E，Sinkula J M. The complementary effects of market orientation and entrepreneurial orientation on profitability in small businesses[J]. Journal of Small Business Management，2009，47(4)：443-464.

出发,运用各种方法做好合理准确的预测,这些都是公司正常运营的先决条件①。货运服务创业公司要想长期稳定地发展下去,对下一时期客户申请量的合理准确的预测是非常重要的。货运服务创业公司给予批复的参考因素有很多,其中最主要的就是依据对这一阶段申请量的预测。做好合理准确的预测,一方面,可以最大限度地利用已有的资源,减少资源浪费,使货运服务创业公司获得尽量多的收益;另一方面,可以满足尽量多的客户的要求,为货运服务创业公司吸引更多的客源,同时还能随时保证满足老客户的要求,为公司提供稳定的客源②。

6.1.1 问题的产生与分析

1. 问题的产生

某货运服务创业公司拥有三辆卡车,每辆载重量均为8 000kg,可载体积为9.084m^3,该公司为客户从甲地托运货物到乙地,收取一定费用。托运货物可分为4类:A类鲜活类;B类禽苗类;C类服装类;D类其他类。公司有技术实现4类货物任意混装。平均每类、每千克所占体积和相应托运单价如表6.1所示。

表6.1 各类货物每千克所占体积及相应托运单价

类　别	A类鲜活类	B类禽苗类	C类服装类	D类其他类
体积/(m^3/kg)	0.001 2	0.001 5	0.003	0.000 8
托运单价/(元/kg)	1.7	2.25	4.5	1.12

托运手续是客户首先向货运服务创业公司提出托运申请,公司给予批复,客户根据批复量交货给公司托运。申请量与批复量均以kg为单位。例如,客户申请量为1 000kg,批复量可以为0~1 000kg内的任意整数,若取0则表示拒绝客户的申请。

问题1:如果某天客户申请量为A类6 500kg,B类5 000kg,C类4 000kg,D类3 000kg,要求C类货物占的体积不能超过B、D两类体积之和的三倍(注意:仅在问题1中做此要求)。问货运服务创业公司应如何批复才能使得公司获利最大?

问题2:每天各类货物的申请总量是随机量,为了获取更大收益,需要对将来的申请总量进行预测。现有一个月的数据如表6.2所示,请预测其后7天内,每天各类货物申请量大约是多少。

① Covin J G, Green K M, Slevin D P. Strategic process effects on the entrepreneurial orientation—sales growth rate relationship[J]. Entrepreneurship Theory and Practice, 2008, 30(1): 57-81.

② Arvanitis S. Explaining innovative activity in service industries: Micro data evidence for Switzerland[J]. Economics of Innovation and New Technology, 2008, 17(3): 209-225.

表 6.2　某月申请量数据表　　单位：kg

日　期	A 类	B 类	C 类	D 类	总计
1	1 601	2 845	4 926	2 239	11 611
2	5 421	2 833	2 871	243	11 368
3	1 890	4 488	4 447	2 750	13 575
4	4 439	4 554	2 996	1 484	13 473
5	1 703	2 928	5 088	4 378	14 097
6	3 232	3 497	2 829	3 593	13 151
7	376	2 261	3 893	2 117	8 647
8	1 167	6 921	6 706	1 873	16 667
9	1 897	1 391	8 064	1 750	13 102
10	3 737	3 580	3 386	5 938	16 641
11	1 807	4 451	5 317	1 459	13 034
12	1 628	2 636	3 112	7 757	15 133
13	1 723	3 471	4 226	2 441	11 861
14	2 584	3 854	4 520	1 373	12 331
15	1 551	3 556	3 494	2 365	10 966
16	2 479	2 659	2 918	2 660	10 716
17	1 199	4 335	2 860	3 078	11 472
18	4 148	2 882	5 514	3 636	16 180
19	2 449	4 084	2 008	3 081	11 622
20	2 026	1 999	5 822	3 204	13 051
21	1 690	2 889	2 840	1 318	8 737
22	3 374	2 175	2 893	4 083	12 525
23	2 015	2 510	1 121	3 833	9 479
24	2 480	3 409	1 663	1 773	9 325
25	850	3 729	2 736	2 519	9 834
26	2 249	3 489	4 552	6 050	16 340
27	1 674	3 172	8 794	4 710	18 350

续表

日　期	A类	B类	C类	D类	总计
28	3 666	4 568	5 552	1 179	14 965
29	2 029	4 015	11 953	2 393	20 390
30	1 238	3 666	9 552	2 579	17 035

问题3：一般情况下，客户的申请是在一周前随机出现的，各类申请单立即批复，并且批复后既不能更改，也不能将拒绝量(即申请量减批复量)累计到以后的申请量中。请根据对下周7天中各类货物申请量的预测，估算这7天的收益各为多少。

2. 问题分析

货运服务创业公司的收益问题是一个求最大收益的规划问题。作为一个公司，盈利是其根本目的，即获得最大利润。从这个目的考虑，货运服务创业公司要尽量使已有资源得到充分利用，并且尽量多地吸引客户来托运。还要做好合理准确的预测。这些都是货运服务创业公司正常运营的先决条件。

(1) 对问题1的分析：问题1要求在知道某天客户申请量的情况下，计算货运服务创业公司如何批复，才能使公司获得最大收益。现在我们已知货运服务创业公司拥有三辆卡车，每辆载重量均为8 000kg，可载体积为9.084m³。为保证货运服务创业公司获得最大收益，应尽量充分利用已有资源，使托运量尽可能接近卡车运载的最大值。即：总运货量小于等于24 000kg，运货体积小于等于27.252m³。再加入C类货物的体积约束，批复量应小于等于申请量的约束，以及整数约束。我们可以根据这些约束条件，以最大收益为目标，建立一个整数规划模型，再用Lingo软件对模型进行求解，即可得到货运服务创业公司当天的最大收益[①]。

(2) 对问题2的分析：对申请量进行预测是货运服务创业公司的一项重要内容，问题2要求根据已知的一个月的申请量数据，预测其后7天内，每天各类货物的申请量大概是多少。为保证预测的可靠性，可用三种方法(例如，灰色模型，趋势比率法和随机时间序列模型)同时进行预测，分别从不同角度分析说明，得出其后7天每天各类货物的申请量。

(3) 对问题3的分析：问题3是在问题2的预测基础上，根据对后7天中各类货物申请量的预测，估算这7天的收益是多少。其中要求对各类货物的申请单立即批复，批复后不能更改，并且不能将拒绝量(即申请量减批复量)累计到以后作为申请量。问题3实质是要求我们根据后7天中各类货物申请量的预测，货运服务创业公司如何批复，才能使收益最大。由于问题3和问题1很相似，所以同样可以利用问题2所预测的申请量结果，然

① 谢金星，薛毅. 优化建模与LINDO/LINGO软件[M]. 北京：清华大学出版社，2006.

后加上本身的约束条件建立货运服务创业公司效益预计整数规划模型①。

3. 符号说明

R：货运服务创业公司的日收益；

x_i：第 i 类货物每日的批复量；

p_i：货运服务创业公司收到客户的货物申请量；

C_i：第 i 类货物每千克所对应的托运单价；

v_i：第 i 类货物每千克所对应的体积。

4. 基本假设

(1) 每辆卡车均能在最大限度内正常使用；

(2) 给出的数据真实可靠；

(3) 货运服务创业公司在托运过程中没有发生任何意外；

(4) 客户在提出申请后不会因特殊原因而退出申请；

(5) 卡车在两地间托运的基本成本费不变；

(6) 天气状况良好，交通没有受到天气的影响。

6.1.2　模型的建立与求解

1. 模型 1(整数规划模型，求解问题 1)

问题 1 要求在知道某天客户的申请量的情况下，计算如何批复，才能使货运服务创业公司获利最大。这是一个简单的规划问题，可建立规划模型。我们以货运服务创业公司的收益最大为目标函数，以最大体积、最大载重、最大批复量、整数以及 C 类货物体积的特殊约束等约束为条件，建立整数规划模型如下。

货运服务创业公司收益最大为目标函数：

$$\max R = \sum_{i=1}^{4} x_i c_i$$

约束条件：① 最大体积约束：$\sum_{i=1}^{4} v_i x_i \leqslant 9.084 \times 3$；② 最大载重约束：$\sum_{i=1}^{4} x_i \leqslant 8\,000 \times 3$；③ 最大批复量约束：$x_i \leqslant p_i$；④C 类货物体积的特殊约束；⑤$v_3 x_3 \leqslant 3 \times (v_2 x_2 + v_4 x_4)$；⑥ 整数约束：$x_i \geqslant 0, x_i$ 为整数$(i = 1,2,3,4)$。

我们用 LINGO 软件对上述模型进行求解，解得货运服务创业公司的最大收益及批复方案如表 6.3 所示。

---

① 韩中庚. 数学建模方法及其应用[M]. 北京：高等教育出版社，2006.

表 6.3　最大收益及批复方案数据表　　单位：kg

类　别	A 类鲜活类	B 类禽苗类	C 类服装类	D 类其他类
批复量	6 460	5 000	4 000	0
最大收益 R	40 232			

从上述结果可以看出：货运服务创业公司从盈利角度出发，在满足各类约束的条件下，首先保证单价最高的 C 类货物的托运，其次是 B 类货物，再次是 A 类货物；而对于 D 类货物，如果还有运输能力就运，没有的话就不托运 D 类货物。这个结果虽然是最优方案，但从实际角度考虑，作为一家货运服务创业公司，不可能完全拒绝客户货物托运的申请，因为这样不仅会影响公司声誉，还会失去与一些大客户长期合作的机会，同时还会引起一些老客户的不满。这些因素都会直接影响货运服务创业公司以后的长期稳定发展，所以在实际运用过程中，还要具体问题具体分析，随机应变，保证货运服务创业公司的长期稳定发展。

然后根据上述限制条件，利用 MATLAB 数学软件求得最优解[①]，如表 6.4 所示（程序见附录 6.1）。

表 6.4　最优解

第 i 种货物 / 第 j 辆车	第一种货物	第二种货物	第三种货物	第四种货物
第一辆车/kg	0	5 000	528	0
第二辆车/kg	0	0	3 028	0
第三辆车/kg	6 460	0	444	0
总计/kg	6 460	5 000	4 000	0

该托运公司批复：

第一种货物：6 460kg；第二种货物：5 000kg；第三种货物：4 000kg；第四种货物：0kg。

此时托运公司获得最大利润为 $M(x)=40\ 232.00$ 元。

2. 模型 2（灰色模型，求解问题 2）

灰色系统理论通过关联分析等措施提取建模所需要的变量，并在研究离散函数性质的基础上，对离散数据建立微分方程的动态模型，进而获得变量的时间响应函数。实践证明，灰色建模所需要的信息较少，精度较高，能较好地反映系统的实际状况[②]。

---

① 马莉. MATLAB 数学实验与建模[M]. 北京：清华大学出版社，2010.

② 袁嘉祖. 灰色系统理论及其应用[M]. 北京：科学出版社，1991.

我们先利用货运服务创业公司已知的 30 天的申请量建立 GM(1,1)模型,通过这个模型可对货物未来 7 天的申请量进行预测,得到后 7 天的申请量预测值如表 6.5 所示。

表 6.5　后 7 天的申请量预测

日期	1	2	3	4	5	6	7
申请量	1 871.63	1 846.92	1 822.53	1 798.47	1 774.72	1 751.29	1 728.16

我们采用 MATLAB 数学软件对 A 类,B 类,C 类,D 类货物 30 天的申请量数据进行分析发现:这 4 类货物的申请量都存在异常点,于是我们考虑剔除异常点后再用灰色模型进行预测①。先用 A 类货物的数据进行计算,可得后 7 天的申请量预测值如表 6.6 所示。

表 6.6　第一组(A 类)

日期	1	2	3	4	5	6	7
申请量	2 098.61	2 092.54	2 086.49	2 080.45	2 074.43	2 068.42	2 062.44

我们用灰色模型预测 A 类货物 30 天的申请量与 30 天实际的申请量,再计算 A 类货物剔除异常点前后的均方误差(MSE),其中,均方误差 $\mathrm{MSE}=\dfrac{1}{N}\sum_{i=1}^{N}(y_t-\hat{y}_t)^2$。

异常点剔除前:$\mathrm{MSE}=\dfrac{1}{30}\times 34\,801\,859.18=1\,160\,061.973$

异常点剔除后:$\mathrm{MSE}=\dfrac{1}{29}\times 26\,393\,860.43=910\,133.1$

从上面的计算结果可以看出,A 类货物剔除异常点后的均方误差比没有剔除异常点前的均方误差要小。由此可以判断剔除异常点后的预测效果要好些,于是,对于 B 类、C 类、D 类货物申请量的预测,我们可以采用先剔除异常点再用灰色模型对其后 7 天的申请量进行预测。

类似地,可以对 B、C、D 类的后 7 天的申请量进行预测,得到后 7 天的申请量预测值分别如表 6.7～表 6.9 所示。

表 6.7　第二组(B 类)

日期	1	2	3	4	5	6	7
申请量	3 374.74	3 373.23	3 371.73	3 370.22	3 368.72	3 367.21	3 365.71

① 苏晓生. MATLAB 5.3 实例教程[M]. 北京:中国电力出版社,2000.

表 6.8　第三组(C 类)

日期	1	2	3	4	5	6	7
申请量	4 885.82	4 932.16	4 978.94	5 026.15	5 073.82	5 121.94	5 170.51

表 6.9　第四组(D 类)

日期	1	2	3	4	5	6	7
申请量	3 369.59	3 428.56	3 488.55	3 549.60	3 611.72	3 674.92	3 739.23

从预测结果可以发现,“A. 鲜活类,B. 禽苗类,D. 其他类”的预测结果比较稳定,而“C. 服装类”的申请量将会持续上升。于是我们猜想,衣服的申请量升高是因为这段时间可能是换季时节,人们对衣服的购买量比较大,所以市场上对衣服的需求量比较大,市场经营者为了得到高利润,需大量购进服装类;而对于“A. 鲜活类,B. 禽苗类,D. 其他类”的需求量随季节的变化不大,所以在一个层次上保持平稳。

3. 模型 3(趋势比率法,求解问题 2)

趋势比率法是根据历史上各期的实际值,首先建立趋势预测模型,求得历史上各期的趋势值,然后以实际值除以趋势值,进行同月(季)平均,计算季节指数,最后用季节指数和趋势值结合来求预测值的方法。

其预测步骤如下。

(1) 建立趋势预测模型求历史上各期的趋势值;

(2) 求趋势值季节比率,它是各实际值与相应时期趋势值的比值;

(3) 求季节指数,即把同期趋势季节比率平均;

(4) 建立趋势季节模型进行预测。

1) 建立趋势预测模型

根据 A 类货物的申请量用最小二乘法求参数 a、b,建立趋势预测模型。

代入$a = \bar{y} - b\bar{t}$

$$b = \frac{n\sum ty - \sum t \sum y}{n\sum t^2 - (\sum t)^2}$$

其中,$\bar{t} = \frac{1}{n}\sum t, \bar{y} = \frac{1}{n}\sum Y$。

$\bar{t}=\frac{1}{30}\times 465=15.5$;$\bar{y}=\frac{1}{30}\times 68\ 322=2\ 277.4$;

$b=\frac{30\times 1\ 012\ 336-465\times 68\ 322}{30\times 9\ 455-216\ 225}=-20.76$;$a=2\ 277.4-51.6\times 15.5=2\ 599.18$。

所以有:$\hat{T}_1=2\ 599.18-20.76t$。

2）求历史各期的趋势值

$\hat{T}_1=2\ 599.18-20.76\times1=2\ 578.42$

$\hat{T}_2=2\ 599.18-20.76\times2=2\ 577.66$

……

3）求趋势季节比率

$\bar{f}_i=\dfrac{y_t}{\hat{T}_t}$；$\bar{f}_1=\dfrac{1\ 601}{2\ 578.42}=0.620\ 9$；$\bar{f}_2=\dfrac{5\ 421}{2\ 557.66}=2.119\ 5$；…

4）计算季节指数

表 6.10 中第 4 行的同季平均数的合计本应是 700%，但合计数为 709.16%，故要进行修正：

$$修正系数=\frac{700}{709.16}=0.987\ 1$$

以修正系数 0.987 1 乘上同季平均数，可得季节指数 F_i（$i=1,2,3,4,5,6,7$）：

$F_1=83.83\%\times0.987\ 1=0.827\ 5$；$F_2=123.73\%\times0.987\ 1=1.221\ 3$；…

结果填入表 6.10 的最后一行。

表 6.10　季节指数计算表　　单位：kg

时间	星期一	星期二	星期三	星期四	星期五	星期六	星期日
第 1 周	0.620 9	2.119 5	0.74 5	1.764 2	0.682 5	1.306 1	0.153 2
第 2 周	0.479 6	0.786 4	1.562 6	0.762 2	0.692 7	0.739 7	1.119 3
第 3 周	0.677 9	1.093 5	0.533 8	1.863 9	1.110 8	0.927 7	0.781 4
第 4 周	1.574 8	0.949 7	1.180 4	0.408 6	1.092 1	0.821 1	1.816 7
合计	3.353 2	4.949 1	4.021 8	4.798 9	3.578 1	3.794 6	3.870 6
同季平均	0.838 3	1.237 3	1.005 5	1.199 7	0.894 5	0.948 7	0.967 7
季节指数	0.827 5	1.221 3	0.992 5	1.184 2	0.883 0	0.936 4	0.955 2

5）进行预测

预测模型为：$\hat{y}_t=\hat{T}_t\cdot F_i=(2\ 599.18-20.76t)F_i\qquad(i=1,2,3,4,5,6,7)$

先计算趋势值，由 $\hat{T}_t=2\ 599.18-20.76t$ 得表 6.11。

表 6.11　趋势值

时间	星期一	星期二	星期三	星期四	星期五	星期六	星期日
时间顺序	31	32	33	34	35	36	37
趋势值	1 955.62	1 934.86	1 914.1	1 893.34	1 872.58	1 851.82	1 831.06

再计算预测值：预测值＝趋势值×季节指数。

我们可以预测 A 类货物后 7 天的申请量如表 6.12 所示。

表 6.12　预测 A 类货物后 7 天的申请量

日期	第 1 天	第 2 天	第 3 天	第 4 天	第 5 天	第 6 天	第 7 天
申请量	1 618.25	2 363.07	1 899.71	2 242.19	1 653.46	1 734.07	1 748.97

对于 B 类、C 类、D 类货物后 7 天的申请量，采用同样的方法，可算得 B 类、C 类、D 类货物后 7 天申请量的预测值如表 6.13 所示。

表 6.13　B 类、C 类、D 类货物后 7 天的申请量预测

日期	第 1 天	第 2 天	第 3 天	第 4 天	第 5 天	第 6 天	第 7 天
B 类	3 827.62	2 323.24	3 908.01	3 858.07	3 251.45	2 999.58	3 361.51
C 类	6 732.08	5 594.83	4 629.26	5 914.35	5 333.38	7 305.53	5 879.33
D 类	3 016.75	2 356.32	3 971.95	2 585.37	6 144.06	3 993.61	1 751.76

从上述的预测结果可以看出模型 3 的预测数据具有以下特点。

(1) 跳跃性比较大，这符合客户申请量的随机性的规律，符合实际情况。

(2) 预测数据的数值都在一定的范围内波动，但波动范围不大，这就增加了预测的可信度。

4. 模型 4(ARIMA 模型，求解问题 2)

ARIMA 模型(又称 Box-Jenkins 模型)是 20 世纪 70 年代以来发展起来并在数学上比较成熟的随机时间序列预测方法，已经在包括经济预测在内的许多领域得到了应用，是国内外一致认同的最复杂、最高级的时间序列预测方法。下面介绍使用 ARIMA 模型预测货运服务创业公司的申请量[①]。

1) ARIMA 模型说明

ARIMA(p,d,q)模型由三个过程组成：自回归模型(Autoregressive model，简称 AR 模型)；移动平均模型(Moving Average, MA)；单整($I(d)$)与自回归移动平均模型(Autoregressive Moving Average, ARMA)。

(1) AR(p)，即自回归过程，是指一个过程的当前值是过去值的线性函数。

(2) MA(q)，即移动平均过程，是指模型值可以表示为过去残差项(也就是过去的模型拟合值与过去观测值的差)的线性函数。

---

① Lumpkin G T, Dess G G. Clarifying the entrepreneurial orientation construct and linking it to performance [J]. Academy of Management Review, 1996, 21(1): 135-172.

(3) 单整，是指将一个非平稳时间序列转化为平稳序列所要进行差分的次数。其意义在于：使非平稳序列转化为平稳序列，实现短期的均衡。同时这也是对非平稳性时序进行时间序列分析(ARMA 分析)的必要步骤。因为 ARMA 过程假设时序的均值和方差是平稳的。因此，当分析产生于 ARIMA 过程的数据时，首先就需要确定单整阶数，必要时应该对数据进行差分，使之达到均值平稳。例如，如果一个时序只需差分一次就可以将其转化为一个平稳序列，则称原序列为“一阶单整”或 $I(1)$。推广之，有 $I(d)$。另外，$I(0)$ 表示原序列是平稳序列。

(4) 自回归移动平均模型(ARMA)。

ARMA(p,q) 模型是指模型的自回归过程的阶数为 p，移动平均过程的阶数为 q。一般式为：

$$\hat{x}_t = a_0 + a_1 x_{t-1} + a_2 x_{t-2} + \cdots + a_p x_{t-p} + \beta_1 \varepsilon_{t-1} + \beta_2 \varepsilon_{t-2} + \cdots + \beta_q \varepsilon_{t-q} + u_t$$

其中，u_t 是方程的残差误差项①。

2) ARIMA 模型建模思路

以上三个模型要求原始数据是平稳的数列，如果数据不平稳的话，则要使用差分的方法使数据平稳化。有时为了使数据的方差平稳，还要对原始数据进行转换，通常采用的是取对数的方法。ARIMA 模型的建立分为以下 5 个阶段。

(1) 准备阶段：在得到一组样本数据后，应首先检验该数据的平稳性及零均值性。如果上述性质不能满足，则需做平稳化及零均值化处理。

(2) 模型识别，根据已知数据利用自相关系数和偏自相关系数来判断应该使用哪个模型，阶数为多少。

(3) 参数估计：即在已识别的模型及其除数的基础上，对模型参数进行估计，求出初始模型。

(4) 模型检验：即用统计检验的方法对初始模型的合理性进行检验。

(5) 进行预测：若模型通过检验，即可用此模型对序列的未来值进行预测。

ARIMA 模型不仅计算复杂，而且模型的识别困难。有时可能会给出几种不同的模型。有鉴于此，Akaike 和 Ozaki 提出了确定模型阶数的信息准则，简称 AIC(Akaike Information Criterion)。该准则规定 AIC 值最小的模型为最优化模型。

由于 ARIMA 模型在数学上的完善性以及预测精度高的特点，国外著名的统计软件如 EVIEWS、SPSS、SAS、STATISTICA 等均可以完成 ARIMA 模型的建立和预测过程②。本节建模中所使用的软件为 EVIEWS 和 SPSS。

---

① Poon J L, Ainuddin R A, Junit S H. Effects of self-concept traits and entrepreneurial orientation on firm performance[J]. International Small Business Journal, 2006, 24(1): 61-82.

② 姜启源，谢金星，邢文训等. 大学数学实验(第2版)[M]. 北京：清华大学出版社，2010.

3）ARIMA 模型建模步骤

(1) 时间序列$\{x_t\}$观察

根据时间序列$\{x_t\}$的时间序列图，自相关函数(ACF)图和偏相关函数(PACF)图，以及 ADF 单位根观察其是否存在异方差，其趋势以及识别该序列的平稳性。在此，x 表示 A 类货物 30 天的申请量。

先运用 EVIEWS 3.1 软件对原始时间序列绘制时间序列图，如图 6.1 所示[①]。

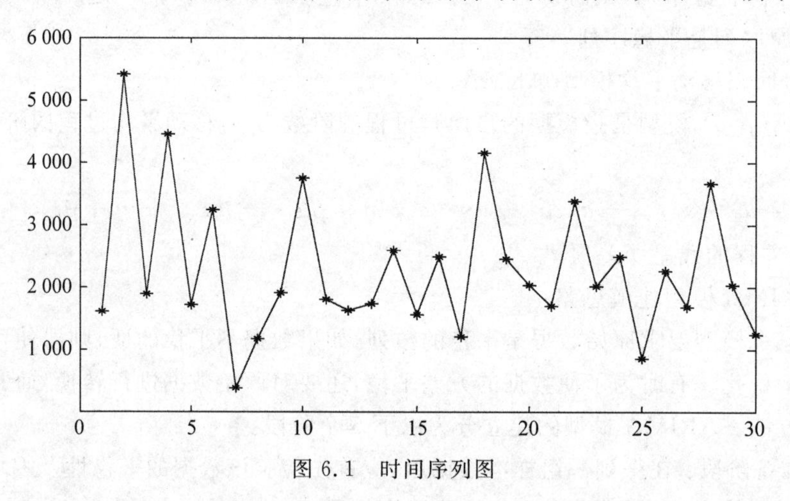

图 6.1　时间序列图

从图 6.1 很难判断序列的平稳性，于是再运用数组窗口中的 View→Unit Root Test 对$\{x_t\}$进行单位根检验，得到的 ADF＝－6.921 728 小于显著性水平 1％的临界值－3.675 2，因此我们拒绝零假设，即序列是平稳的。

(2) 模型识别，即选择是用 AR(p)、MA(q) 还是用 ARMA (p,q) 模型对平稳的时间序列进行估计。

① 若序列的 PACF(偏自回归函数) 图是截尾，而 ACF(自回归函数) 图是拖尾，则可断定此序列是适合 AR 模型的。

② 若平稳序列的 PACF 图是拖尾的，而 ACF 图是截尾的，则可断定此序列是适合 MA 模型的。

③ 若平稳序列的 PACF 图和 ACF 图均是拖尾的，则序列适合 ARMA 模型的。利用软件计算可以看出，$\{x_t\}$序列适合于 ARMA 模型分析。

(3) 进行 ARIMA(p,d,q) 模型定阶，然后对暂定的模型进行参数估计，检验其是否具有统计意义。由前面的分析可知，$I(d)$阶数为 0，即 $d=0$，现在主要对 ARMA 模型进行定阶分析。定阶方法有许多种，例如：

① 张晓峒. 计量经济学软件 EVIEWS 使用指南[M]. 天津：南开大学出版社，2003.

① LJUNG-Box (1978)检验。

② 可利用 ACF 图和 PACF 图的性质确定模型阶数。例如,AC 图表现为拖尾衰减,而 PAC 图在 PC 后出现截止特征,则该过程是一个 AR(p)模型;ARMA(p,q)模型的 AC 图在(q-p)滞后期之后由指数衰减和正弦衰减组成,其 PAC 图则是在(p-q)滞后期之后由指数衰减和(或)正弦衰减所控制。

③ 最佳准则函数定价法,即 AKAIKE 提出的 AIC 准则。该准则是在模型参数极大似然估计的基础上,对模型的阶数和相应参数同时给出一组最佳估计。AIC 准则是在给出不同模型的 AIC 计算公式基础上,选取使 AIC 达到最小的那一组阶数为理想阶数(见表 6.14)。本节运用 EVIEWS 软件完成这一过程[①]。通过 5 个模型的比较,ARMA (2,2) 的各项指标均优于其他 4 四个模型,特别是其 AIC 值比较小,即选定 ARMA(2,2)模型。

表 6-14 AIC 和 SC 准则对多个 ARMA 模型的比较

变量	ARMA(1,1)	ARMA(1,2)	ARMA(2,1)	ARMA(3,3)	ARMA(2,2)
AIC	16.543 89	16.543 89	16.445 57	16.337 49	16.278 42
SC	16.685 34	16.734 20	16.634 16	16.673 45	16.516 31

(4) 模型检验,也就是对模型残差项是否为白噪声过程的检验。如果模型通过检验,则可以进行预测,否则回到建模第三步——对选用模型类型进行重新识别。

通过对 ARMA(2,2) 残差的 ADF 检验,对 ACF 图和 PACF 图的观察,证实其残差接近白噪声序列,即残差序列模型为 ARIMA(0,0,0),这样最终确定 ARIMA (2,0,2)为平稳序列$\{x_t\}$的最佳预测模型。

(5) 预测。利用 ARIMA(2,0,2)模型对 A 类货物后 7 天的申请量进行预测。预测结果如表 6.15 所示。

表 6.15 A 类货物后 7 天申请量预测

时间	第 1 天	第 2 天	第 3 天	第 4 天	第 5 天	第 6 天	第 7 天
预测值	2 040.00	2 213.25	2 079.61	2 215.02	2 097.68	2 208.66	2 108.78

对于"B. 禽苗类,C. 服装类,D. 其他类"货物的申请量后 7 天的预测值,我们可以采用前面所说的方法,采用 ARIMA(p,d,q)模型进行预测,所得结果如表 6.16 所示。

① 于俊年. 计量经济学软件 EVIEWS 的使用[M]. 北京:对外经济贸易大学出版社,2006.

表 6.16　B 类、C 类、D 类货物后 7 天申请量预测

时　间	第 1 天	第 2 天	第 3 天	第 4 天	第 5 天	第 6 天	第 7 天
B 预测值	3 456.10	3 452.02	3 447.94	3 443.87	3 439.80	3 435.73	3 431.68
C 预测值	7 109.65	5 905.80	6 787.68	6 114.73	6 612.94	6 235.56	6 516.58
D 预测值	2 644.97	2 629.10	2 615.31	2 603.33	2 592.92	2 583.87	2 576.00

从预测结果可以发现：该模型与灰色模型的预测结果比较接近；“A. 鲜活类，B. 禽苗类，D. 其他类”的预测结果比较稳定；而“C. 服装类”的申请量波动性比较大，我们可以认为申请量的波动是由于换季所引起的；而“A. 鲜活类，B. 禽苗类，D. 其他类”的需求量随季节的变化不大，所以预测结果比较稳定。

三种方法得出的数据比较接近，这充分说明申请量数据预测的合理性，为下一步求解问题 3 打下了基础。

5. 模型 5（效益预计整数规划模型，求解问题 3）

问题 3 是在问题 2 的预测基础上，根据对后 7 天中各类货物申请量的预测，估算这 7 天的收益。其中要求对各类货物申请单立即批复，批复后不能更改，并且不能将拒绝量（即申请量减批复量）累计到以后作为申请量。根据已知条件，建立模型 5，解决问题 3。

1）模型的分析

模型 5 的主要依据是问题 2 中得出的各类货物申请量数据，作为一个整数规划模型，由于是建立在预测的基础上，所以该模型是货运服务创业公司的效益预计整数规划模型。

2）模型的建立与求解

货运服务创业公司收益最大为目标函数：$\max R = \sum_{i=1}^{4} x_i C_i$；

约束条件：

(1) 最大体积约束：$\sum_{i=1}^{4} v_i x_i \leqslant 9.084 \times 3$。

(2) 最大载重约束：$\sum_{i=1}^{4} x_i \leqslant 8\,000 \times 3$。

(3)最大批复量约束：$x_i \leqslant p_i$。

(4) 整数约束：$x_i \geqslant 0$，并且 x_i 为整数($i=1,2,3,4$)。

我们用 LINGO 软件，对上述模型进行求解，求得货运服务创业公司这 7 天的收益及批复方案如表 6.17 所示。

表 6.17　公司 7 天的收益情况表

方法 收益 时间	方法一	方法二	方法三
第 1 天	36 913.88	40 768.00	40 816
第 2 天	37 179.01	37 055.57	40 486.08
第 3 天	37 443.01	37 299.32	40 734.5
第 4 天	37 710.38	40 550.24	40 547.33
第 5 天	37 976.62	40 273.27	40 689.5
第 6 天	38 250.73	40 808.00	40 582.57
第 7 天	38 529.33	38 950.47	40 663.97

因此，货运服务创业公司为得到最大的收益，对每天、每类货物的批复量各不相同，具体数据可参见附录中的两个附表。

通过分析计算结果可以发现：因为三种方法预测得出的申请量给货运服务创业公司带来的收益相差不大，所以货运服务创业公司可以对三种方法进行比较选择，以较好的方法制定预测方案，为货运服务创业公司带来收益的同时，保证预测的准确性，使货运服务创业公司能够长期稳定发展。

接下来，利用 MATLAB 数学软件或者 LINGO 软件，我们很容易求得最优解，如表 6.18 所示(程序见附录 6.2)。

表 6.18　最优解

时间	A 类货物/kg	B 类货物/kg	C 类货物/kg	D 类货物/kg	最大收益/元
第 1 天	2 315	3 978	4 344	3 889	36 790
第 2 天	2 312	3 986	4 346	3 916	36 842
第 3 天	2 309	3 994	4 347	3 942	36 888
第 4 天	2 307	4 001	4 349	3 968	36 939
第 5 天	2 304	4 008	4 350	3 994	36 983
第 6 天	2 302	4 015	4 352	4 018	37 031
第 7 天	2 299	4 022	4 353	4 042	37 073

6.1.3 模型灵敏度分析

通过以上分析可知：对模型结果产生影响的因素主要有各托运货物的体积 v_i，托运单价 c_i 和每天的申请量 p_i。我们针对这些参数进行灵敏度分析，模型对这些参数的敏感性反映了各种因素影响结果的显著程度，反之，通过对模型参数的稳定性和敏感性分析，又可以反映和检验模型的实际合理性。

1. 托运货物的体积 v_i 的灵敏度分析

托运货物的体积变化影响到货运服务创业公司的最大载货量，从而对货运服务创业公司的收益产生影响。下面分析在其他条件不变的情况下，托运货物的体积 v_i 对模型5结果的影响程度。分别将 v_i 减少5%，10%，不变以及增加5%，10%，15%时，计算得到相应的最大收益，结果如表6.19所示。

表 6.19　v_i 的变化对收益的影响

体　积	最大收益	体　积	最大收益
$v_i(1-5\%)$	42 240.38	$v_i(1+5\%)$	38 393.20
$v_i(1-10\%)$	43 660.00	$v_i(1+10\%)$	36 722.07
v_i	40 232.00	$v_i(1+15\%)$	35 196.05

从计算结果可看出：当托运货物的体积减小到 $v_i(1-5\%)$ 后继续减小，该货运服务创业公司的最大收益不再增加，即公司有足够的载货空间来完成运输；当大于 $v_i(1-5\%)$ 时，公司的最大收益与托运货物的体积成线性关系，随着体积的增大，公司的最大收益逐渐下降。从中可看出托运货物的体积 v_i 对模型5的影响还是比较显著的。

2. 托运单价 C_i 的灵敏度分析

类似地，我们可以在其他因素不变的情况下，对托运单价 C_i 进行灵敏度分析。可看出，该货运服务创业公司的日最大收益与货物的托运单价大致成线性关系，随着托运单价 C_i 的增加，货运服务创业公司的最大收益也增加，反之则减少。所以货运服务创业公司应该认真确定托运单价，因为它会影响到公司的收益和客户的申请量。

3. 每日的申请量 p_i 的灵敏度分析

同理，我们可以在其他因素不变的情况下，对每日的申请量 p_i 进行灵敏度分析，可以看出：当各类货物的每日申请量小于4 500kg时，货运服务创业公司的日最大收益与 p_i 是呈线性增加的，之后增加逐渐缓慢；当每日申请量 p_i 大于7 000kg时，货运服务创业公司的日最大收益不再增加，因为这时公司已经满负荷工作了，此时批复量也不再变化了。

6.1.4　模型的评价、改进和推广

1. 模型的评价

1）模型的优点

(1) 利用数学工具，通过 LINGO，MATLAB，EVIEWS 等软件进行编程的方法，严格地对模型求解，具有科学性；

(2) 建立的模型能与实际紧密联系，结合实际情况对所提出的问题进行求解，使模型更贴近实际；

(3) 在进行预测时，采用三种不同的方法，从三种理论角度分别进行分析预测，使预测结果更准确，贴合实际，并为问题 3 的求解做好铺垫；

(4) 模型分别对所涉及的重要参数进行了灵敏度分析，为货运服务创业公司制定方案提供了有价值的参考。

2）模型的缺点

(1) 模型虽然综合考虑了很多因素，但为了简化模型，理想化了许多影响因素，具有一定的局限性，得到的最优方案可能与实际有一定的出入；

(2) 在模型 5 中不能准确给出 4 种货物最切实际的比例，使得模型结论与实际仍有一定差距；

(3) 问题 3 的求解是建立在对问题 2 的求解基础之上的，存在较多的不稳定因素。

2. 模型的改进

在建立模型的过程中，为了简化模型，理想化了许多因素，例如：假设每辆卡车均能在最大限度内正常使用，卡车是连续不断运行的。但在实际工作中，随着车龄的增加，卡车的最大载重量和最大体积约束会相应降低，并且卡车也不能每天都参加工作，要定期适当地安排检修时间，以降低货运服务创业公司车辆事故发生的可能性，从而减少公司的损失和不必要的支出。因此，在建立模型的过程中应该考虑卡车的实际情况，加入卡车安排和使用方案，建立新的模型将更能反映实际情况，更切合货运服务创业公司的实际利益。

3. 模型的推广

1）整数规划模型的推广

整数规划模型是典型的规划模型，在实际生活中有着广泛的使用空间。对于货运服务创业公司批复方案的模型，可以从处理对象和生产计划等多方面进行推广。

2）预测模型的推广

预测问题是一个普遍性问题，尤其作为经典预测的灰色模型和 ARIMA 模型，更能得到更广泛的应用，例如，可推广到人口、经济、财务等方面的预测。ARIMA 模型已经在包括经济预测在内的许多领域得到了应用。

6.1.5 附录与附表

1. 附录 6.1

```
<matlab>
Clear;
c=[-1.7;-1.7;-1.7;-2.25;-2.25;-2.25;-4.5;-4.5;-4.5;-1.12;-1.12;-1.12];
a=[1 1 1 0 0 0 0 0 0 0 0 0;
    0 0 0 1 1 1 0 0 0 0 0 0;
    0 0 0 0 0 0 1 1 1 0 0 0;
    0 0 0 0 0 0 0 0 0 1 1 1;
    0.0012 0 0 0.0015 0 0 0.003 0 0 0.0008 0 0;
    0 0.0012 0 0 0.0015 0 0 0.003 0 0 0.0008 0;
    0 0 0.0012 0 0 0.0015 0 0 0.003 0 0 0.0008;
    0 0 0 -0.0045 -0.0045 -0.0045 0.003 0.003 0.003 -0.0024 -0.0024 -0.0024];
b=[6500;5000;4000;3000;9.084;9.084;9.084;0];
lb=zeros(12,1);
[x,fval,exitflag,output]=linprog(c,a,b,[],[],lb,[])
<ingo>
Max=1.7*(x11+x12+x13)+2.25*(x21+x22+x23)+4.5*(x31+x32+x33)+1.12*(x41+
x42+x43);
(x11+x12+x13)<6500;
(x21+x22+x23)<5000;
(x31+x32+x33)<4000;
(x41+x42+x43)<3000;
0.0012*x11+0.0015*x21+0.003*x31+0.0008*x41<9.084;
0.0012*x12+0.0015*x22+0.003*x32+0.0008*x42<9.084;
0.0012*x13+0.0015*x23+0.003*x33+0.0008*x43<9.084;
0.003*(x31+x32+x33)<3*(0.0015*(x21+x22+x23)+0.0008*(x41+x42+x43));
-x11<0;
-x12<0;
-x13<0;
-x21<0;
-x22<0;
-x23<0;
-x31<0;
-x32<0;
-x33<0;
-x41<0;
```

```
-x42<0;
-x43<0;
@gin (x11);
@gin (x12);
@gin (x13);
@gin (x21);
@gin (x22);
@gin (x23);
@gin (x31);
@gin (x32);
@gin (x33);
```

2. 附录 6.2

以第 31 天 A 类货物数据为例：

```
<matlab>
Clear;
c=[-1.7;-1.7;-1.7;-2.25;-2.25;-2.25;-4.5;-4.5;-4.5;-1.12;-1.12;-1.12];
a=[1 1 1 0 0 0 0 0 0 0 0 0;
   0 0 0 1 1 1 0 0 0 0 0 0;
   0 0 0 0 0 0 1 1 1 0 0 0;
   0 0 0 0 0 0 0 0 0 1 1 1;
   0.0012 0 0 0.0015 0 0 0.003 0 0 0.0008 0 0;
   0 0.0012 0 0 0.0015 0 0 0.003 0 0 0.0008 0;
   0 0 0.0012 0 0 0.0015 0 0 0.003 0 0 0.0008];
b=[2315;3978;4344;3889;9.084; 9.084;9.048]
lb=zeros(12,1);
[x,fval,exitflag,output]=linprog(c,a,b,[],[],lb,[])
<ingo>
Max=1.7*(x11+x12+x13)+2.25*(x21+x22+x23)+4.5*(x31+x32+x33)+1.12*(x41+
x42+x43);
(x11+x12+x13)<2315;
(x21+x22+x23)<3978;
(x31+x32+x33)<4344;
(x41+x42+x43)<3889;
0.0012*30000.0015*x21+0.003*x31+0.0008*x41<9.084;
0.0012*x12+0.0015*x22+0.003*x32+0.0008*x42<9.084;
0.0012*x13+0.0015*x23+0.003*x33+0.0008*x43<9.084;
-x11<0;
-x12<0;
```

```
-x13<0;
-x21<0;
-x22<0;
-x23<0;
-x31<0;
-x32<0;
-x33<0;
-x41<0;
-x42<0;
-x43<0;
@gin (x11);
@gin (x12);
@gin (x13);
@gin (x21);
@gin (x22);
@gin (x23);
@gin (x31);
@gin (x32);
@gin (x33);
```

3. 附表一

表 6.20　货运服务创业公司对每天、每类货物的批复量　　单位：kg

日期	A 类	B 类	C 类	D 类	总计
1	1 601	2 845	4 926	2 239	11 611
2	5 421	2 833	2 871	243	11 368
3	1 890	4 488	4 447	2 750	13 575
4	4 439	4 554	2 996	1 484	13 473
5	1 703	2 928	5 088	4 378	14 097
6	3 232	3 497	2 829	3 593	13 151
7	376	2 261	3 893	2 117	8 647
8	1 167	6 921	6 706	1 873	16 667
9	1 897	1 391	8 064	1 750	13 102
10	3 737	3 580	3 386	5 938	16 641
11	1 807	4 451	5 317	1 459	13 034

续表

日期	A 类	B 类	C 类	D 类	总计
12	1 628	2 636	3 112	7 757	15 133
13	1 723	3 471	4 226	2 441	11 861
14	2 584	3 854	4 520	1 373	12 331
15	1 551	3 556	3 494	2 365	10 966
16	2 479	2 659	2 918	2 660	10 716
17	1 199	4 335	2 860	3 078	11 472
18	4 148	2 882	5 514	3 636	16 180
19	2 449	4 084	2 008	3 081	11 622
20	2 026	1 999	5 822	3 204	13 051
21	1 690	2 889	2 840	1 318	8 737
22	3 374	2 175	2 893	4 083	12 525
23	2 015	2 510	1 121	3 833	9 479
24	2 480	3 409	1 663	1 773	9 325
25	850	3 729	2 736	2 519	9 834
26	2 249	3 489	4 552	6 050	16 340
27	1 674	3 172	8 794	4 710	18 350
28	3 666	4 568	5 552	1 179	14 965
29	2 029	4 015	11 953	2 393	20 390
30	1 238	3 666	9 552	2 579	17 035

4. 附表二

表 6.21　货运服务创业公司对每天、每类货物的累计批复量　　单位：kg

日期	A 类累计	B 类累计	C 类累计	D 类累计	日总量累计
1	1 601	2 845	4 926	2 239	11 611
2	7 022	5 678	7 797	5 678	22 979
3	8 912	10 166	12 244	10 166	36 554
4	13 351	14 720	15 240	14 720	50 027

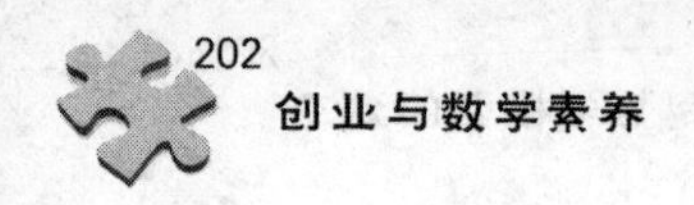

续表

日期	A类累计	B类累计	C类累计	D类累计	日总量累计
5	15 054	17 648	20 328	17 648	64 124
6	18 286	21 145	23 157	21 145	77 275
7	18 662	23 406	27 050	23 406	85 922
8	19 829	30 327	33 756	30 327	102 589
9	21 726	31 718	41 820	31 718	115 691
10	25 463	35 298	45 206	35 298	132 332
11	27 270	39 749	50 523	39 749	145 366
12	28 898	42 385	53 635	42 385	160 499
13	30 621	45 856	57 861	45 856	172 360
14	33 205	49 710	62 381	49 710	184 691
15	34 756	53 266	65 875	53 266	195 657
16	37 235	55 925	68 793	55 925	206 373
17	38 434	60 260	71 653	60 260	217 845
18	42 582	63 142	77 167	63 142	234 025
19	45 031	67 226	79 175	67 226	245 647
20	47 057	69 225	84 997	69 225	258 698
21	48 747	72 114	87 837	72 114	267 435
22	52 121	74 289	90 730	74 289	279 960
23	54 136	76 799	91 851	76 799	289 439
24	56 616	80 208	93 514	80 208	298 764
25	57 466	83 937	96 250	83 937	308 598
26	59 715	87 426	100 802	87 426	324 938
27	61 389	90 598	109 596	90 598	343 288
28	65 055	95 166	115 148	95 166	358 253
29	67 084	99 181	127 101	99 181	378 643
30	68 322	102 847	136 653	102 847	395 678

6.2　在线旅游创业公司的决策数学模型

在线旅游电子商务的概念始于 20 世纪 90 年代，最初是瑞佛·卡兰克塔（Ravi Kalakota）提出的，约翰·海格尔（John Hagel）对其做了进一步的研究与发展。在线旅游发展至今不过 20 余年时间，还属于一个新兴产业[①]。Hanne Swerthner 和 Francesc Ricci 研究了互联网发展的影响及其旅游产业的内部信息流特征，并从价值产业链的方面研究了旅游产业的市场结构，并对旅游信息系统发展的趋势进行了分析及预测[②]。Sherif Kamel 和 Ahmed 对埃及旅游业的优势与劣势进行了分析，在以开罗国王酒店为对象进行研究后指出，埃及的中小旅游公司应该充分推进在线旅游业务以增加公司的盈利[③]。

我国国务院在 2009 年 12 月正式下发了《国务院关于加快发展旅游业的意见》，其中明确指出，要把旅游业培育成国民经济的战略性支柱产业和人民群众更加满意的现代服务业[④]。随着人们生活水平的日益提高，人们的旅游需求量越来越大，我国政府相继出台了多项相关政策和举措，刺激旅游消费，2010—2013 年全国旅游总收入几乎翻了一番，潜在市场仍然十分庞大[⑤]，如图 6.2 所示。

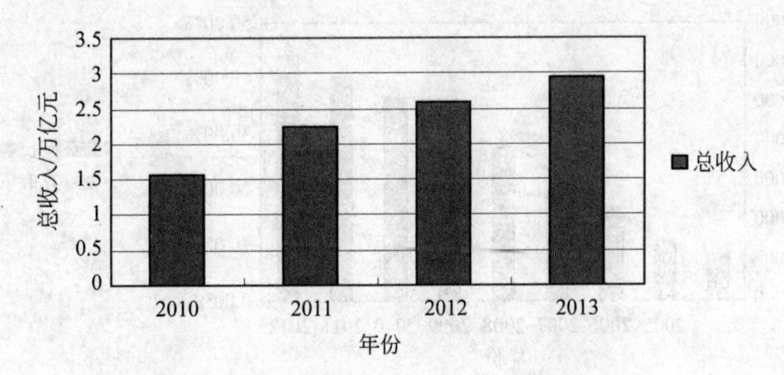

图 6.2　2010—2013 年全国旅游总收入

① 陈亚荣，马文礼．在线旅游平台的服务质量评价研究[J]．经营管理者，2016，4(1)：10-11.

② Werthner H，Ricci F．E-commerce and tourism[J]．Communications of the ACM，2004，47(12)：101-105.

③ Kamel S，El Sherif A．The role of small and medium-sized enterprises in developing Egypt's tourism industry using ecommerce[J]．International Conference on Management of Engineering and Technology，2001，3(2)：60-68.

④ 中华人民共和国国家旅游局．国务院关于加快发展旅游业的意见[EB/OL]．http：//baike. baidu. com/view/3138724. htm，2013-05-08.

⑤ 付承堃．2013 我国旅游业"三增一降"总收入 29 475 亿元[EB/OL]．http：//gb. cri. cn/42071/2014/01/17/6351s4394792. htm，2014-01-17.

2014 年 3 月，国务院总理李克强在全国两会上做政府工作报告时提到，要“重点发展养老、健康、旅游、文化等服务，落实带薪休假制度”。随着国家对旅游产业的重视，广大群众法定假日及带薪假期的增加，旅游业将在未来继续保持稳步增长。

与此同时，互联网也日新月异，飞速发展，其功能日益强大和完善，完全渗入日常生活的方方面面。中国网民规模及互联网普及率逐年升高①。

从图 6.3 及表 6.22 可以看出，中国网民数量巨大，但还未达到总人口的 50%，未来还有较大的增长空间。手机网民已经占据主流，未来还将快速上升，网络购物规模随之逐年上升②。

表 6.22 中国互联网络发展状况统计报告 单位：亿元

时 间	2011 年	2012 年	2013 年
网民规模	5.13	5.64	6.18
手机网民规模	3.56	4.2	5.00
网络购物规模	1.94	2.42	3.02

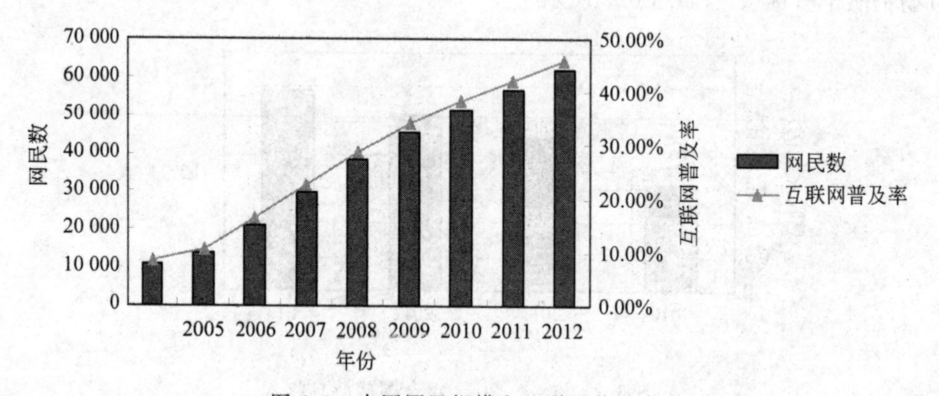

图 6.3 中国网民规模和互联网普及率

移动预订及支付市场已成为各在线商家竞争的重点，2014 年 2～3 月两大打车软件“滴滴”和“快的”在分别接入了微信支付和支付宝支付以后，展开了耗资巨大、全国参与的移动支付市场竞争活动。

① 夏青松，汝子报．电子商务环境下新型农民创业现状及对策分析[J]．农村经济与科技，2015，26(4)：168-169.

② 中国互联网络信息中心．第 33 次中国互联网络发展状况统计报告[EB/OL]．http：//www.cnnic.net.cn/hlwfzyj/hlwxzbg/hlwtjbg/201403/t20140305_46240.htm，2014-03-05.

互联网及网络购物的发展推动了旅游产业的变革，催生了在线旅游①。通过互联网，人们可以获得更全面的旅游信息，更便捷的服务，更透明的价格。越来越多的旅游者在互联网上搜索旅游相关信息，制定旅游计划和出行安排，在线订购旅游产品，分享旅游的心得体会②。

截至2013年12月，在网上预订过机票、酒店、火车票或旅行产品的网民规模达到1.81亿，年增长6 910万人，增幅61.9%，使用率提升至29.3%。2013年在网上预订火车票、机票、酒店和旅行行程的网民分别占比24.6%，12.1%，10.2%和6.3%。火车票网上预订比例上升最快，提升了10.6个百分点，成为整体在线旅行预订用户规模增长的主要贡献力量。统计数据表明，2013年中国在线旅游市场交易规模达到2 204.6亿元，比2012年同期增长了29.0%，如图6.4所示。

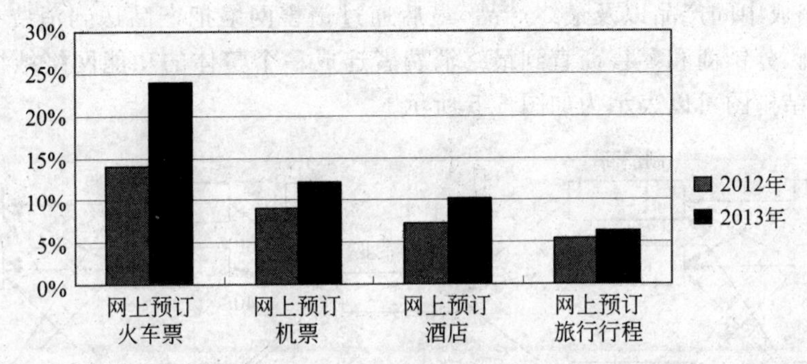

图6.4 2012—2013年中国网民各类在线旅行预订服务使用率

互联网逐步成为获取旅行信息的主要渠道，游客的消费习惯正在逐步改变，越来越多的人适应了互联网时代下的旅游消费③。旅游正在从线下向线上转移，在线旅游市场将持续增大④。但是总体交易规模仍然较小，2013年在线旅游交易规模约占2013年全国旅游总收入的7.5%，在线旅游未来发展空间非常巨大⑤。

尽管在线旅游蓬勃发展，成交数量也在逐年上升，但由于在线旅游创业公司持续的价

---

① Bobbitt L M, Dabholkar P A. Integrating attitudinal theories to understand and predict use of technology-based self-service: The internet as an illustration[J]. International Journal of Service Industry Management, 2001, 12(5): 423-450.

② Dobón S R, Soriano D R. Exploring alternative approaches in service industries: The role of entrepreneurship[J]. Service Industries Journal, 2008, 28(7): 877-882.

③ Carlson C. Customer service: An essential component for a successful website[J]. Marketing Health Services, 2000, 20(2): 28-30.

④ Carvalho L M C, Sarkar S. Market structures, strategy and innovation in tourism sector[J]. International Journal of Culture Tourism & Hospitality Research, 2014, 8(2): 153-172.

⑤ 程子彦. 在线旅游重新洗牌"非标品领域"成竞争蓝海[J]. 中国经济周刊, 2016, 4(3): 56-57.

格战和无序竞争，产品同质化严重，上游产品直接供应商直销力度加大①。在线旅游创业公司通过低价促销手段推进移动旅游发展等原因，在线旅游创业公司的实际利润率得不到相应的增长，整个行业营收规模增长速度变慢②。因此，建立一种有效的决策数学模型，使在线旅游创业公司从单一的价格战，转变为提升整个在线旅游产业供应链的竞争力，实现供应链上各节点公司的共赢，从而提高供应链的整体运作效率和收益，进而增强整个供应链的市场竞争力是本节研究的重点③。

6.2.1 供应链理论

1. 供应链

供应链是指围绕核心公司，通过对信息流、物流、资金流的有效控制，从采购产品原材料开始，到制成中间产品以及最终产品，最后通过销售网络把产品送到消费者手中，将供应商、制造商、分销商和零售商直到最终消费者连成一个整体的功能网络结构模式④。供应链的网络结构图可以表示为如图 6.5 所示⑤。

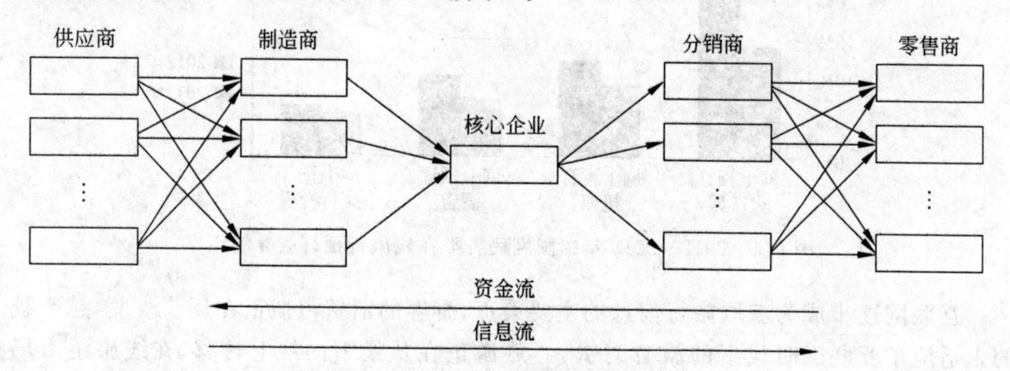

图 6.5 供应链的网络结构模型图

通常，包括供应商和消费者两个主体的供应链叫作二级供应链；包括制造商、供应商和零售商的供应链叫作三级供应链；而包括多个原材料供应商、制造商、分销商、零售商和

① Cho I, Park H, Choi J. The impact of diversity of innovation channels on innovation performance in service firms[J]. Service Business, 2011, 5(3): 277-294.

② Morosan C, Jeong M. Users' perceptions of two types of hotel reservation Web sites[J]. International Journal of Hospitality Management, 2008, 27(2): 284-292.

③ Buhalis D, Licata M C. The future e Tourism intermediaries[J]. Tourism Management, 2002, 23(3): 207-220.

④ 马士华，林勇，陈志祥. 供应链管理[M]. 北京：机械工业出版社，2016.

⑤ 甘卫华. 服务供应链的理论与实践[M]. 北京：冶金工业出版社，2010.

顾客的供应链叫作多级供应链[①]。

2. 三级供应链

包括制造商、供应商和零售商的供应链叫作三级供应链。目前，许多典型的供应链都是由制造商、分销商以及零售商组成的三级供应链，分销商作为连接供应链上下游的中间环节，是供应链中非常重要的一部分。因为分销商更接近零售商和消费者，所以能比制造商更快速准确地了解到产品的实际市场信息和客户对产品的反馈信息等，而且分销商可以集中多个零售商的需求量，统一向制造商订货，以提高订单的订货量，引起制造商的重视，以谈判到更低的交易价格，或者更有利的政策，并能替代制造商提供配送等相关服务，提高供应链的效率，降低供应链的总成本[②]。包括制造商、分销商以及零售商的三级供应链的网络结构图可以表示为如图6.6所示。

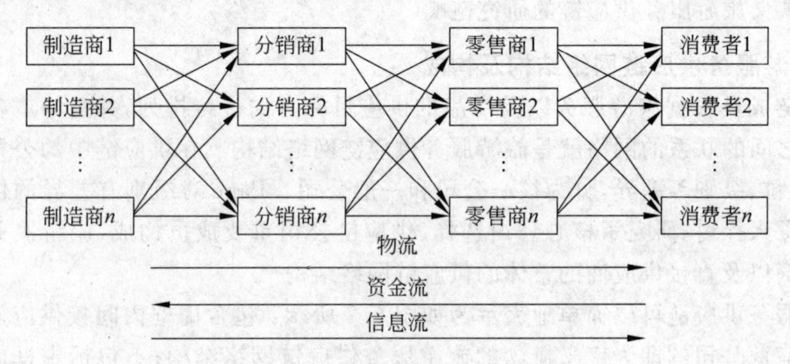

图6.6　三级供应链的网络结构图

6.2.2　旅游服务供应链

1. 旅游服务供应链内涵

服务供应链是指围绕服务核心公司，利用现代信息技术，通过对链上的能力流、信息流、资金流、物流等进行控制来实现用户价值与服务增值的过程[③]。

旅游服务供应链属于服务供应链的范畴，目前被国内外学术界分为广义旅游服务供应链和狭义旅游服务供应链两种。广义的旅游服务供应链认为供应链是由向旅游者提供旅游产品和服务的所有供应商及中间商所组成的，其中包括旅游者在旅游行程中向其直接购买或者消费的服务，或者商品的供应者和所有用来给旅游消费者提供服务和产品的

① Lee H，Whang S. Decentralized multi-echelon supply chains：Incentives and information[J]. Management Science，1999，45(5)：721-732.

② De Ruyter K，Wetzels M，Kleijnen M. Customer adoption of e-service：An experimental study[J]. International Journal of Service Industry Management，2000，12(2)：184-207.

③ 刘伟华，刘希龙. 中国物资出版社[M]. 北京：机械工业出版社，2009.

供应商[1]。旅游者消费的服务和产品包括纪念品、人文环境、垃圾处理系统、手工工艺品、食物生产、酒店、KTV、酒吧、景物标志以及政府带头建立的对旅游业的发展有促进作用的标志和基础设施等。也就是说，与旅游服务相关的产品的间接供应者、产品的直接供应者、政府部门、公司等提供不同旅游服务和产品的参与者构成的旅游组织网络就是旅游供应链。

狭义的旅游服务供应链不同于广义之处就在于，它不包含为旅游提供服务和产品的间接供应商。伍春和唐爱君提出旅游供应链是围绕满足旅游者的需求而构建的一种既包括食、宿、行、游、购、娱供应商，又包括分销商、零售商直至最终用户的网链结构[2]，属于狭义服务供应链的观点范围。

本节研究的在线旅游服务供应链并不考虑为旅游提供服务和产品的间接供应商，所以属于对狭义旅游服务供应链的研究范畴。

2. 旅游服务供应链网络结构及构成

供应链成员根据旅游服务以及产品的供应目标方向进行排列，并且构成各节点顾客和供应商之间的联系的网络就是旅游服务供应链网络结构。在供应链中的公司根据不同的等级、地位、级别等差异，分为核心公司和一般公司。Page 对级别有差异的供应商的市场结构有深入探讨，研究了核心公司选择、供应链公司重要成员构成、旅游服务和产品的间接供应商以及直接供应商的整体的供应链网络结构[3]。

旅游服务供应链可以简单地表示为如图 6.7 所示：包含虚框内间接供应旅游服务与产品的供应商公司的即为广义概念的旅游服务供应链网络结构；不包括虚框内间接供应旅游服务与产品的供应商公司的就是狭义概念的旅游服务供应链网络结构。在旅游服务供应链中，信息流在供应链上下流动，服务流由上游供应商向下游目标市场顾客流动，资金流由下游顾客向上游供应商流动。

6.2.3 供应链契约协调理论

1. 供应链协调

协调是通过科学的调控方法，使一个系统从无序状态转换为有序状态，最终达到系统的协同状态。系统各个节点的协调程度越好，系统的能力就越强，系统输出的结果就越有价值。对系统进行有效协调，可以使系统的整体功能大于各部分系统功能之和，达到高效的效果。因此，为了使供应链的各节点公司达到系统的协同状态，使供应链整体系统能力

---

① Damanpour F. E-business e-commerce evolution: Perspective and strategy[J]. Managerial Financial, 2001, 27(2): 16-33.

② 伍春，唐爱君. 旅游供应链模式及其可靠性评价指标体系构建[J]. 江西财经大学学报，2007，23(5)：107-109.

③ Page S J. Tourism management: Managing for change[M]. Oxford: Butter Worth Heinemann, 2003.

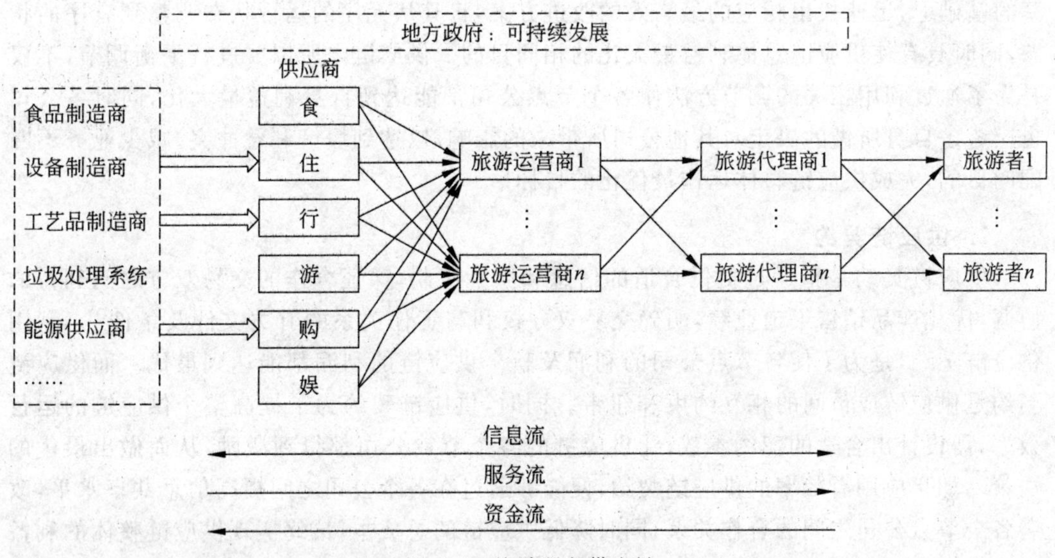

图 6.7　旅游服务供应链

增强，使各节点公司成员达到共赢，就有必要对供应链采用科学的方法，进行有效的协调管理①。

供应链由在供应链中有着不同地位，不同功能，但在供应链中都充当不可或缺、举足轻重的角色的各节点公司组成的，在供应链中，各节点公司既是竞争的关系，又是合作的关系。但是，在现实生活中，供应链上各节点公司往往都是以自身利润最大化为目的，来做出相关决策的，这样就有可能使供应链的整体效益降低，供应链整体优势不能发挥。所以，我们应当运用一定的方式和措施来协调管理供应链体系，通过对其利益个体以及供应链总体绩效的适当协调，使整个供应链体系实现最优。

供应链协调就是在供应链系统中，采用适当的协调激励机制，有效地协调整个系统，使系统中的信息流、物流、资金流能够顺利地在整条供应链上的所有节点公司中传输，从而提高信息共享性，使供应链成员间建立协同的合作关系。降低因为系统中信息不对称等原因造成的各环节的各种不确定性因素，最终实现供应链系统的协调，使供应链整体效益达到最优。

供应链协调的关键，在于尽可能消除供应链上各成员公司之间可能产生的各种不确定因素，常见的方法是创建一种长效的共享收益、共担风险的体制，通过这种方式来进一步巩固和稳定各供应链成员间的合作，在这种条件下，各个节点公司都可以在数据信息共

① Elenkov D S, Manev I M. Top management leadership and influence on innovation: The role of sociocultural context[J]. Journal of Management, 2005, 31(3): 381-402.

享的基础上，迅速找出相应的最高效的改进方案，将其从无序的运行状态调整到有序的状态，同时具有使供应链总体利益最大化的相同目的。供应链之所以要进行平衡调节，不仅是为了通过利用相关的调节方法使各个节点公司都能达到自身利益最大化，同时各公司也应考虑自身所做的决定对其他公司所带来的影响，以达到缓解利益冲突、减少业务不匹配的目的，完成供应链整体运作最优化的目标。

2. 供应链契约

供应链契约是指通过提供合适的信息和激励机制，保证合作的交易双方之间利益的协调，优化产品销售渠道业绩，明确交易双方权利与责任关系的有关文件及条件①。利用供应链契约，是为了使各节点公司的利润及整个供应链的利润都能达到最优。而供应链契约是供应链成员间的相互约束和纽带。同时，供应链契约为了提高整个供应链的运行效率，需设计出合适的契约参数，让供应链的各个节点公司都得到激励，从而做出最优的决策。如果应用有效率的供应链契约，便能够通过在各个公司之间提高信息共享水平，改善各个节点公司之间的合作关系，同时降低供应链的总成本，最终实现供应链整体的利益最优化。

目前，主要有以下几种比较常见的供应链协调契约类型：批发价格契约、利润共享契约、回购契约、数量弹性契约、数量折扣契约、回馈与惩罚契约、期权契约等。这些契约被现代公司广泛应用于实际经营中，并起到了一定的协调作用。

下面对批发价格契约和利润共享契约进行建模研究，对比在这两种契约协调下，哪种契约可以使在线创业旅游供应链达到协调。

1）批发价格契约

批发价格契约指零售商根据市场需求和批发价格决定订购量，供应商根据零售商的订购量组织生产，零售商负责处理剩余产品，因此，该契约中供应商的利润是确定的，零售商完全承担市场风险②。

Boyaci 和 Gallego 认为只有在供应商获取零利润或者负利润时，批发价格契约才能使供应链实现协调③。唐宏祥讨论了当供应链下游有多个零售商时，批发价格契约不能使供应链实现协调的原因，并提出利用线性转移支付方式来协调供应链④。一般情况下，供应商制定的批发价格是高于制造成本的，否则制造商将无法实现盈利，所以通常认为批发价格契约是不能协调供应链的。

---

① 杨德礼，郭琼，何勇等．供应链契约研究进展[J]．江西财经大学学报，2006，3(1)：117-125.

② 黄小原．供应链运作：协调、优化与控制[M]．北京：科学出版社，2007.

③ Boyaci T, Gallego G. Coordinating pricing and inventory replenishment policies for one wholesaler and one or more geographically dispersed retailers[J]. International Journal of Production Economics, 2002, 77(2): 95-111.

④ 唐宏祥，何建敏，刘春林．多零售商竞争环境下的供应链协作机制研究[J]．东南大学学报，2004，34(4)：529-534.

2）利润共享契约

利润共享契约是指在零售商或分销商向制造商订货的初期，制造商给他们提供一个比较低的批发价格，以刺激零售商或分销商进货并提高市场的价格竞争力。待销售期结束后，零售商再将提前协商好的按一定参数比例分配的销售利润返还给制造商的一种协调模式。

自20世纪末起，国内外一些学者对供应链利润共享契约协调进行了一系列的研究。Pasternack的研究指出，产品市场需求为单周期情形下，或者随机需求情形下，设定合适参数的利润共享契约都可以使供应链整体有效协作，达到优化①。

目前，大部分的相关研究都表明了应用利润共享契约的有效性，且利润分配参数在满足一定条件的前提下，就可以实现整个供应链的协调，利润分配参数往往取决于各节点公司博弈能力的大小，利润分配参数对各节点公司的利润比例有直接影响。利润共享契约鼓励了零售商增加产品订货量、扩大产品销售量，减少了零售商库存增大的顾虑，也有效减少了因为担心产品剩余，风险增大，而降低进货数量，导致的缺货损失。从而使各节点公司收入增加并使他们的利润增大，同时也使各公司共担风险②。

6.2.4　供应链主从博弈分析

博弈论是指研究多个个体或团队之间在特定条件制约下的对局中利用相关方的策略，而实施对应策略的科学，也称为对策论。也就是说，当对局中的一方在进行决策时，会受到对局中其他经济主体的影响，而在另一方进行决策的同时，他的决策行为又会反过来对其他主体的决策行为产生影响，如此反复，直至局中各方决策问题达到均衡。

博弈的基本要素有局中人、策略、次序、得失、博弈涉及的均衡。局中人即局中每一个有决策权的参与者，可以为两人或多人；策略即局中参与者选择的实际可行的完整行动方案；次序即局中博弈的各方决策的先后之分；得失即博弈的最终结果；博弈涉及的均衡即在一个策略中，当局中的其他人不改变策略时，所采用的策略就是最好的，如果所有的参与者都达到这样的状态，那就达到了博弈中的均衡。

博弈涉及的均衡模型主要有两种，一种是Nash均衡，另一种是Stackelberg模型，即主从对策模型。纳什均衡考虑的是在所有局中人地位平等的情况下，在其他局中人决策行为的影响下，参与者采用的最优策略。Stackelberg主从对策模型是考虑博弈的局中人存在上下级关系或存在主从关系的情况下采用的对策模型。在这种决策中，将可以对下级的参与者的决策实行某种引导和控制的一方称为主方，下一级决策者根据上层的决策

---

① Pasternaek B. Using revenue sharing to achieve channel coordination for a news boy type inventory model[J]. Journal of Applied Mathematics and Decision Sciences, 2001, 5(1): 21-33.

② 李梦晨. 在线旅游行业瓶颈难破[J]. 法人, 2016, 31(8): 40-41.

及引导，再行使自己的决策权利的另一方称为从方。在现实中，往往供应链中的各成员地位是不平等的，供应链的各节点公司在决策时，从方依据主方提出的策略做出他的最优策略，并将这个策略反馈给主方公司，主方公司再根据从方的信息对自身的策略做出调整，然后再将策略信息传给从方的节点公司，直到供应链各节点公司都达到满意。

旅游供应链是由旅游相关产品直接或间接供应商、旅游产品代理商和旅游产品零售商、游客等多个不同的个体组成的网链状结构，上游的产品直接供应商、制造商往往处于主导地位，下游的零售商、游客往往处于从方地位，每个个体之间都存在竞合的关系，每个个体之间的地位是不平等的，旅游供应链上的各节点公司的决策行为都在互相进行影响，所以旅游供应链各节点公司之间的博弈过程符合 Stackelberg 主从博弈模型[①]。

6.2.5 在线旅游服务供应链分析

1. 在线旅游概述

在线旅游又称为在线预订旅游，属于旅游电子商务体系的一个重要的组成部分[②]。在线旅游是由航空公司、景区、酒店等实体服务提供商，或传统旅游公司，或旅游代理服务提供商，或在线旅游服务提供商提供的，利用先进的网络技术并以网络为载体，以旅游信息资源库、电子银行在线支付等手段为基础，发布销售旅游产品或建立分销系统的旅游经营体系[③]。

2. 在线旅游市场发展及现状

近几年全球的在线旅游市场都保持持续增长。从 2009 年开始，全球在线旅游市场每年保持 10%以上的增长幅度。2011 年，全球在线旅游服务市场规模为 2 840 亿美元，占全球旅游市场 31%的份额。2012 年，全球在线旅游市场达到 3 143 亿美元。移动旅游市场也在不断增长，2013 年，美国移动旅游市场的产值突破 80 亿美元。

国外在线旅游起步发展较早，且商业模式较多，已形成了一定的规模[④]。2012 年，国外 OTA 批发零售模式占在线旅游市场营业额的 75%，代理模式占 21%，媒体广告模式占 4%左右。其中比较知名的有世界上最大的在线旅游网站 TripAdvisor，包括机票预订、酒店预订、短期出租、餐厅、旅游信息、旅游指南、旅游评论、旅游意见、互动旅游论坛等，该网

---

① Pires C, Sarkar S, Carvalho L. Innovation in services—How different from manufacturing? [J]. Service Industries Journal, 2008, 28(10): 1339-1356.

② Toivonen M, Tuominen T. Emergence of innovations in services[J]. Service Industries Journal, 2009, 29(7): 887-902.

③ Crevani L, Palm K, Schilling A. Innovation management in service firms: A research agenda[J]. Service Business, 2011, 5(2): 177-193.

④ Zampetakis L A, Beldekos P, Moustakis V S. "Day-to-day" entrepreneurship within organisations: The role of trait emotional intelligence and perceived organisational support[J]. European Management Journal, 2009, 27(3): 165-175.

站的主要营收为商业广告；由 Rich Barton 和劳埃德·弗林克创建的位于美国的 Expedia，主营机票、酒店、邮轮、租车、旅游度假等的预订和服务；Travelocity 是一家在美国排名第二的在线旅游公司，也是第六大旅行社，其服务包括机票、酒店、旅游联盟营销方案、旅游资源规划等；Priceline 独创的"Name Your Own Price""客户自我定价系统"独树一帜，2012 年营业收入 52.6 亿元，相较于 2005 年实现近 6 倍的增长；还有 Orbitz、Kayak、TravelZoo 等知名网站，也都占有国外旅游市场较大份额。

从 1999 年到现在，中国在线旅游市场也在不断发展。纵观在线旅游市场的发展过程，大致可以分为如下 4 个阶段[45]。

(1) 20 世纪末至 21 世纪初，为在线旅游市场的初始期。这个时期主要为网站＋呼叫中心的模式，盈利主要靠机票、酒店预订，赚取航空公司、酒店的代理费佣金。主要流程为通过网站为顾客提供机票信息、酒店信息，顾客通过网站平台或呼叫中心预订机票或酒店。预订成功后，顾客与网站或供应商进行交易，网站收取相应的佣金。携程和艺龙就是这个时期代表性最强的在线旅游代理商。

(2) 2003—2006 年，是在线旅游市场的发展期。这个时期加入了较多新的在线旅游网站，芒果网、同程旅游等就是这一时期进入在线代理市场的，并同时在线上引入了很多成熟的多样的线下产品。进入行业的创业公司越来越多，导致竞争激烈，不同在线旅游代理商的报价差异开始变大，这时候提供比价服务的垂直搜索网站应运而生，比如去哪儿网等。

(3) 2006—2010 年，是在线旅游市场的多元化、细分化时期，且在这一时期旅游市场交流性增强。这一时期人们的生活水平普遍提高，度假需求增多，捕捉到市场需求的电商公司建立了驴妈妈、途牛等结合旅游景点和旅行线路设计的在线旅游网站。在这一阶段，随着在线旅游用户的成熟，客户需求从预订产品扩展到在线交流、分享心得，如分享攻略的马蜂窝网就是在这一时期产生的。

(4) 2010 年至今，为在线旅游市场的竞争加剧时期，大型电商公司，如腾讯、淘宝、京东等纷纷进军在线旅游市场，航空公司和酒店通过自建官网、加入垂直搜索平台、与其他电商合作等方式直接进行销售，企图甩开代理人，竞争形势越来越严峻。

目前，国内已有超过 5 000 家具有一定服务实力的在线旅游网站和相关的旅游频道。这些网站可以为游客提供比较全面的旅游相关资讯和预订服务，已经成为旅游业发展迅速，实力雄厚的高科技新兴群体。

2013 年，中国在线旅游市场交易规模已达到 2 204.6 亿元，比 2012 年同期增长 29.0%。在线旅游交易规模预计将连年增长，但增长率将逐年降低。在线旅游市场的增长主要取决于在线机票、酒店和度假业务的增长。在线机票预订业务趋于成熟，未来将保持相对较慢增长。而受到在线休闲旅游迅速发展的影响，酒店和度假业务将进入快速增长期。在整个在线旅游市场中，度假业务所占的比重也将逐年增大。另外，目前兴起的在线租车和打车业务已经成为在线旅游市场的新的增长点，如图 6.8 所示。

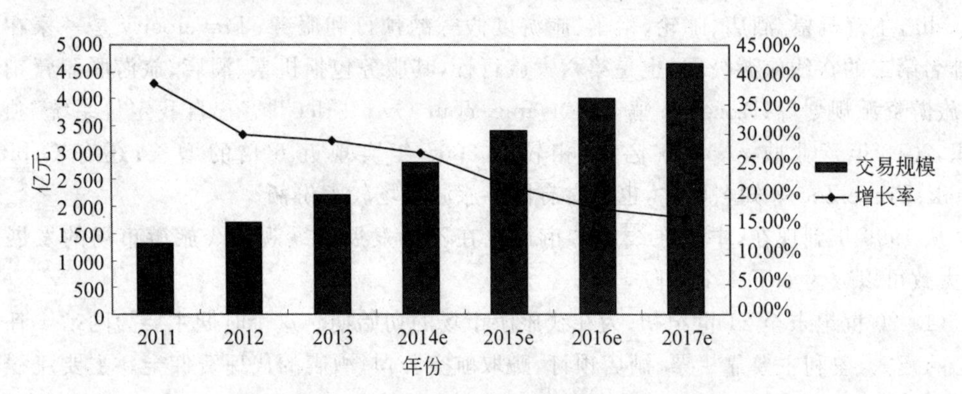

图 6.8　2011—2017 年中国在线旅游市场交易规模

6.2.6　我国在线旅游服务供应链模型

目前，我国在线旅游服务供应链由旅游产品供应商、代理商、营销平台、在线创业旅游消费者 4 个部分组成。

(1) 旅游产品供应商：主要为航空公司、酒店、目的地景区等。这些旅游产品供应商为了加大销售力度，减少对代理人渠道的依赖，他们在通过代理商分销产品的同时，利用互联网技术通过自建官方网站等方式进行直销。目前在航空、酒店中比较常见，如国航官网、南航官网、七天连锁酒店官网等。

(2) 代理商：包括传统线下代理商和新型在线旅游代理商。传统代理商就是传统的旅行社，如中青旅、国旅、中旅总社等，主要通过传统门市的方式进行产品销售。在线旅游代理商即 OTA(Online Travel Agency)，以携程、艺龙、途牛、驴妈妈等为代表，主要通过在线预订销售，呼叫中心辅助销售的方式进行产品销售，随着在线旅游的发展，目前有相当一部分有实力的传统旅行社已经开始自建网站进行销售和品牌推广。

(3) 营销平台：随着互联网的发展，在线旅游相关公司纷纷提升了对在线平台的重视程度。研究得出，在线旅游不仅依靠传统的在线视频、门户网站、综合搜索等网络平台进行宣传，而且还自我构建媒介为己所用。其中分为以旅人网为代表的旅游点评社交网站和以酷讯网、去哪儿网为代表的垂直搜索网站两大类。

(4) 在线旅游消费者：就是预订在线旅游产品的消费者。根据消费者旅游目的来区分，能够分为以休闲旅游为主要目的和以商旅出行为主要目的两类顾客。

我国在线旅游服务供应链模型综合如图 6.9 所示[①]。

---

① 中国在线旅游市场发展趋势白皮书研究课题组. 中国在线旅游市场发展趋势白皮书[R]. 北京：国家旅游局信息中心，2012.

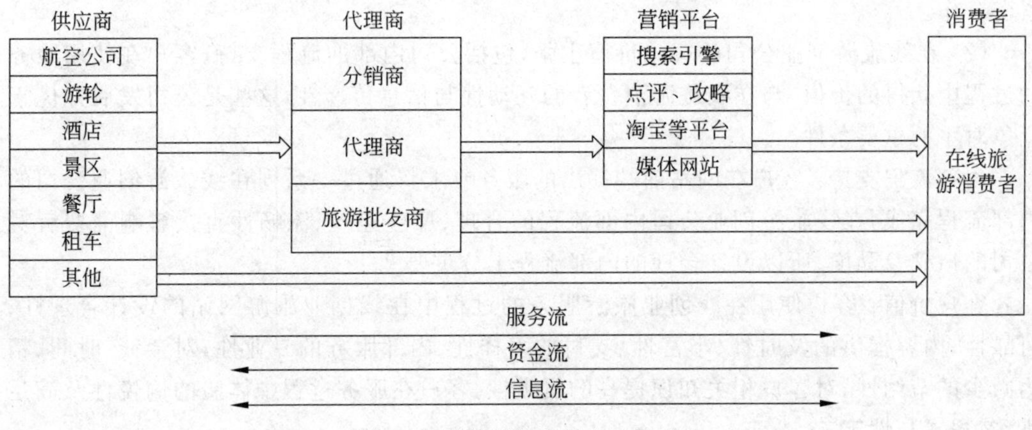

图6.9　线旅游服务供应链模型

6.2.7　在线旅游创业公司商业模式分析

商业模式由公司资源和能力、客户价值主张、盈利模式三个要素构成。《商业模式创新白皮书》把以上三个要素总结为：第一，支持盈利模式和客户价值主张的具体经营模式，即“公司资源和能力”；第二，在一个既定价格上公司向其消费者或者客户提供产品和服务时所需要完成的任务，即“客户价值主张”；第三，公司用以为股东实现经济价值的过程，即“盈利模式”[46]。

日前对在线旅游的商业模式研究比较多的是对目前的大型在线旅游创业公司个体的商业模式的研究，如携程、艺龙、去哪儿等，根据《商业模式创新白皮书》，在线旅游的商业模式如下。

(1) 在线旅游公司的资源和能力，包括在线旅游网站和相关技术的实现、支持公司发展的资本的引入以及合作伙伴的选择与合作，这些是公司发展的基本条件①。

技术实现：在线旅游创业公司是互联网公司的一员，其发展运行主要依赖于互联网技术的发展，如网站建立运营、在线支付手段的发展实现、信息整合服务的开拓。

资本引入：同大部分线上公司一样，在线旅游创业公司在运营之初，通常需要引入风投，风投将有助于公司成长，在资本市场的运作下，更有利于在线旅游创业公司与线下资源的整合及合作。

合作伙伴：由于在线旅游创业公司对直接产品资源拥有较少，所以需寻求与线下的旅游资源公司紧密合作，同时也需与在线支付服务商、各类推广网站、渠道合作商等进行

---

① Santos F. E-service quality：A model of virtual service quality dimensions[J]. Managing Service Quality，2003，13(3)：233-246.

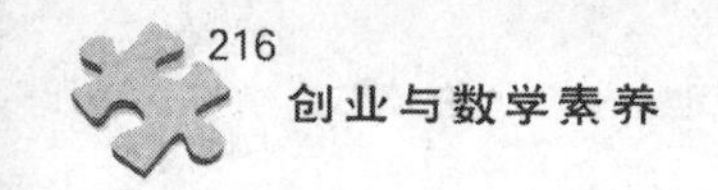

紧密合作。

(2) 在线旅游创业公司的客户价值主张,包括公司内部的流程支持、客户在使用服务的过程中获得的价值,与在线旅游消费者的互动性与信息传递性,这些是公司发展并优于竞争对手的重要条件。

内部流程支持:客户在网站前端提出的服务要求将通过一系列在线旅游创业公司的内部流程完成,在线旅游创业公司内部流程的合理、反应速度、流畅性直接影响消费者对公司的口碑及黏度,所以设计合理的内部流程十分重要①。

客户价值:客户使用在线创业旅游服务的过程中在线创业旅游网站的设计合理性、可靠性、内容提供的及时性、丰富性、支付的多样性、内部服务的专业性,对金钱、时间、精力减少的节约性,对客户相关知识提高的贡献性,客户在服务过程中体验的愉悦性及满足性,客户参与性等。

在线旅游消费者:在线旅游创业公司与消费者直接沟通,交易透明度更为公开,同时能及时得到消费者的信息反馈,提高公司竞争力。在线旅游创业公司需不断地从意识及消费习惯上培养消费者在线消费的习惯。

(3) 在线旅游创业公司的盈利模式,即公司赚取利润的方式,是公司可持续发展的经济保障。

在线旅游创业公司目前主要使用以赚取代理费、点击费、广告费、平台租金、交易费、服务费、咨询费等一种或多种盈利方式组合的"盈利模式"。

在线旅游商业基本模式如图 6.10 所示。

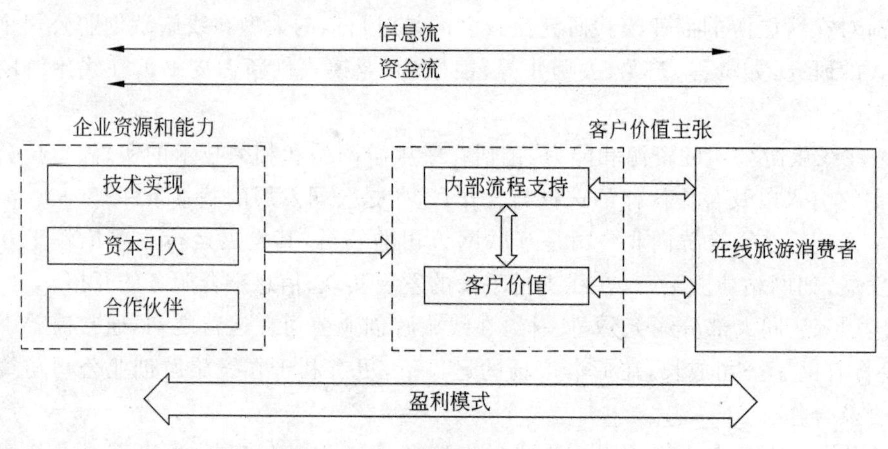

图 6.10　在线旅游商业基本模式

① Fini R, Grimaldi R, Marzocchi G L, Sobrero M. The determinants of corporate entrepreneurial intention within small and newly established firms[J]. Entrepreneurship Theory and Practice, 2012, 36(2): 387-414.

6.2.8 我国在线旅游存在的问题

通过对在线旅游服务供应链的分析可以看出，目前我国在线旅游存在如下一些问题。

(1) 虽然我国在线旅游业营收连年保持增长，但由于目前我国在线旅游已进入发展的第4个时期，大型电商公司进军在线旅游市场，航空公司、酒店、景区等产品直接供应商加大直销力度，竞争形势越来越严峻，导致整个行业营收规模增长速度变慢，在线旅游创业公司的营业利润率得不到相应的增长。例如，2013年携程净营业收入相比2012年增长了30%，但2013年营业利润率为24%，相比2012年同期为26%，下降了两个百分点[47]。

(2) 在线旅游网站虽然种类很多，但大多数为面向直客的B2C网站，B2B网站的种类和模式较少，且大多为单一机票、酒店或旅游产品的B2B旅游批发网站。大多网站往往模仿目前具有代表性的网站，框架与内容雷同，产品雷同，没有独特的商业模式。

(3) 目前在线旅游创业公司的盈利模式多为采用比较传统、单一的盈利模式，大部分网站以赚取代理费、差价、点击费、广告费模式赚取利润，并没有从整个供应链的协调角度出发，进行利润的合理分配和协调。

鉴于在线旅游服务供应链存在以上问题，本节通过对在线旅游服务供应链中应用利润共享契约进行供应链协调，以提高供应链上各节点公司，以及整个供应链的盈利水平，并基于利润共享契约针对F公司设计创新的B2B在线旅游商业模式及公司内部流程，以提高市场竞争力，促进F公司所在供应链的协调发展。

6.2.9 利润共享契约下B2B在线旅游服务供应链协调模型

在线旅游网站及相关研究文献大多数为面向直客的B2C模式，对B2B模式的在线旅游服务供应链研究还比较少，且目前在线创业旅游的旅游产品"盈利模式"大多为赚取差价的批发价格契约下的"盈利模式"。本节对B2B在线创业旅游服务供应链进行分析，并通过建模及算例分析，研究比较目前批发价格契约下和应用利润共享契约协调下的在线创业旅游服务供应链的协调性问题。

1. B2B在线创业旅游供应链描述及模型

旅游批发商，就是能够在航空公司、酒店、地接等旅游服务商处以大批量低价买断业务的中间商人，他们将这些服务打包成为成熟的产品，批发给旅行社，赚取差价。

B2B在线旅游服务即使用电子商务平台技术手段，集合功能性旅游服务提供商及旅游批发商的产品，批发给旅行社，避免旅行社因地域、销售量、规模等制约造成的议价能力低，成本高，产品不完善等不利因素，增加销售产品种类及利润空间。

从图6.11可以看出，B2B在线创业旅游供应链符合三级供应链的基本描述，上游的交通、住宿、餐饮、景区、旅游批发商即为旅游产品制造商，B2B在线创业旅游交易平台为旅游产品分销商，下游的旅行社为旅游产品零售商。

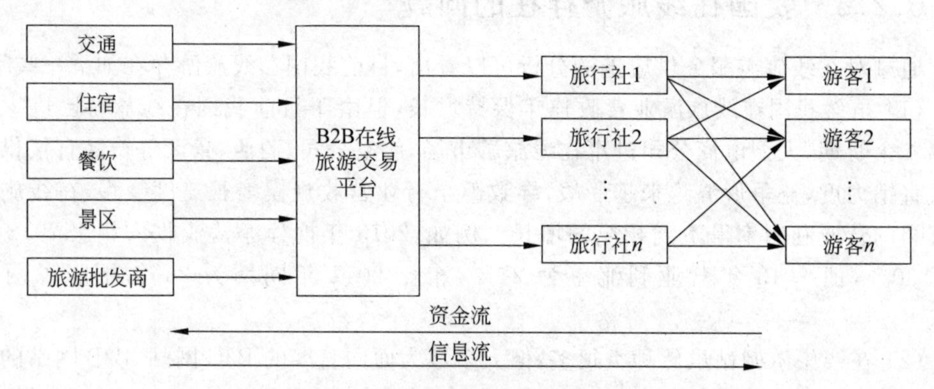

图 6.11　B2B 在线创业旅游供应链

现阶段大部分旅游供应链采取的是批发价格契约，旅游产品制造商根据旅游淡旺季提出批发价格给旅游分销商，旅游分销商加价后销售给旅行社，旅行社再加价销售给一般游客。目前大部分旅行社产品同质化严重，导致价格竞争白热化，利润率越来越低。

旅游产品为服务产品，在普通环境下，如在旅游供应链中使用利润共享契约，信息难以共享及对称，对各节点实际利润难以监管，利润分配难以实现。但在互联网环境下，可以通过信息管理系统有效实现信息共享、利润监管及在线分配。

鉴于此，本节在 B2B 在线创业旅游供应链中使用信息共享的利润共享契约，期望在利润共享契约下能实现整个供应链的协调，增加供应链各节点公司的利润。另外，如何利用利润共享契约对供应链收益进行公平合理的分配，最佳分配参数是多少，本节将对这些问题进行分析研究。

2. 参数设置及基本假设

P_m：表示旅游批发商提供给 B2B 在线创业旅游平台的单位产品价格。

P_{di}：表示 B2B 在线创业旅游平台提供给旅行社 i 的单位产品价格。

P：表示旅行社的单位产品零售价格。

C_m，C_d：分别表示旅游批发商和 B2B 在线创业旅游平台的单位产品成本。

C_{ri}：表示旅行社 i 的单位产品成本。

C_i：表示供应链整体的单位产品成本，$C_i=C_m+C_d+C_{ri}$。

G_d：表示 B2B 在线创业旅游平台因缺货而导致的单位产品惩罚成本(包括商誉、客户流失等)。

G_m：表示旅游批发商缺货而导致的单位产品惩罚成本(包括商誉、客户流失等)。

G_{ri}：表示旅行社 i 缺货而导致的单位产品惩罚成本(包括商誉、客户流失等)。

G_i：表示供应链整体的缺货损失 $G_i=G_d+G_m+G_{ri}$。

$\alpha_i(0<\alpha_i<1)$：表示在利润共享契约下旅行社 i 与 B2B 在线创业旅游平台之间的利润共享参数。

$\beta(0<\beta<1)$：表示在利润共享契约下 B2B 在线创业旅游平台与旅游批发商之间的利润共享参数。

x_i：表示旅行社 i 的旅游产品订购量。

D_i：表示旅行社 i 的旅游产品市场需求总量。

$\Phi_i(x)$：表示旅行社 i 所面临市场需求量的可信性分布函数，设 $\Phi_i^{-1}(x)=1-\Phi(x)$。

F_{mi}，F_m：分别表示批发价格契约下旅游批发商获得的与旅行社 i 相关的收益及总收益。

F_{di}，F_d：分别表示批发价格契约下 B2B 在线创业旅游平台获得的与旅行社 i 相关的收益及总的收益。

Π：表示集中销售模式下供应链的收益。

F_{ri}：表示批发价格契约下旅行社 i 的收益。

F_{md}：表示批发价格契约下旅游批发商与 B2B 在线创业旅游平台作为一个整体时的总收益。

T_{mi}，T_m：表示利润共享契约下旅游批发商获得的与旅行社 i 相关的收益函数及总收益。

T_{di}，T_d：表示利润共享契约下 B2B 在线创业旅游平台获得的与旅行社 i 相关的收益及总收益。

T_{ri}：表示利润共享契约下旅行社 i 的收益。

$T(x_i)$：表示利润共享契约下供应链整体的收益函数。

当旅行社 i 的订购量 $x_i>D_i$ 时，旅行社的期望销售量为 $S(x_i)=D_i$；当订购量 $x_i\leqslant D_i$ 时，期望销售量 $S(x_i)=x_i$，所以旅行社 i 的期望销售函数为 $S(x_i)=E[\min(x_i,D_i)]$。根据数理统计知识可得：

$$S(x_i)=\int_0^{\infty}(x_i\wedge D_i)f(x_i)\mathrm{d}x_i=\int_0^{\infty}\int_{y=0}^{x_i\wedge D_i}\mathrm{d}yf(x_i)\mathrm{d}x=\int_0^q\int_y^{\infty}f(x_i)\mathrm{d}x_i\mathrm{d}y=\int_0^q\Phi^{-1}(x_i)\mathrm{d}x$$

$$S(x)=\int_0^{+\infty}(\hat{x}_i)\mathrm{e}^{-t}t^{x-1}\mathrm{d}t,(x>0)$$，其中，^表示两个数中取小。

旅游产品特性下的基本假设：①因旅游产品为时间性产品及服务性产品，没有存续性，非实物，如在出发时间前没有销售，就自动消失，不能再销售，无净残值；②假设该供应链系统是由一个旅游批发商、一个 B2B 在线创业旅游平台和 n 个旅行社所组成的三级供应链，各组成部分之间相互独立，所涉及的只是单一产品的交易，并且旅游批发商在该供应链中占主导地位；③在产品销售期间，假定旅行社所提供的产品销售价格固定不变；

④各节点公司之间的信息是对称的，并且都了解产品的市场需求量和彼此之间的单位产品边际成本等信息。

基于假设条件下的供应链模型如图 6.12 所示。

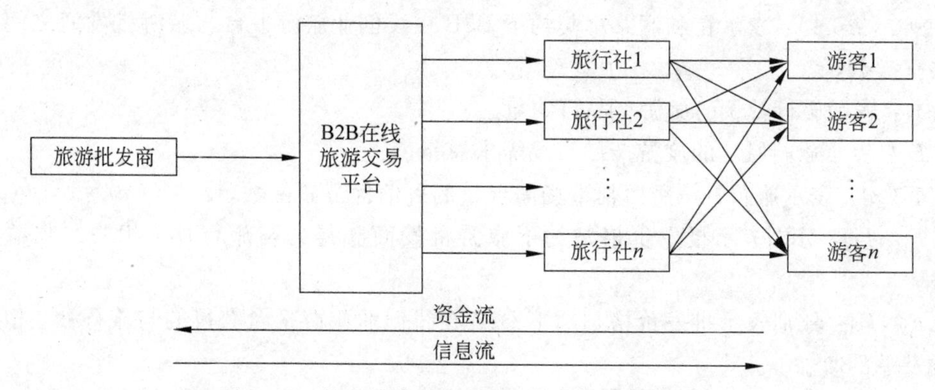

图 6.12　基于假设下的 B2B 在线创业旅游供应链

3. 分散无协调的批发价格契约下的决策模型

目前，大部分旅游供应链采取的是批发价格契约，旅游产品制造商根据旅游淡旺季提出批发价格给旅游分销商，旅游分销商加价后销售给旅行社，旅行社再加价销售给一般游客，各自以自身成本及利润为衡量标准，信息不能实现完全的共享，追求的是各自利润的最大化。

(1) 批发价格契约下旅行社的利润。

在批发价格契约下，旅行社 i 的利润为：

$$F_{ri}(x_i)=\begin{cases}Px_i-G_{ri}(D_i-x_i)-(P_{di}+C_{ri})x_i & x_i<D_i\\ PD_i-(P_{di}+C_{ri})x_i & x_i>D_i\end{cases} \tag{6.1}$$

可以把批发价格契约下旅行社 i 的期望利润表示为：

$$E[F_{ri}(x_i)]=PE[\min(x_i,D_i)]-G_{ri}E[\max(D_i-x_i,0)]-(P_{di}+C_{ri})x_i \tag{6.2}$$

(2) 批发价格契约下 B2B 在线创业旅游平台获得的利润。

批发价格契约下 B2B 在线创业旅游平台获得的与旅行社 i 相关的利润为：

$$F_{di}(P_{di})=\begin{cases}P_{di}x_i-G_d(D_i-x_i)-(P_m+C_d)x_i & x_i<D_i\\ P_{di}D_i-(P_m+C_d)x_i & x_i>D_i\end{cases} \tag{6.3}$$

可以把批发价格契约下 B2B 旅游交易平台获得的与旅行社 i 相关的期望利润表示为：

$$E[F_{di}(P_{di})]=P_{di}E[\min(x_i,D_i)]-G_dE[\max(D_i-x_i,0)]-(P_m+C_d)x_i \tag{6.4}$$

进而可以得到批发价格契约下 B2B 在线创业旅游平台的总利润为：

$$E[F_d(p_{di})] = \sum_{i=1}^{n} E[F_{di}(P_{di})] = \sum_{i=1}^{n} \{P_{di}E[\min(x_i, D_i)] - G_d E[\max(D_i - x_i, 0)] - (P_m + C_d)x_i\} \tag{6.5}$$

(3) 批发价格契约下旅游批发商获得的与旅行社 i 相关的利润为：

$$F_{mi}(P_m) = \begin{cases} P_m x_i - C_m x_i - G_m(D_i - x_i) & x_i < D_i \\ P_m D_i - C_m x_i & x_i > D_i \end{cases} \tag{6.6}$$

可以把批发价格契约下旅游批发商获得的与旅行社 i 相关的期望利润表示为：

$$E[F_{mi}(p_m)] = P_m E\min(x_i, D_i) - G_m E[\max(D_i - x_i, 0)] - C_m x_i \tag{6.7}$$

进而可以得到批发价格契约下旅游批发商获得的总期望利润为：

$$\begin{aligned} E[F_m(p_m)] &= \sum_{i=1}^{n} E[F_{mi}(P_m)] \\ &= \sum_{i=1}^{n} \{P_m E\min(x_i, D_i) - G_m E[\max(D_i - x_i, 0)] - C_m x_i\} \end{aligned} \tag{6.8}$$

(4) 批发价格契约下供应链的利润。

在 Stackelberg 策略下，旅游批发商、B2B 旅游交易平台和旅行社采取非合作的三阶段博弈，在博弈的过程中，各节点公司的决策行为出发点都会更多地考虑自身的利润最大化，随后才会关注整条供应链的利润变化情况。旅游批发商、B2B 在线创业旅游平台，为决策层的上层，并以自身利润最大化为目标确定最优批发价格，而旅行社 i 作为决策层的下层，则根据市场需求、市场价格、上层提供的批发价格来确定自己的订购量以期自身利润最大化。批发价格契约下的 Stackelberg 策略决策模型为：

$$\begin{aligned} &\max E[F_{mi}(p_m)] = P_m E\min(x_i, D_i) - G_m E[\max(D_i - x_i, 0)] - C_m x_i \\ &\text{st } \max E[F_{di}(P_{di})] = P_{di}E[\min(x_i, D_i)] - G_d E[\max(D_i - x_i, 0)] - (P_m + C_d)x_i \\ &\max E[F_{ri}(x_i)] = PE[\min(x_i, D_i)] - G_{ri}E[\max(D_i - x_i), 0] - (P_{di} + C_{ri})x_i \end{aligned} \tag{6.9}$$

在批发价格契约下，旅游批发商、B2B 在线创业旅游平台为决策层的上层，以自身利润最大化为目标确定最优批发价格，旅行社作为决策层的下层，根据市场需求情况、批发价格及销售价格来确定自己的订购量，以期望自身利润最大化。这样当旅游批发商和 B2B 在线创业旅游平台作为一个整体时，就和 n 个旅行社形成了一个一主多从的 Stackelberg 主从博弈问题。因此，二层规划模型可表示为：

$$\begin{aligned} &\max E[F_{md}(P_{di})] = \sum_{i=1}^{n} \{(P_{di} - C_m - C_d)x_i - (G_m + G_d)E[\max(D_i - x_i, 0)]\} \\ &\max E[F_{ri}(x_i)] = PE[\min(x_i, D_i)] - G_{ri}E[\max(D_i - x_i, 0)] - (P_{di} + C_{ri})x_i \\ &\qquad \text{st} \quad P_{di} > P_m + C_d \\ &\qquad\qquad P > P_{di} + C_{ri} \\ &\qquad\qquad x_i > 0, \text{整数} \end{aligned} \tag{6.10}$$

4. 集中决策模式下的决策模型

这里把供应链的各成员看成已经结成战略整体的一个组织，三级供应链系统成员之间实现了完全的信息共享，对整个供应链进行统一管理，统一决策，使供应链作为一个整体直接面向市场。在确定市场需求量 D_i 和市场价格 P 以后，确定旅行社 i 的最优订购量 x_i，可以期望集中决策模式下供应链整体利润最大化。在这种集中决策模式下的供应链利润期望模型为：

$$
\begin{aligned}
\max E(\Pi) &= \sum_{i=1}^{n}\{PE[\min(x_i,D_i)] - G_iE[\max(D_i - x_i,0)] - C_ix_i\} \\
&= \sum_{i=1}^{n}\{PE[\min(x_i,D_i)] - G_iE(D_i) + G_iE[\min(x_i,D_i)] - C_ix_i\} \\
&= \sum_{i=1}^{n}\{(P+G_i)E[\min(x_i,D_i)] - C_ix_i - G_iE(D_i)\} \qquad (6.11)
\end{aligned}
$$

对式(6.11)求一阶导数，可得：

$$
\frac{\partial E(\Pi)}{\partial x_i} = (P+G_i)\frac{\partial E[\min(x_i,D_i)]}{\partial x_i} - C_i = 0 \qquad (6.12)
$$

通过求解式(6.12)可以得到集中决策模式下旅行社 i 的最优订购量为：

$$
x_i = \Phi^{-1}\left[\frac{P+G_i-C_i}{P+G_i}\right] \qquad (6.13)
$$

要实现整个供应链的协调，则必须使得旅行社的订购量达到最优，所以式(6.13)是使供应链最优的必要条件。

5. 信息共享的利润共享契约下的决策模型

在旅游批发商与 B2B 在线创业旅游平台合作的时候，旅游批发商向 B2B 在线创业旅游平台提出一个包括批发价格和利润分成比例的利润共享契约，B2B 在线创业旅游平台向旅行社提出一个包括零售价格和利润分成比例的利润共享契约，旅行社根据这个契约中的参数和市场价格，当市场有需求时向 B2B 在线创业旅游平台订购旅游产品，当产品销售完成后，旅行社再将产品销售收入按照契约中规定的比例分配给 B2B 在线创业旅游平台；同样，B2B 在线创业旅游平台则根据旅行社的订购量，确定采取最优的一组契约，产品销售末期也要将销售收入按照一定比例分给旅游批发商。在供应链机制下，旅行社、B2B 在线创业旅游平台、旅游批发商之间的利润分配往往需要进行谈判来形成契约，来决定各自利润分配的参数，而参数值的大小取决于三者在谈判中的博弈能力及各自对供应链贡献的大小。

(1) 利润共享契约下旅行社 i 的利润。

$$
T_{ri}(x_i) = \begin{cases} \alpha_i[Px_i - G_{ri}(D_i - x_i)] - (P_{di}+C_{ri})x_i & x_i < D_i \\ \alpha_iPD_i - (P_{di}+C_{ri})x_i & x_i > D_i \end{cases} \qquad (6.14)
$$

通过数理统计相关知识，我们可以把利润共享契约下旅行社 i 的期望利润表示为：

$$E[T_{ri}(x_i)] = \alpha_i PE[\min(x_i, D_i)] - \alpha_i G_{ri}[\max(D_i - x_i, 0)] - (P_{di} + C_{ri})x_i \tag{6.15}$$

(2) 利润共享契约下 B2B 在线创业旅游平台的利润。

利润共享契约下 B2B 在线创业旅游平台获得的与旅行社 i 相关的利润为：

$$T_{di}(p_{di}, \alpha_i) = \begin{cases} \beta\{(1-\alpha_i)[Px_i - G_{ri}(D_i - x_i)] + P_{di}x_i \\ -G_d(D_i - x_i)\} - (P_m + C_d)x_i & x_i < D_i \\ \beta[(1-\alpha_i)(PD_i + P_{di}x_i)] - (P_m + C_d)x_i & x_i > D_i \end{cases} \tag{6.16}$$

通过数理统计相关知识，我们可以把利润共享契约下 B2B 旅游交易平台获得的与旅行社 i 相关的期望利润表示为：

$$\begin{aligned} E[T_{di}(p_{di}, \alpha_i)] = &-(P_m + C_d)x_i + \beta\{(1-\alpha_i)PE[\min(x_i, D_i)] \\ &- G_{ri}E[\max(D_i - x_i, 0)] + P_{di}x_i \\ &- G_dE[\max(D_i - x_i, 0)]\} \end{aligned} \tag{6.17}$$

可以得到利润共享契约下 B2B 在线创业旅游平台获得的总期望利润为：

$$\begin{aligned} E[T_d(P_{di}, \alpha_i)] = \sum_{i=1}^{n} E[T_{di}(P_{di}, \alpha_i)] = \sum_{i=1}^{n} \{&-(P_m + C_d)x_i \\ &+ \beta\{(1-\alpha_i)(PE[\min(x_i, D_i)] - G_{ri}E[\max(D_i - x_i, 0)] \\ &+ P_{di}x_i - G_dE[\max(D_i - x_i, 0)]\}\} \end{aligned} \tag{6.18}$$

(3) 利润共享契约下旅游批发商的利润。

利润共享契约下旅游批发商获得的与旅行社 i 相关的利润为：

$$T_{mi}(P_m, \beta) = \begin{cases} (1-\beta)\{(1-\alpha_i)[Px_i - G_{ri}(D_i - x_i) + P_{di}x_i - G_d(D_i - x_i)]\} \\ +(P_m - C_m)x_i - G_m(D_i - x_i) & x_i < D_i \\ (1-\beta)\{(1-\alpha_i)PD_i + P_{di}x_i\} + (P_m - C_m)x_i & x_i > D_i \end{cases} \tag{6.19}$$

通过数理统计相关知识，我们可以把利润共享契约下旅游批发商获得的与旅行社 i 相关的期望利润表示为：

$$\begin{aligned} E[T_{mi}(P_m, \beta)] = &(P_m - C_m)x_i + (1-\beta)\{(1-\alpha_i)(PE[\min(x_i, D_i)] \\ &- G_{ri}E[\max(D_i - x_i, 0)]) + P_{di}x_i - G_d(D_i - x_i)\} \\ &- G_mE[\max(D_i - x_i, 0)] \end{aligned} \tag{6.20}$$

进而可以得到利润共享契约下旅游批发商获得的总期望利润为：

$$\begin{aligned} E[T_m(P_m, \beta)] = \sum_{i=1}^{n} E[T_{mi}(P_m, \beta)] = \sum_{i=1}^{n} &(P_m - C_m)x_i \\ &+ (1-\beta)\{(1-\alpha_i)(PE[\min(x_i, D_i)] - G_{ri}E[\max(D_i - x_i, 0)]) \\ &+ P_{di}x_i - G_d(D_i - x_i)\} - G_mE[\max(D_i - x_i, 0)] \end{aligned} \tag{6.21}$$

在利润共享契约下，旅行社 i 和 B2B 在线创业旅游平台都会以自身的期望利润最大化为目标，来确定产品的最优订购量，对式(6.15)求一阶导数可得：

$$\frac{\partial E[T_{ri}(x_i)]}{\partial x_i}=\alpha_i(P+G_{ri})\frac{\partial E[\min(x_i,D_i)]}{\partial x_i}-(p_{2i}+C_{ri})=0 \tag{6.22}$$

求解式(6.22)可得利润共享契约下旅行社 i 的最优订购量为：

$$x_{ri}=\Phi^{-1}\left[1-\frac{P_{di}+C_{ri}}{\alpha_i(P+G_{ri})}\right] \tag{6.23}$$

对式(6.17)求一阶导数可得：

$$\frac{\partial E[T_{di}(p_{di},\alpha_i)]}{\partial x_i}=\beta[(1-\alpha_i)(P+G_{ri})+G_d]\frac{\partial E[\min(x_i,D_i)]}{\partial x_i}$$
$$+[\beta P_{di}-(P_m+C_d)]=0$$

求解可得利润共享契约下 B2B 旅游交易平台的最优订购量为：

$$x_{di}=\Phi^{-1}\left[1-\frac{\beta P_{di}-(P_m+C_d)}{\beta[(1-\alpha_i)(P+G_{ri})+G_d]}\right] \tag{6.24}$$

为了实现整个供应链的全局协调，在利润共享契约下 B2B 在线创业旅游交易平台与旅行社的产品订购量应该相等，而且也应该与整体决策下的供应链中的最优订购量一致，即：

$$\begin{cases}\Phi^{-1}\left[1-\dfrac{\beta P_{di}-(P_m+C_d)}{\beta[(1-\alpha_i)(P+G_{ri})+G_d]}\right]=\Phi^{-1}\left[1-\dfrac{P_{di}+C_{ri}}{\alpha_i(P+G_{ri})}\right]\\ \Phi^{-1}\left[1-\dfrac{P_{di}+C_{ri}}{\alpha_i(P+G_{ri})}\right]=\Phi^{-1}\left[\dfrac{P+G_i-C_i}{P+G_i}\right]\end{cases} \tag{6.25}$$

由式(6.25)方程组可以解得利润共享契约下 B2B 在线创业旅游平台的最优批发价格为：

$$P_{di}=\alpha_i\left[\frac{(P+G_{ri})C_i}{P+G_i}\right]-C_{ri} \tag{6.26}$$

从式(6.26)可以看出，B2B 在线创业旅游平台的最优批发价格与旅行社的利润分享参数 α_i 成正比，这与现实情况是相符的。将式(6.26)代入式(6.25)的第一个方程可得旅游批发商的最优销售价格为：

$$P_m=\beta\left[\frac{C_i(P+G_{ri}+G_d)}{P+G_i}-C_{ri}\right]-C_d \tag{6.27}$$

从式(6.27)可以看出，旅游批发商的最优销售价格 P_m 与 B2B 在线创业旅游平台所占利润共享参数 β 成正比，且旅游批发商与 B2B 在线创业旅游平台的最优销售价格为非负数。

6. 算例分析

在运用契约机制进行供应链成员之间的利润协调时，需保证协调后各节点公司的期

望利润比协调前的期望利润要多,这样各节点公司才会接受新的契约。以下通过对比分散无协调的批发价格契约下以及信息共享的利润共享契约下供应链整体的期望利润,来分析在供应链中实现信息共享的利润共享契约的可行性。

本算例的背景是:在市场需求不可确定的情况下,由一个旅游批发商、一个 B2B 在线旅游平台和三个旅行社构成的三级供应链,供应链涉及的产品仅一个旅游产品。其中,三个旅行社之间相互独立,根据市场需求向 B2B 在线创业旅游平台订购产品,B2B 在线创业旅游平台根据旅行社的需求向旅游批发商订购产品[①]。

1) 固定参数假定

假设旅游批发商、B2B 在线创业旅游平台和三个旅行社各相关参数如表 6.23 所示。

表 6.23　相关成本参数表　　单位:元

变量	P	C_m	C_d	C_{r1}	C_{r2}	C_{r3}	G_m	G_d	G_{r1}	G_{r2}	G_{r3}
取值	1 000	20	15	20	30	25	5	10	15	12	10

对表 6.24 中数据使用 SPSS 软件进行分析,可以得到图 6.13。

表 6.24　某旅游产品旅行社的市场销售量　　单位:人次

月　份	数　量	月　份	数　量
2012.01	367	2013.01	794
2012.02	499	2013.02	519
2012.03	688	2013.03	749
2012.04	974	2013.04	641
2012.05	631	2013.05	865
2012.06	463	2013.06	311
2012.07	428	2013.07	547
2012.08	476	2013.08	706
2012.09	545	2013.09	560
2012.10	518	2013.10	458
2012.11	626	2013.11	586
2012.12	800	2013.12	379
合计	7 015	合计	7 115

① Hansemark O C. Need for achievement, locus of control and the prediction of business start-ups: A longitudinal study[J]. Journal of Economic Psychology, 2003, 24(3): 301-319.

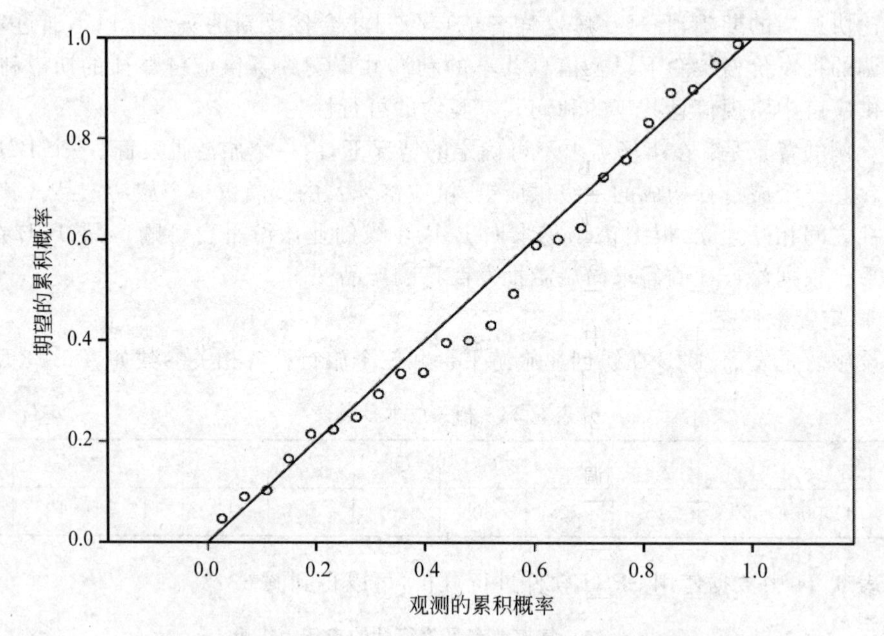

图 6.13　某旅游产品旅行社的市场销售量的正态 P-P 图

从图 6.13 可以看出其基本与正态分布相符,所以假设对这个旅游产品,各旅行社的市场需求量都属于正态分布①。

2）分散无协调的批发价格契约下的计算及结果

将上述参数带入式(6.10)中,可以得到分散无协调的批发价格契约下的二层规划模型为:

$$\max E[F_{md}(p_{di})] = (P_{d1}-35)x_1+(P_{d2}-35)x_2+(P_{d3}-35)x_3$$
$$-15\{E[\max(D_1-x_1,0)]+E[\max(D_2-x_2,0)]+E[\max(D_3-x_3,0)]\}$$

$$\begin{cases}\max E[F_{r1}(x_1)] = 1\,000E[\min(x_1,D_1)]-15E[\max(D_1-x_1,0)]-(p_{21}+20)x_1\\ \max E[F_{r2}(x_2)] = 1\,000E[\min(x_2,D_2)]-12E[\max(D_2-x_2,0)]-(p_{22}+30)x_2\\ \max E[F_{r3}(x_3)] = 1\,000E[\min(x_3,D_3)]-10E[\max(D_3-x_3,0)]-(p_{23}+25)x_3\end{cases}$$

st　$35 < P_{d1} < 980$

$35 < P_{d2} < 970$

$35 < P_{d3} < 975$

x_i 为整数。

根据以上层决策变量的取值范围,随机产生一组批发价格(P_{d1},P_{d2},P_{d3}),然后将

① 卢纹岱. SPSS for Windows 统计分析[M]. 北京:电子工业出版社,2006.

其分别代入到下层三个目标函数当中，在 MATLAB 7.0 中对其进行编程求解，可以得到在分散无协调的批发价格契约下 B2B 在线创业旅游平台最优的批发价格如表 6.25 所示。

表 6.25　B2B 在线创业旅游平台最优批发价格表　　单位：元

变量	P_{d1}	P_{d2}	P_{d3}
取值	951.24	953.75	960.13

同时可得到下层目标函数中最优订购量(x_1, x_2, x_3)的取值，并结合表 6.25 中的最优批发价格，将其代入式(6.10)的下层目标函数中可以求得分散无协调的批发价格契约下每个旅行社的期望利润如表 6.26 所示。

表 6.26　分散无协调的批发价格契约下旅行社的订购量与期望利润表

	最优订购量/人次	期望利润/元
旅行社 1	491	415.48
旅行社 2	501	458.74
旅行社 3	512	482.46

把以上所得的数据代入式(6.10)的上层目标函数中，就可以得到旅游批发商与 B2B 在线创业旅游平台作为一个整体的期望利润：

$$E[F_{md}(P_{di})] = 27\,462.73\ (\text{元})$$

从而可以得到供应链的整体期望利润为：

$$E[F_{md}] + E[F_{r1}] + E[F_{r2}] + E[F_{r3}] = 28\,375.24\ (\text{元})$$

3) 利润共享契约下的计算及结果

在信息完全共享的利润共享契约下，旅游批发商将成本价格、接待能力等信息完全在整个供应链上共享，并以一个较低价格的产品供应整个供应链，供应链上的三个节点公司通过博弈制定利润共享比例，从而提高整个供应链的竞争力，使供应链整体利润优化[①]。

将参数代入式(6.13)中得到旅行社最优的订购量如表 6.27 所示。

表 6.27　利润共享契约下旅行社的最优订购量表

变量	x_1	x_2	x_3
取值	1 421	1 473	1 502

① Surjadjaja H, Ghosh S, Antony F. Determining and assessing the determinants of e-Service operations[J]. Managing Service Quality, 2003, 13(1): 39-53.

然后将旅行社的最优订购量分别代入式(6.26)、式(6.27)中,利用 MATLAB 7.0 软件求解可以得到利润共享契约下的相关参数如表 6.28 所示。

表 6.28　利润共享契约下旅游批发商与 B2B 旅游交易平台的最优参数取值表

变量	P_m	β	P_{d1}	P_{d2}	P_{d3}	α_1	α_2	α_3
取值	1.37	0.54	1.47	1.53	1.43	0.31	0.47	0.35

可以得到利润共享契约下,旅行社 1 的期望利润为 935.74 元;旅行社 2 的期望利润为 941.21 元;旅行社 3 的期望利润为 950.37 元;B2B 旅游交易平台的期望利润为 7 865.54 元;旅游批发商的期望利润为 29 546.25 元;供应链的整体期望利润为 40 239.11 元。

从表 6.29 的数据可以看出,在信息完全共享的利润共享契约机制下,旅行社的产品订购量大于分散无协调的批发价格契约情形下的订购量,从而使整条供应链的期望利润增加,并使各节点公司的期望利润也得到增加,可以说明在在线创业旅游的三级供应链中实行利润共享契约可以实现供应链的协调,从而解决了在线创业旅游供应链因价格竞争激烈,导致的利润率降低问题。

表 6.29　在线创业旅游供应链节点公司利润分配情况表　　单位:元

项　目	分散无协调批发价格契约下	信息共享的利润共享契约下
供应链整体期望利润	28 375.24	40 239.11
旅游批发商与 B2B 旅游交易平台期望利润作为一个整体的期望利润	27 462.73	37 411.79
旅行社 1 期望利润	415.48	935.74
旅行社 2 期望利润	458.74	941.21
旅行社 3 期望利润	482.46	950.37

6.2.10　构建 F 公司基于信息共享的利润共享契约下的 B2B 在线旅游商业模式

1. F 公司概况

F 公司为一家位于陕西的新成立的旅行社公司,公司处于发展阶段。F 公司初步定位为本地旅游批发商,以电子商务为实现手段。目前在陕西,在线创业旅游盈利模式仍多为沿用传统旅行社模式,赚取差价或广告费,有很多在线创业旅游网站仅为产品展示,大量交易仍为线下进行。且很多知名的在线创业旅游网站如携程、艺龙、途牛、驴妈妈等多为全国性 B2C 网站。而直接面向全国消费者,作为旅游批发商的在线创业旅游公司目前

还比较少，所以F公司以陕西旅游B2B在线创业旅游批发商为定位，目前竞争对手相对较少，在行业中脱颖而出的概率相对大些。

F公司目前的主营业务为针对同业的旅游批发、机票批发，F公司主营业务图如图6.14所示。旅游批发为在地接社旅游批发商提供的价格基础上加上大交通费用，再加价销售的模式，机票为赚取航空公司代理费模式。

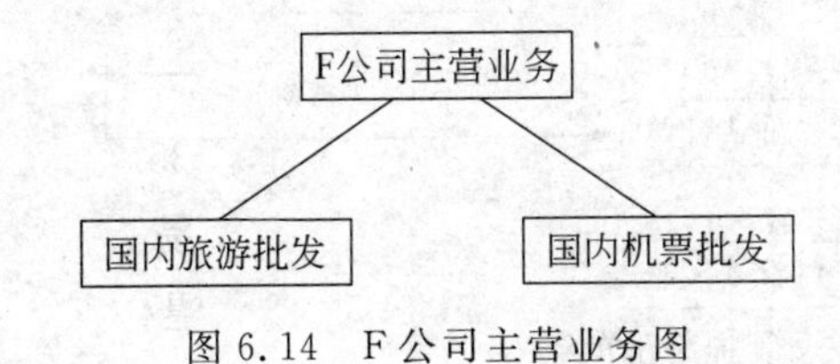

图6.14 F公司主营业务图

F公司供应链图如图6.15所示。

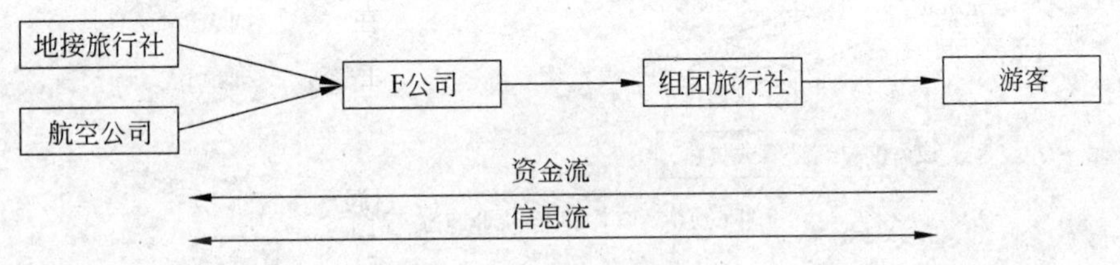

图6.15 F公司供应链图

F公司目前的业务流程为传统作业流程，大部分业务仍在线下进行，基本流程为客户预订产品，回收款项，然后交直接服务供应商提供服务，基本各环节都存在欠账，形成三角债，并且没有客户反馈系统，F公司目前业务流程图如图6.16所示。

F公司目前没有清晰完整的商业模式，公司商业模式的三个方面——公司资源和能力、客户价值主张、盈利模式都不完善，F公司目前大部分业务还是依靠线下完成，网站基本使用量很少，主要为依靠差价及代理费赚取利润的"盈利模式"。

F公司在经营中也存在大多旅游公司目前存在的问题，由于旅游及机票产品同质化严重，目前除非拿到独家资源，否则在市场上竞争力很低，只能通过不断降低价格、降低自身利润的方式，吸引组团旅行社采购。

F公司目前还是以公司自身盈利来考虑公司发展，并没有从旅游供应链整体角度出发，提高供应链上下游的合作性及实现整个供应链的协调。

F公司如何构建B2B在线创业旅游服务供应链，构建新的商业模式，以及如何协调供应链上下游公司关系，实现供应链的共赢是一个非常重要的问题。把信息共享的利润共享契约应用到B2B在线创业旅游三级供应链中，通过建模及算例说明该理论应用的可行性，本节将这一理论应用于F公司供应链协调中，设计适合的业务流程，为公司设定创新的经营及"盈利模式"。

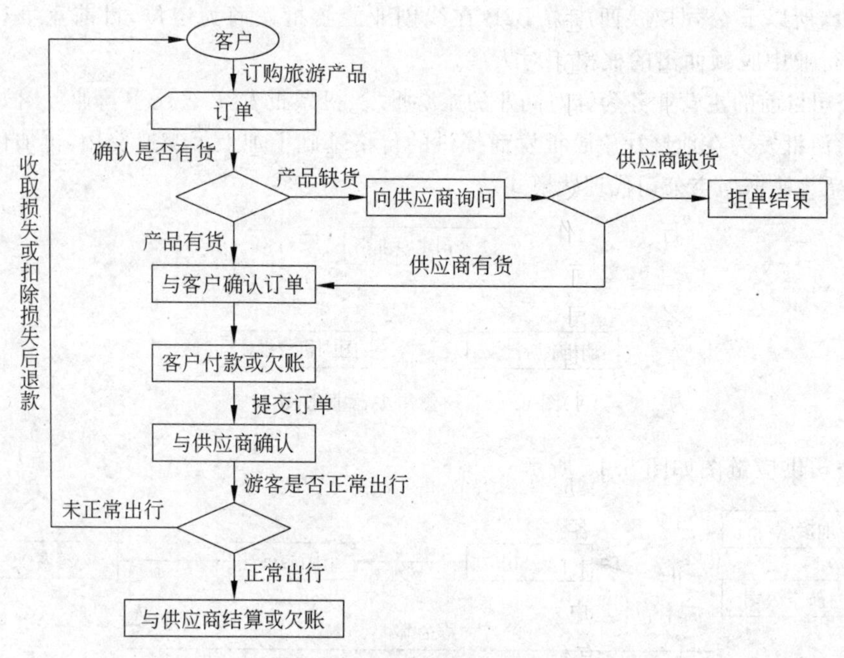

图 6.16　F 公司目前业务流程图

2. F 公司基于信息共享的利润共享契约下的 B2B 在线创业旅游商业模式

基于前面在线创业旅游的分析，及信息共享下的利润共享契约协调的分析，本节对 F 公司的 B2B 在线创业旅游商业模式进行构建并对业务流程进行设计。

1）构建 F 公司基本商业模式

F 公司目前没有清晰的商业模式，网站版面为软件公司提供的公用模板版式，内容与大多网站雷同，没有独创性，资本金不足，没有实体资源，且上、下游合作商较少，内部流程不完善，响应速度慢，客户交互性差，客户体验不是很好，"盈利模式"仅为赚取产品差价或代理费。所以需要对 F 公司从公司资源和能力、客户价值主张、"盈利模式"三方面重新进行商业模式构建。

(1) 调整并提高公司资源和能力方面

技术实现：因为 F 公司规模较小，尚不具备独立开发网站的技术及能力，而且网站需不断升级改版维护，如与实力不够雄厚的软件公司合作，很可能因为其公司解散或变动影响网站运营，所以挑选经验丰富的知名旅游行业软件设计公司，与其合作进行网站建设，如上海金棕榈等。

在线支付选择与支付宝、易宝、快钱等第三方支付接口对接，这些第三方支付平台使用人群比较广泛，客户比较熟悉，容易被客户接受，实现系统的线上资金流动。

资本引入：在股东筹资的同时，与陕西风投公司接洽，在运营之初引入风投，帮助公

司成长，并整合线上线下资源，进行全面合作。

合作伙伴：由于F公司对直接产品资源拥有较少，所以应积极拓展合作单位，首先与线下的旅游资源公司如航空公司、酒店、景点、各地排名前三位的地接旅游批发商等紧密合作。

聘用专职或兼职网站推广人员，进行线上线下的网站推广，并与分销渠道合作商，如旅行社、B2C网站等进行渠道合作。

(2) 实现客户价值主张方面

内部流程支持：配合F公司业务流程开发公司业务管理系统、财务管理系统、客户关系管理系统、OA系统等信息管理软件，并针对各个环节设计内部流程及服务标准。

建立呼叫中心作为B2B网站的辅助服务部门，实现咨询、投诉处理、线下预订等服务。

公司内部流程以合理性、反应速度迅速、流畅性强为主要设计标准及评价标准。

在线创业旅游客户：建立客户交互系统，客户评价系统，通过线上交流、线下培训的方式，不断地从意识及消费习惯上培养消费者在线消费的习惯。

客户价值：平台提供给客户便捷的查询、预订、支付服务，提供丰富的旅游产品，提供高质量服务的旅游产品，提供有价格竞争力的旅游产品，让使用平台的客户有可观的收益，提供培训支持。

(3) 创新"盈利模式"方面

盈利模式：主要盈利来源为利用信息共享的利润共享契约实现上下游利润分配所获得的收益、代理费、广告费，或其他产品合作产生的收益。

F公司B2B在线创业旅游商业基本模式如图6.17所示。

2) F公司产品拓展

F公司的产品目前仅有国内旅游批发、国内机票批发两块业务，产品不丰富，同质化严重，在做好现有业务的同时，F公司需拓展旅游产品种类，以增加盈利点。可逐步增加酒店销售、景点门票销售、租车等业务，F公司业务拓展如图6.18所示。

3) 系统架构

F公司B2B在线旅游系统采用SOA的系统架构。SOA是在计算环境下设计、研发、应用、管理分散的逻辑(服务)单元的一种规范。SOA是系统启用面向服务的构架。SOA要求研发者设计应用软件必须要从服务集成的角度出发，以应对公司商业服务发展的需要和变化。创造脱离面向技术的解决方案的局限的公司应用，是SOA的一个中心思想。

在公司实际经营中，公司不断产生新的业务需求、客户要求等是一个独立的应用程序没有办法完全满足的，针对不断出现的多种市场需求，只能通过不断扩展已有的应用程序或开发设计新的应用程序来满足业务的需求。而以服务为主要设计理念的SOA，设计出来的应用程序系统可以综合起来创造更加丰富、目的性更强的商业流程。

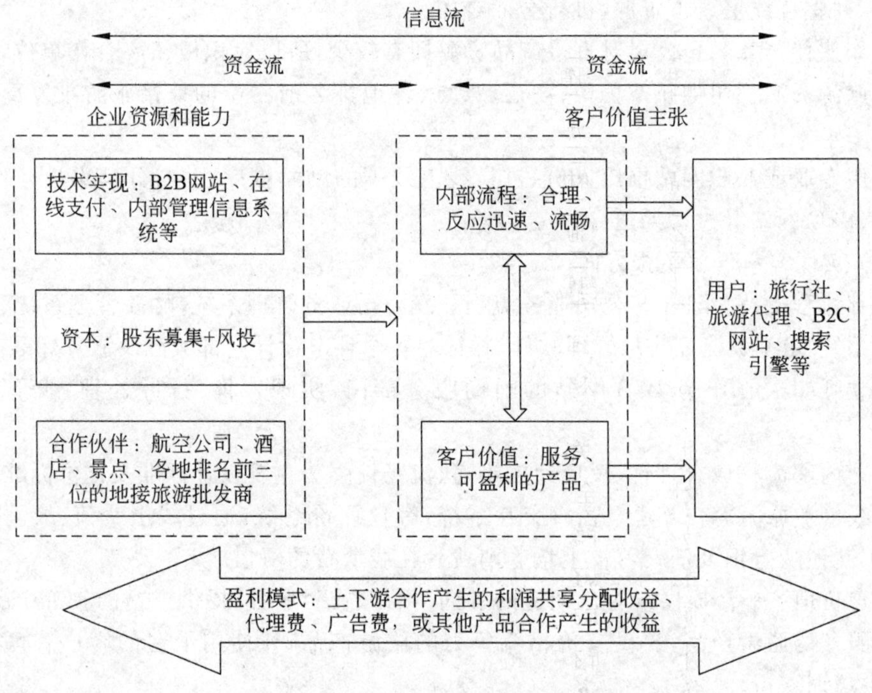

图 6.17 F 公司 B2B 在线旅游商业基本模式

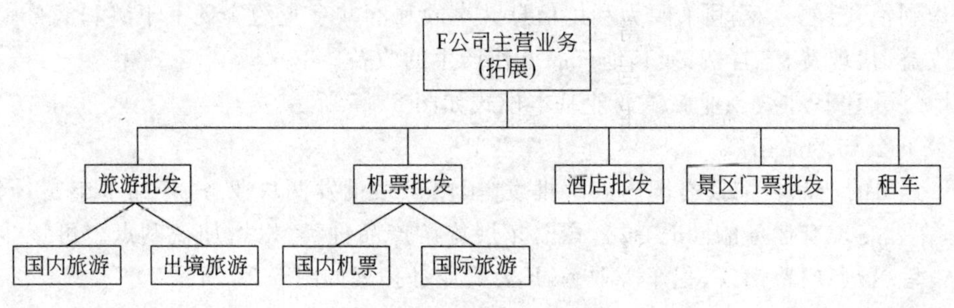

图 6.18 F 公司业务拓展图

因旅游业是由食、住、行、游、购、娱 6 大基本要素构成，从销售的角度看各要素可以随意独立或组合，所以构建基于 SOA 的在线旅游服务系统，可以将多种功能、规模各异的在线旅游服务资源集成起来，以满足业务发展及市场需求。

4）F 公司 B2B 在线旅游网站系统实现的基本功能

F 公司的 B2B 在线旅游网站基本功能涉及与旅游批发商联系的相关功能模块与作为零售商的旅行社或其他合作渠道联系的功能模块、产品相关模块、财务功能模块、合同管理模块等，F 公司 B2B 在线旅游电子商务系统实现的功能如图 6.19 所示。

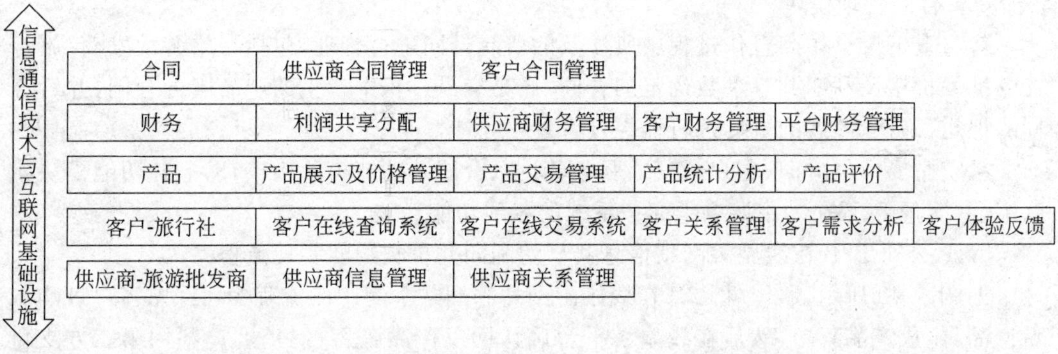

信息通信技术与互联网基础设施

合同	供应商合同管理	客户合同管理			
财务	利润共享分配	供应商财务管理	客户财务管理	平台财务管理	
产品	产品展示及价格管理	产品交易管理	产品统计分析	产品评价	
客户-旅行社	客户在线查询系统	客户在线交易系统	客户关系管理	客户需求分析	客户体验反馈
供应商-旅游批发商	供应商信息管理	供应商关系管理			

图 6.19　F 公司 B2B 在线旅游电子商务系统实现的功能

(1) 供应商-旅游批发商相关功能模块

供应商基础信息及账号安全维护：包括合作供应商的各项基本信息，各项资质，联系信息，设置用户名、密码，合作等级评定等。

供应商旅游产品信息发布、查询与维护：供应商可在在线旅游平台发布旅游信息，查询平台关于产品的各项信息，实现信息共享(包括产品描述、价格、点击量、成交量、评价等)，修改所发布信息内容，但所有发布与修改需 B2B 在线旅游平台管理人员审批。

(2) 客户-旅行社或其他合作渠道功能模块

客户基础信息及账号安全维护：包括客户的各项基本信息，各项资质，联系信息，设置用户名、密码，合作等级评定等。

供应商对旅游产品的查询与订购：客户在 B2B 在线旅游平台查询产品的各项信息实现信息共享(包括产品描述、价格、点击量、成交量、评价等)，实现产品预订、产品支付、产品评价功能。

(3) 产品模块

实现产品的发布、修改、下线、价格维护、交易、数据统计、产品评价等产品相关的功能。

(4) 财务功能模块

F 公司在与旅游批发商合作的初期与其达成一个批发价格和利润共享分成比例。F 公司在与旅行社等渠道合作初期也与其达成一个利润共享分成比例，由于销售价格可能根据市场情况进行调整，且旅游批发商及在线旅游平台对于价格处于主导地位，所以与客户的销售以平台显示为准。当旅游产品成交时实现实时收付款，在旅游产品服务完成后按照提前达成的利润共享参数进行分润。

同时在线旅游平台提供给上下游合作商能够实现查询及统计分析的财务管理后台模块。

接入支付宝、易宝、快钱、财付通等第三方支付接口，实现在线收付款，及在线分润。

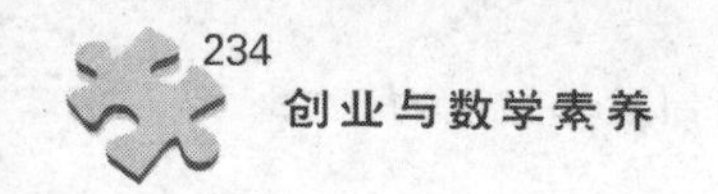

(5) 合同管理模块

对与上下游合作商合作过程中所涉及的所有合同进行管理,包括与旅游批发商、旅行社的批发价格及利润共享参数约定的合同,产品交易过程中产生的产品服务合同,并对合同的拟定、确认、签署的进度进行监控及管理。

系统主要由供应商、客户、产品、服务、财务、合同等功能模块构成,以上各功能模块相互配合,实现B2B在线旅游电子商务系统的各项功能。

5) F公司B2B在线旅游网站信息共享的利润共享契约的实现流程

如图6.20所示,F公司B2B在线旅游网站利润共享契约的流程为:首先客户订购旅游产品,生成产品订单,然后在线旅游平台确认回复产品是否可售,客户利用第三方支付平台在线支付产品的总价金额给在线旅游平台,在线旅游平台与产品供应商确认服务,产品供应商提供给游客服务。游客出行当天如正常出行,平台将按照所达成的利润共享参数返还部分利润给客户,如游客未正常出行则扣除损失后退款给客户。游客正常出行,产品服务结束后,客户根据游客的反馈对产品进行评价,如满意即按与产品供应商达成的批发价格在线付款,一个合作周期结束如每月或每季度,按利润共享参数返还利润。如不满意或有争议,三方进行协商后按协商办法处理。

6) F公司B2B在线旅游网站利润共享契约的参数设置流程

与各合作单位的利润共享参数设置通过根据公司实际情况、产品历史销售数据及产品销售预测为依据得到固定参数,进一步得出一个参考参数,并设定预期谈判的参数的范围;再根据合作单位的实力、合作中谁更占主导地位、公司关系等因素进行谈判,如在谈判过程中对取值范围异议较大,再返回收集数据重新进行计算,直至B2B在线旅游平台与旅游批发商或旅行社对参数的设定达成一致,最终得出在一定合作期内的利润共享契约分润参数并形成协议。流程如图6.21所示。

F公司处于初期发展阶段,且在线旅游行业中目前对利润共享契约的应用还比较少,可能在推行的过程中获得合作的上、下游的认可会有困难。因初期F公司主要目的为扩大行业知名度,拓展合作范围,在有了一定知名度和一定数量的客户群体以后,可通过增加盈利点、收取广告费等形式盈利,所以在初期参数设置时,尽量将合作方的利润共享参数取值取大,以使合作方获取更多的收益,以利于长远合作发展。

针对F公司构建基于信息共享的利润共享契约的B2B在线旅游商业模式,可以实现整个供应链的信息完全共享及透明,打消合作各方的合作顾虑;基于第三方支付的实时支付系统,加速了旅游批发商及B2B旅游交易平台的资金回笼[①];利用多种供应链协调机制

---

① Voss C A. Rethinking paradigms of service-service in a virtual environment[J]. International Journal of Operations and Production Management, 2003, 23(1): 88-104.

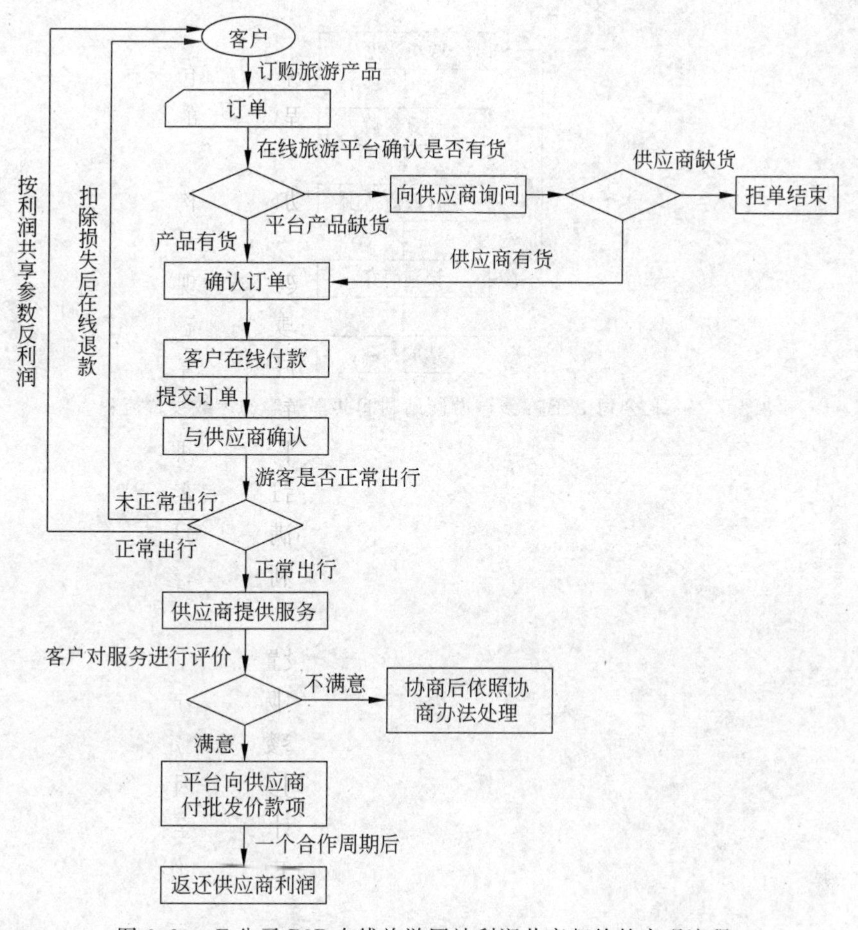

图 6.20　F 公司 B2B 在线旅游网站利润共享契约的实现流程

协调整个在线旅游供应链的大多数关联公司[①]；基于利润共享契约的分润模式，批发商从整个供应链获取利润，这样旅游批发商将乐于将产品批发价格降低，获取长期稳定的合作与客源；B2B 旅游交易平台从整个供应链获取利润，且可以通过扩大产品交易量，获得影响力、谈判力、广告收入或其他产品合作，获得额外利润，所以也将乐于降低批发价格，从而使整个供应链对客户呈现的价格更具有优势、更具有竞争力，使在线旅游服务功能更加完善，应用更加广泛[②]。

---

① Zeithaml V A. Service excellence in electronic channels[J]. Managing Service Quality, 2002, 12(3): 135-155.

② Van Reil R, Semeijn J, Janssen W. E-service quality expectations: A case study[J]. Total Quality Management & Business Excellence, 2003, 14(4): 437-451.

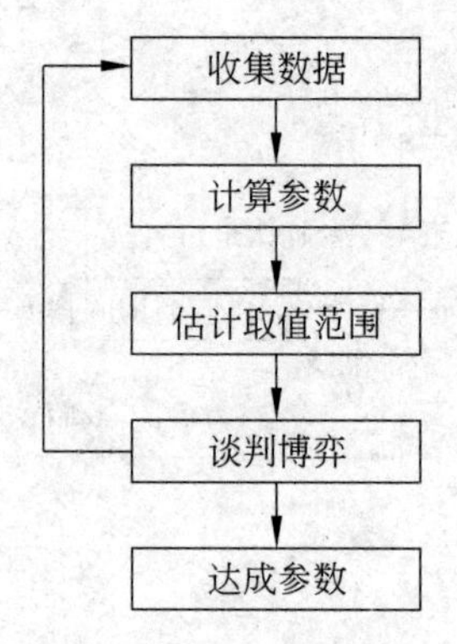

图 6.21　F 公司 B2B 在线旅游网站利润共享契约的参数设置流程